西式面点工艺学

主　审　吴晓伟　孙克奎　李　毅
主　编　刘　颜
副主编　朱镇华　郭元新　孙永康　杨剑婷　王　娜
　　　　高红梅　蒋国利　李雅丽　李　晶　胡金朋
参　编（按姓名笔画排序）
　　　　马占勇　王子龙　王泽臣　邢效兵　刘加上
　　　　江梦丽　孙　彬　李　帅　李淑平　杨　红
　　　　张亚杰　陈　亮　赵国栋　赵继龙　胡广义
　　　　高传应　郭　迎　唐海松　黄开正　戚海峰
　　　　崔　云　彭亮旭　穆　丹

北京师范大学出版集团
安徽大学出版社

图书在版编目(CIP)数据

西式面点工艺学/刘颜主编. —合肥:安徽大学出版社,2021.12
ISBN 978-7-5664-2285-9

Ⅰ.①西… Ⅱ.①刘… Ⅲ.①西点－制作 Ⅳ.①TS213.23

中国版本图书馆 CIP 数据核字(2021)第 172709 号

西式面点工艺学

刘 颜 主编

出版发行:北京师范大学出版集团
　　　　　安 徽 大 学 出 版 社
　　　　　(安徽省合肥市肥西路 3 号 邮编 230039)
　　　　　www.bnupg.com.cn
　　　　　www.ahupress.com.cn
印　　刷:安徽昶颉包装印务有限责任公司
经　　销:全国新华书店
开　　本:184mm×260mm
印　　张:19
字　　数:373 千字
版　　次:2021 年 12 月第 1 版
印　　次:2021 年 12 月第 1 次印刷
定　　价:68.00 元
ISBN 978-7-5664-2285-9

策划编辑:刘中飞 宋 夏 李 健　　　装帧设计:李 军
责任编辑:宋 夏 李 健　　　　　　　美术编辑:李 军
责任校对:陈玉婷　　　　　　　　　　责任印制:赵明炎

版权所有　侵权必究
反盗版、侵权举报电话:0551—65106311
外埠邮购电话:0551—65107716
本书如有印装质量问题,请与印制管理部联系调换。
印制管理部电话:0551—65106311

前　言

本书全面系统地介绍了西式面点的基础理论、分类和制作工艺等内容，并配套丰富的流程图和教学案例，侧重对学生基础理论的提升和创新能力的培养，可满足新时代面点人才培养的需求，适合应用型高水平本科院校教学使用。

本书理论知识丰富、实践性强、系统全面，具有如下特点。

1. 针对目前食品类专业学生的实际情况，结合"健康中国"国家战略，在理论知识设置方面，融合更多营养安全知识，可提高学生的营养安全意识，更好地研发符合当代消费者需求的西式营养面点。

2. 传承国家工匠精神，强化实践技能训练。邀请行业技能大师，如酒店行政总厨、饼房厨师长等，共同编写实践内容。

3. 在系统介绍基础理论的同时，详细介绍国内外最新的西点理论知识及加工技术，确保本书内容能与当代餐饮市场流行技术同步，有利于拓宽学生的专业视野，可有效培养出满足当前社会需求的新时代面点人才，培养具有工匠精神的技能型人才。

本书不仅能满足高等学校食品类专业学生，尤其是烹饪营养教育专业学生的需要，解决目前高等学校烹饪专业急缺西点工艺学教材的难题，还能作为专业参考书供食品类专业高职和中职学生、餐饮酒店工作人员、西点爱好者等选用。本书的出版得到安徽科技学院的资助，在此表示感谢！

由于编写时间仓促，作者水平有限，因此书中疏漏之处在所难免，恳请广大读者批评指正，以便修订，使本书日臻完善。

编　者

2021 年 6 月

西式面点制作视频

布朗尼蛋糕

蜂蜜蛋糕

胡萝卜蛋糕

戚风蛋糕

芒果冰淇淋

芒果慕斯

纽约芝士

泡芙

吐司

紫薯吐司

杏仁巧克力饼干

目　　录

第 1 章　西式面点概述 …… 1

1.1　西式面点的简介及历史 …… 1
1.2　西式面点的种类、特点及发展方向 …… 6
1.3　西式面点制作技术的学习方法 …… 11
　　思考与练习 …… 12

第 2 章　西式面点原料 …… 13

2.1　面粉 …… 13
2.2　油脂 …… 25
2.3　糖及甜味剂 …… 31
2.4　蛋及蛋制品 …… 39
2.5　乳及乳制品 …… 41
2.6　巧克力 …… 45
2.7　常用食品添加剂 …… 51
2.8　干鲜果及罐头制品 …… 63
2.9　淀粉及其他粉料 …… 69
2.10　辅助原料 …… 72
　　思考与练习 …… 79

第 3 章　西式面点常用设备和工具 …… 80

3.1　西式面点常用设备 …… 80
3.2　西式面点常用工具 …… 83
3.3　设备和工具的使用及养护 …… 91
3.4　西式面点卫生及安全知识 …… 92
　　思考与练习 …… 95

第 4 章 西点制作基本操作手法 ·············· 96

4.1 和面 ·············· 96
4.2 擀面 ·············· 97
4.3 卷面 ·············· 97
4.4 捏面 ·············· 97
4.5 揉面 ·············· 98
4.6 搓面 ·············· 98
4.7 切面 ·············· 99
4.8 割面 ·············· 99
4.9 抹 ·············· 100
4.10 裱型 ·············· 100
思考与练习 ·············· 101

第 5 章 蛋糕制作工艺 ·············· 102

5.1 蛋糕制作的原料及工具 ·············· 102
5.2 乳沫蛋糕制作工艺 ·············· 107
5.3 戚风蛋糕制作工艺 ·············· 113
5.4 重油蛋糕制作工艺 ·············· 117
5.5 其他类蛋糕制作工艺 ·············· 122
思考与练习 ·············· 133

第 6 章 面包制作工艺 ·············· 134

6.1 面包的概念及分类 ·············· 134
6.2 面包的制作工艺和发酵方法 ·············· 135
6.3 面包面团调制 ·············· 138
6.4 面包面团的发酵与整形 ·············· 142
6.5 面包的烘烤与冷却 ·············· 156
6.6 面包的老化与控制 ·············· 161
6.7 酵种及面包制作实例 ·············· 165
思考与练习 ·············· 204

第 7 章　点心制作工艺 ………………………………………………………… 205

7.1　饼干制作工艺 ……………………………………………………………… 205
7.2　挞、派制作工艺 …………………………………………………………… 222
7.3　泡芙制作工艺 ……………………………………………………………… 236
7.4　冷冻甜点制作工艺 ………………………………………………………… 243
思考与练习 …………………………………………………………………… 246

第 8 章　糖艺造型艺术 ………………………………………………………… 247

8.1　糖艺主要原料 ……………………………………………………………… 247
8.2　糖艺工具及其使用 ………………………………………………………… 249
8.3　熬糖 ………………………………………………………………………… 251
8.4　糖艺作品制作技法 ………………………………………………………… 254
8.5　实例及作品 ………………………………………………………………… 257
思考与练习 …………………………………………………………………… 289

附录　常用焙烤术语 …………………………………………………………… 290

附录一　产品名词 …………………………………………………………… 290
附录二　主要原辅料 ………………………………………………………… 291
附录三　半成品 ……………………………………………………………… 293
附录四　生产工艺 …………………………………………………………… 294

参考文献 ………………………………………………………………………… 296

第1章 西式面点概述

西式面点(简称西点)是西方饮食文化的重要组成部分,在世界上享有很高的声誉。西点的发源地是欧洲,在欧洲的英国、法国、德国、意大利、奥地利,地跨欧洲和亚洲的俄罗斯,以及北美洲的美国,已有相当长的历史,具有西方民族风格和地域特色。西式面点传入我国,极大地丰富了我国人民对面点制品的选择。了解西式面点的相关知识,对学习西式面点的制作具有重要意义。

1.1 西式面点的简介及历史

1.1.1 西式面点简介

西式面点(western pastry)简称西点,是从欧美各国传入我国的糕点的统称,具有西方民族风格和地域特色,如德式、法式、英式、俄式等。它是以面粉、糖、油脂、酵母、鸡蛋、水和乳品等为主要原料,辅以干鲜果品和调味品,经过调制、成型、成熟、装饰等工艺过程而制成的具有一定色泽、香味和形状的食品。

西点的脂肪和蛋白质含量较高,味道香甜而不腻口,形色多样,是很好的茶点和主食,近年来备受国人喜爱。西点主要包括面包、蛋糕和点心三大类。广义而言,某些冷食(如冰淇淋)也属于西点的范畴。

区别于中式糕点,西式糕点最突出的特征是它使用较多的奶油、乳品和巧克力。大多数西点都带有浓郁的奶油或奶香味,以及特殊的巧克力风味。

在制品中大量应用水果(包括新鲜水果和干果)与果仁是西点的另一个重要特色。用水果作装饰能给人清新鲜美的感觉;水果与奶油配合,清淡与浓重相得益彰,吃起来油而不腻,甜中带酸,别有风味。果仁是健康食品,烤制后,香脆可口,在外观与风味上为西点增色不少。

西点用料十分考究,在现代西点的制作中,不同品种往往要求使用不同的小麦粉和油脂,以使产品更具特色。西点注重装饰,有多种馅料和装饰料。装饰手段极为丰富,品种变化层出不穷。

1.1.2 西式面点历史

西点是西方饮食文化中的一颗璀璨明珠,它同东方烹饪一样,在世界上享有很高的声誉。西点制作在英国、法国、德国、意大利、奥地利、俄罗斯等国家已有相当长的历史,并在发展中取得了显著成就。

据史料记载,古埃及、古希腊和古罗马均有面包和蛋糕制作。

古埃及的一幅画展示了公元前1175年底比斯城的宫廷烘焙场面。画中有几种面包和蛋糕的制作情景,说明有组织的烘焙作坊和模具在当时已经出现。据说,普通市民用动物形状的面包和蛋糕来祭神,这样就不必用活的动物了。一些富人还捐款奖励那些在烘焙品种方面有所创新的人。据统计,在这个古老的帝国中,面包和蛋糕的品种多达16种。

人们知道的英国最早的蛋糕是一种称为西姆尔的水果蛋糕。据说,它来源于古希腊,其表面装饰的12个杏仁球代表罗马神话中的众神。今天欧洲有的地方仍用它来庆祝复活节。据称,古希腊是世界上最早在食物中添加甜味剂的国家。这些食物包括以小麦粉为原料的烘焙食品。早期糕点所用的甜味剂是蜂蜜,蜂蜜蛋糕曾风靡欧洲,特别是在蜂蜜产区。古希腊人用小麦粉、油和蜂蜜制作油煎饼,还制作装有葡萄和杏仁的塔,这是最早的食物塔。亚里士多德在他的著作中曾多次提到各种烘焙制品。

古罗马人制作了最早的奶酪蛋糕。迄今最好吃的奶酪蛋糕仍然出自意大利。古罗马的节日十分奢侈豪华,公元前186年罗马参议院颁布了一条严厉的法令,禁止人们在节日中过分放纵和奢华。此后,烘焙糕点成了日常烹饪的一部分,而烘焙则成为一个受尊敬的职业。据记载,在公元4世纪,罗马成立有专门的烘焙协会。

初具现代风格的西式糕点大约出现在欧洲文艺复兴时期。糕点制作不仅革新了早期的方法,而且品种也不断增加。烘焙业已成为相当独立的行业,进入一个新的繁华时期。现代西点中两类最主要的点心——派和起酥点心相继出现。1350年,一本关于烘焙的书中记载了派的5种配方,同时记载了用鸡蛋、小麦粉和酒调制成能擀开的面团制作派。法国和西班牙在制作派的时候,采用了一种新的方法,即将奶油分散到面团中,再将其折叠几次,使成品具有酥层。这种方法为现代起酥点心的制作奠定了基础。

丹麦包和可松包是起酥点心和面包相结合的产物。哥本哈根以生产丹麦包而著称。可松包通常呈角状或弯月状,这种面包在欧洲有些地方称为"维也纳面包"。可松包更早的文字记载见有关德国复活节的糕点介绍,它被作为山羊角的象征。据说,可松包是从德国传到奥地利维也纳和法国,并被作为一种早点的。法国人似乎发挥了他们在文化艺术上的想象力,将起酥点心和可松包做得十分完美。另外,据推测,制作海绵蛋糕浆料所采用的搅打法,也是由法国人创造的。

据记载,最原始的面包甚至可以追溯到石器时代。早期面包一直采用酸面团自然发酵方法。16世纪,酵母开始被运用到面包制作中。18世纪,磨面技术的改进为面包和其他糕点提供了质量更好、种类更多的小麦粉。这些都为西式糕点的现代化生产创造了有利条件。

从18世纪到19世纪,在西方政治体制改革、近代自然科学发展和工业革命的影响下,西点烘焙业发展到了一个崭新阶段。维多利亚时代是欧洲西点发展的鼎盛时期。一方面,贵族豪华奢侈的生活反映到西点,特别是装饰大蛋糕的制作上;另一方面,西点亦朝着个性化、多样化的方向发展,品种更加丰富多彩。同时,西点开始从作坊式的生产步入到现代化的工业生产,并逐渐形成了一个完整和成熟的体系。当前,烘焙业在欧美十分发达,西点制作不仅是烹饪的组成部分(即餐用面包和点心),而且是独立于西餐烹调之外的一种庞大的食品加工行业,成为西方食品工业的主要支柱之一。

19世纪初,烘焙技术传到了我国。最初的西点品种少、简单、产量低、生产周期长。改革开放前,我国的面包生产很不普及,只集中在大中城市,农村、乡镇几乎没有烘焙制品的生产,制作工艺和生产设备也相对比较简单、落后,花式品种较少,质量也不稳定。改革开放后,我国的烘焙行业得到了突飞猛进的发展,现已普及城乡各地,制品的种类繁多,花色各异,产品质量不断提高,生产设备日益更新,新的原材料层出不穷,北京、上海、广州等大中城市还先后从日本、意大利、法国等国家引进了先进的自动化设备,大大改善了生产条件,提高了产品的质量。随着国外应时、优质的西点源源不断流入我国大中城市,我国的烘焙食品业也顺应时势蓬勃发展起来,并以款式新颖美观、色香味美、新鲜可口的高品质西点制品吸引顾客,促进产品销售,使我国烘焙食品业呈现出一片兴旺繁荣景象。目前,烘焙食品业在我国食品行业中的销售量已占据第八位,仅次于粮、油、糖、酒、肉、禽等。世界各国的经验表明,当经济发展到一定程度,烘焙食品业就会快速地发展。预计我国的烘焙食品业将会有更加广阔的发展前景,如在大城市的商业旺区,快餐业和替代午餐的主食糕点将会迅速发展;在旅游景点,优质面包、蛋糕、西饼将会有很好的销售前景;在经济欠发达地区,烘焙业还处于空白地位,亟待开发,发展空间巨大;人们对高质量的面包、西点、生日蛋糕等的需求也将会逐步增长。

西点在西方人民生活中占有重要地位,对烘焙原理、工艺条件和技术装备的研究,一直是西方国家现代食品科学技术研究的一个重要领域。近几十年来,欧美各国围绕着这一领域在基础理论和应用技术方面都进行了广泛而深入的研究,并取得了可喜的成绩。

烘焙食品的基本原料是小麦粉,其中的面筋蛋白质一直是烘焙基础研究的重要对象。此研究涉及面筋蛋白质(麦谷蛋白质和麦醇溶蛋白)的分子结构、面筋蛋白质在面团形成中的变化、影响面筋与网络形成的因素、面筋蛋白质的功能性质(黏弹性、延展性等)及其对面团和制品品质的影响等。上述研究结果已成为烘焙食品制作的理论基础。

其他方面的研究还有：油脂、糖、蛋、奶等原辅料在烘焙食品制作中的功能作用；配方平衡及其对产品质量的影响；蓬松和乳化作用与产品组织、质地口感的关系等。近年来，新型原辅料（如新品种小麦粉和油脂）的问世，蛋糕发泡剂（或乳化剂）、面团改良剂等在西点制作中的应用却是上述研究的成果的体现。这些研究不仅为现代烘焙食品的制作建立了科学的理论体系，而且使烘焙食品在继承传统的基础上又有了进一步的创新和提高。烘焙类食品添加剂的开发、生产和应用，在国外已经成为现代食品生产中最富有活力的领域。食品添加剂能显著改善生产工艺条件，改善产品色泽、质地和风味，还具有保鲜、防止产品变质、强化营养等多方面的作用，可以为厂家和商家带来巨大的经济效益。当前，烘焙食品添加剂正朝着优质、高效、多功能方向发展，相应的新型产品不断涌现，如超软面包改良剂、色香油、双效泡打粉、耐烤果占等，为高质量西点制作开辟了新的天地。

原料专业化与中间产品商品化是近几年来国外烘焙食品发展中一个引人注目的动向。原料专业化是指烘焙食品原料（特别是小麦粉和油脂）的分类更细、种类更多，以适应不同品种的需要；另一方面也要求制作者能根据不同品种的特点正确选择相应的原料。

目前，国外的专用小麦粉产量已占小麦粉总产量的90%左右，其品种已达数十种，甚至上百种。我国现在生产的面包专用粉和糕点专用粉等品种，对推动我国烘焙业的发展具有积极作用。

专用油脂的品种目前在国内外亦层出不穷。例如，麦淇淋（人造奶油）有面包用麦淇淋、蛋糕用麦淇淋、点心用麦淇淋、酥皮点心专用麦淇淋、裱花用麦淇淋、通用麦淇淋等。油脂起酥油也有很多品种。

目前，国外烘焙食品中的一些中间产品（半成品，包括馅料、装饰料），甚至面团和浆料都已成为商品，这为烘焙食品的制作带来了极大的方便。例如，吉士粉和水果粉是馅料的速溶产品，使用时只需加水调匀即可。各种色泽与风味的果冻装饰料可直接用于产品装饰。此外，装在塑料瓶中的奶膏亦可直接用来挤注裱画。各种蛋糕浆料的粉状制品（蛋糕预拌粉）只需加入一定量水调成湿浆料便可入炉烘烤为成品。另外，酥皮点心和甜味酥点心面团制品可直接用来擀制成型，省去了调制面团的工序。

由于西方高糖、高脂膳食对健康带来的危害，一股追求健康、天然食品的热潮正在欧美国家兴起，低糖、低脂及无添加剂的食品风靡市场，随之也带来了烘焙食品清淡化的趋势。用奶油（或麦淇淋）搅打成的奶油膏一直是西点传统的装饰料，但奶油的油脂含量高达80%。与较油腻的奶油膏相比，新鲜奶膏油脂含量较少（约35%），奶香浓郁，口感爽滑。虽然多年来新鲜奶膏比奶油膏在西方国家使用更为普遍,但它仍然含有相当量的乳脂。近年来,西方国家又出现一种模拟鲜奶膏。该产品的香味和质地类似新鲜奶膏,但口感更加清爽宜人,无油腻感,甜味低,且使用方便,不含胆固醇。目前,该产品已在我国大城市的烘焙业中流行,受到越来越多消费者的青睐。

此外,一类保健烘烤食品正在国外崭露头角。以低热量糖(如低聚糖和糖醇)或非糖甜味剂部分代替蔗糖制作的低糖西点,为糖尿病、肥胖病、高血压等疾病的患者带来了福音。添加食品纤维的纤维素面包可以预防中老年便秘和肠癌。用天然原料,如大豆蛋白粉、血粉、麸皮、燕麦粉、花粉等,制成的高蛋白或富含纤维素、矿物质的营养面包已面世。在现代健康理论的指导下,保健营养型西点具有诱人的前景。

在国外,随着烘焙食品生产的工业化,由食品企业大规模生产的烘焙制品异军突起,逐渐占据烘焙食品的较大市场。这些产品的制作对传统工艺配方、制作技术和设备都进行了改进,以适应现代化生产,实现生产的批量化和自动化,增加产品质量的稳定性,延长产品的保存期。烘焙制品不仅保留了原有品种的基本特色,还因优质卫生、携带方便及价格低廉而受到广大消费者的喜爱。目前,国内除饼干外的多数烘焙食品仍主要由烘焙作坊生产。

冷冻烘焙食品是国外20世纪80年代后期发展起来的一类新型烘焙食品。它将快速冷冻技术应用于烘烤食品之中,涉及面包、蛋糕、点心等众多品种。例如,将半成品面团在$-40℃$速冻成冷冻面团,然后通过"冷藏链"送到各生产点或客户手中,用户便可随时按需进行烘焙,制作出相应的烘焙食品。此外,蛋糕、点心等成品可以立即进行冷冻,还可以进入超级市场的冷藏货柜中出售。冷冻烘焙食品的运作方式容易扩大生产和销售规模,实现连锁经营,因此,产品价格也较低廉。同时经较长时间贮存后,产品仍可保持优良的品质,新鲜可口。

为促进烘焙业的发展,一类集烘焙食品研究、生产、销售为一体的公司在欧美各国及我国港台地区应运而生。通过研制开发不断推出新的原料、半成品和产品,并积极进行广告宣传,免费提供资料,经常组织信息和技术交流,操作示范,产品和设备展销,以及西点制作人员的技术培训。一些大公司在世界各地设立分公司,推销产品,拓宽市场,也为烘焙食品的普及起到了一定的作用。

1.2 西式面点的种类、特点及发展方向

1.2.1 西式面点的种类

传统的西式面点主要分为三大类,分别是蛋糕类、面包类和点心类。随着社会进步,越来越多的新式原料被应用到烘焙行业中,极大地丰富和创新了西式面点的品种。目前,行业内尚未有明确统一的分类标准。

1. 按照生产地域分类

按照生产地域分类,可将西点分为法式、德式、美式、日式、意大利式、瑞士式等,这些糕点都是各国传统的糕点。

2. 按照生产工艺特点和商业经营习惯分类

按照生产工艺特点和商业经营习惯分类,可将传统的西式糕点分为四大类,即面包、蛋糕、饼干和点心。

3. 按照加工工艺和坯料性质分类

按照加工工艺和坯料性质分类,可将西点分为蛋糕类、面包类、清酥类、混酥类、泡芙类、饼干类、冷冻甜食类、巧克力类和装饰造型类。

(1)蛋糕类。蛋糕类是指经一系列加工工艺制成的松软点心,包括清蛋糕、油蛋糕、艺术蛋糕和风味蛋糕。如图1-1所示。

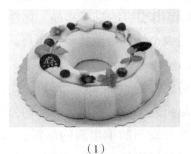

(1)   (2)

图1-1 蛋糕类西点

(2)面包类。面包类是指以咸或甜口味为主的面包,包括硬质面包、软质面包、松质面包和脆皮面包。如图1-2所示。

(1)   (2)

（3） （4）

图 1-2　面包类西点

（3）清酥类。清酥类是指经加工制成的一类层次清晰、松酥的点心。如图 1-3 所示。

（1） （2）

图 1-3　清酥类西点

（4）混酥类。混酥类是指经加工制成的一类酥而无层的点心。如图 1-4 所示。

 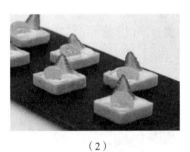

（1） （2）

图 1-4　混酥类西点

（5）泡芙类。泡芙类是指将黄油、水或牛奶煮沸后烫制面粉，搅入鸡蛋等，先制成面糊，再通过成型、烤制或炸制成的一类制品。如图 1-5 所示。

（1） （2）

（3）　　　　　　　　　　　　（4）

图 1-5　泡芙类西点

（6）饼干类。饼干类有咸饼干和甜饼干两类，重量在 5～15g，食用时以一口一块为宜，适用于酒会、茶点或餐后。如图 1-6 所示。

（1）　　　　　　　　　　　　（2）

图 1-6　饼干类西点

（7）冷冻甜食类。冷冻甜食类是指经搅拌冷冻或冷冻搅拌、蒸、烤或蒸烤结合制成的一类食品。冷冻甜食以甜为主，口味清香爽口，常见的有冰激凌、木司、苏夫力、冰霜、奶昔和巴菲等。如图 1-7 所示。

图 1-7　冷冻甜食类西点

(8)巧克力类。巧克力类是指直接使用巧克力或以巧克力为主要原料,配以奶油、果仁、酒类等原料调制出的一类食品,口味以甜为主,主要用于礼品点心、节日点心、平时茶点和糕饼装饰。如图1-8所示。

 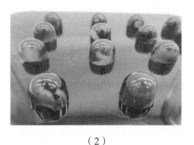

(1)　　　　　　　　　　(2)

图1-8　巧克力类西点

(9)装饰造型类。装饰造型类是指经特殊加工,具有食用和欣赏双重价值的一类制品。这类制品造型精美,工艺性强,色泽搭配合理,品种丰富。如图1-9所示。

(1)　　　　　　　　　　(2)

图1-9　装饰造型类西点

上述分类方法使各类西点的特点相对突出,但有些类型之间有相互的联系,产品也具有多重性,因此很难划分归类,在实际应用中要灵活掌握。

4. 按照制品加工工艺及面团性质分类

按照点心温度分类,可将西点分为常温点心、冷点心和热点心。

5. 按照西点的用途分类

按照西点的用途分类,可将西点分为零售点心、宴会点心、酒会点心、自助餐点心和茶点。

1.2.2 西式面点的特点

西式面点因为用料讲究、造型多变、品种多样、营养丰富,在西方饮食中有着举足轻重的地位。无论是西方国家民众日常的一日三餐,还是各种大型的宴会、酒会,西点制品都必不可少。西点制品特点如下。

1. 选料广,用料讲究

西式面点的选料范围广,包括面粉、糖、油脂、蛋品、乳制品、干果、鲜水果、巧克力、香料和调味料等。同时,西式面点用量十分考究,不同品种的面坯、馅心、装饰和点缀等用料都有各自的选料标准,各种原料之间都有合适的比例,并且要求原料称量准确。

2. 生产工艺技术性强

西式面点的生产工艺从配料到产品,包括配料称量,投料顺序,搅拌的速度、温度和时间,操作熟练程度,成熟的温度与时间,以及成型装饰等,都有一套规范的工艺要求。另外,西式面点的成熟方法有别于中式面点,以烘烤为主要方式,讲究造型和装饰,给人以美的享受。

3. 口味清香,甜咸酥松

西式面点的口味是由品种、使用的原辅料和生产工艺决定的。乳制品、干果、香料等具有芳香的味道,糖、蛋等加热后产生的风味物质赋予西式糕点特有的风味,尤其是西式面点的生产工艺和原料的特点使产品甜咸分明,酥松可口。

4. 营养丰富

西式面点常用的原辅料为面粉、糖、油脂、蛋品、乳制品、干果、鲜水果、巧克力、香料和调味料等,特别是奶、糖、蛋比重较大,这些原料含有丰富的蛋白质、脂肪、糖、维生素等人体健康必不可少的营养素,因此说西式面点具有较高的营养价值。

1.2.3 西式面点的发展方向

根据烘焙业的发展实践,可以预见,21世纪烘焙业在食品业23大类中仍然会是发展最快的一个行业。在市场经济中快速发展的行业必然有竞争和压力。因此,西点从业者必须开阔视野,不断开拓创新。我国烘焙业(西点)的发展方向有以下特点。

(1)连锁经营,大量发展。
(2)分工趋细,专业化程度提高。
(3)采用新型便捷的器具。

1.3 西式面点制作技术的学习方法

西式面点制作技术是烹饪技术中一门精湛的技艺，掌握这门技艺，除了要有明确的学习目标和严谨的学习态度外，还要有正确的学习方法，这些方法可归纳为以下几点。

1. 重视理论知识，系统掌握西式面点制作技术理论

西式面点制作理论知识是西式面点制作实践的科学总结。系统学习、熟练掌握西式面点制作理论知识，是正确、快速掌握西式面点制作技术的条件和基础。因此，要下大气力理解有关的概念和定义，掌握西式面点制作各工艺过程中有关的变化原理和技术要领，及各项操作技术之间诸种条件与因素的内在联系，只有这样，才能真正理解西式面点制作的真谛，从而掌握西式面点制作技艺。

2. 苦练基本功，扎实地进行实际操作技能训练

西式面点制品的制作是一门手艺，不动手或动手少是学不会的。熟练的操作技巧只能通过平时锲而不舍地努力获得。"业精于勤"，只有勤学苦练，不断分析、总结，制作技术才能日趋熟练。练就扎实的基本功，切实掌握各项操作技能，是掌握西式面点制作技术的重要途径。至于实践的形式则是多种多样，如观摩教师演示、个人操作、参加实习劳动等都是提高操作技能的有效措施。此外，观看有关照片、幻灯片、视频，参观商店、饮食店的糕点展品，观摩名师表演等也会大有收益。总之，利用一切机会，勤看、勤问、勤想、勤练，一定能够达到满意的效果。

3. 抓住关键环节，掌握典型品种

西点制品种类繁多，制作方法也千变万化，但只要掌握了各类西点的制作规律，抓住其选料、和面、制馅、成型、成熟等各道工序中的技术关键，任何品种都是不难掌握的。此外，学习中应选择在制作技术上有普遍性、代表性的典型品种，通过典型品种的制作实训，做到举一反三、触类旁通，才能在短时间内掌握更多西式面点花色品种的制作技术。

4. 继承传统技艺，学习先进技术，不断提高创新

作为新一代的西点制作师，应在具有扎实理论知识和实际操作技能的基础上，博采众长、寻本求源，一方面要关注中外西点食品制作新的发展动向，有意识地学习和借鉴国外西点食品制作的先进技艺；另一方面要继承和发掘我国面点制作的宝贵遗产，将民族的传统技艺发扬光大，不断研究和探索新品种、新花样、新技术，为发展我国西点食品制作技术贡献力量。

思考与练习

1. 西式面点的概念是什么?
2. 西式面点的发展历史是什么?
3. 西式面点的发展趋势是什么?
4. 西式面点的种类有哪些?
5. 西式面点的特点有哪些?
6. 西式面点的地位与作用是什么?

第 2 章　西式面点原料

西式面点原料是指制作西式面点时使用的各种物料,包括面粉、奶油、鸡蛋、砂糖等。要制作出质量优良的西式面点,就必须对西式面点原料有深刻的认识,掌握其来源、产地、种类、性质、特点、质量鉴别方法、保管知识、用途及使用方法等。

2.1　面　粉

面粉(flour)即小麦粉,是由小麦经过磨碎等一系列工序加工而成的一种粉末状物质,是制作西点的常用原料。大多数烘焙类系列产品,如面包、蛋糕、曲奇等,都是以面粉为其形态、结构的主要原料。因此,面粉的性质对西点的加工工艺和品质有着决定性的影响。由于小麦品种、种植地区、气候条件、土壤性质、日照时间和栽培方法不同,小麦的质量也有所区别。在制粉时,又由于加工技术、设备等条件的影响,使面粉的化学性质和物理性质都存在一定的差别。面粉的吸水率、粗细度、色泽、面筋含量等都能影响西点的产品质量,因此在制作西点时一定要重视选料。了解和掌握小麦的结构、种类、性质以及面粉的化学组成、工艺性能,将有助于帮助我们更好地学习、掌握西点制作技艺,并且能够帮助我们解决加工和研发过程中遇到的各种问题。

2.1.1　小麦的结构、种类及性质

1. 小麦的结构与化学组成

小麦籽粒由皮层、糊粉层、胚乳和胚芽组成。皮层包括种皮和果皮,约占麦粒总重的8%~12%,由纤维素和半纤维素组成,磨粉时被除去。糊粉层由纤维素、半纤维素、非面筋蛋白质、少量脂肪和维生素组成,约占麦粒总重的7%~9%,磨粉时也应除去,但其紧贴胚乳,韧性很强,不易与胚乳分离,磨粉时不易完全除去,一般制粉精度越低的面粉,糊粉层含量越高,反之越低。糊粉层与皮层一起构成小麦的麸皮,制粉时皮层较容易与其他部分分离,因而残留在面粉中的麸皮主要是糊粉层部分。在评价面粉工艺性能时,麸皮含量越少越好,因为麸皮会影响面团的结合力、持气力以及制品色泽。

包裹在糊粉层内部的就是胚乳,小麦胚乳是构成面粉的主体,约占麦粒总重的80%,由淀粉和蛋白质组成。整个麦粒所含的淀粉和面筋蛋白质都集中在胚

乳中,面粉的质量、性质也都由这部分物质决定。胚芽位于麦粒的下端,占麦粒总重的1.4%~2.2%,含有大量的脂肪、酶类,以及蛋白质、糖类、维生素等。由于脂肪和酶易使面粉在贮藏过程中酸败变质,因此在磨粉时与麸皮一起被除去。

2. 小麦种类与性质

小麦按播种季节可分为冬小麦和春小麦,按皮色可分为红麦和白麦,还有介于其间的黄麦和棕麦。白麦大多为软麦,粉色较白,出粉率较高,但多数情况下筋力较红麦差一些,红麦大多为硬麦,粉色较深,麦粒结构紧密,出粉率较低,但筋力较强。

小麦按照胚乳质地可分为角质小麦和粉质小麦。一般识别方法是将小麦横向切开,其断面呈粉状就称其为粉质小麦,呈半透明状就称其为角质小麦或玻璃质小麦,介于两者之间的称作中间质小麦。角质小麦又称硬质小麦或硬麦(hard wheat),其胚乳中的蛋白质含量较高,蛋白质充塞于淀粉分子之间,淀粉之间的空隙小,蛋白质与淀粉紧密结成一体,因而粒质呈半透明玻璃质状,硬度大。通常小麦蛋白质含量越高,粒质越紧密,麦粒硬度越高。硬质小麦磨制的面粉一般呈砂粒性,大部分是完整的胚乳细胞,面筋质量好,面粉呈乳黄色,适宜制作面包、馒头、拉面、饺子等食品,不易制作蛋糕、饼干。粉质小麦又称软质小麦或软麦(soft wheat),其胚乳中蛋白质含量较低,淀粉粒之间的空隙较大,粒质成粉状,硬度低,粒质软。软质小麦磨成的面粉颗粒细小,破损淀粉少,蛋白质含量低,适宜制作蛋糕、酥点、饼干等。

2.1.2 小麦和面粉的化学成分及性质

小麦和面粉的化学成分不仅决定其营养价值,而且对西点制品的加工工艺也有很大影响。小麦和面粉的化学成分主要包括碳水化合物、蛋白质、脂肪、矿物质、水分和少量的维生素、酶类等,小麦籽粒的化学成分,由于品种、产区、气候和栽培条件的不同,变化范围很大,尤其是蛋白质含量相差较大。面粉的化学成分不仅随小麦品种和栽培的条件而异,而且还受制粉方法和面粉等级的影响。

1. 碳水化合物(carbohydrate)

碳水化合物是小麦和面粉含量最高的化学成分,分别占麦粒总重的70%,面粉总重的73%~75%,主要包括淀粉、糊精、纤维素和游离糖。

(1)淀粉(starch)。淀粉是小麦和面粉中最主要的碳水化合物,分别占麦粒总重的57%,面粉总重的67%左右。小麦籽粒中的淀粉以淀粉粒的形式存在于胚乳细胞中。淀粉是葡萄糖的自然聚合体,根据葡萄糖分子间连接方式的不同分为直链淀粉和支链淀粉。在小麦淀粉中直链淀粉占19%~26%,支链淀粉占74%~81%。直链淀粉易溶于温水,生成的胶体黏性不大,而支链淀粉需在加热并加压下才溶于水,生成的胶体黏性很大。

淀粉粒不溶于冷水,在常温条件下基本没有变化,吸水率和膨胀性很低。当淀粉粒与水一起加热,淀粉粒吸水膨胀,体积可增大50～100倍,最后淀粉粒破裂形成均匀的黏稠状溶液,这种现象称为淀粉的糊化。糊化时的温度称为糊化温度。小麦淀粉在50℃以上时开始明显膨胀,吸水量增大;当水温达到65℃时开始糊化,形成黏性的淀粉溶胶,这时淀粉的吸水率大大增加。淀粉糊化程度越大,吸水越多,黏性也越大。

糊化状态的淀粉称为 α-淀粉,未糊化的淀粉分子排列很规则,称为 β-淀粉。一般来说,由 β-淀粉变成 α-淀粉,即淀粉糊化。在温度为65℃时淀粉糊化需要十几小时,在80℃时要几个小时,在100℃时只要20 min。面类食品由生变熟,实际上就是 β-淀粉变成 α-淀粉。熟的 α-淀粉比 β-淀粉容易消化,但 α-淀粉在常温下放置又会因条件不同逐渐变成 β-淀粉,这种现象称作淀粉的老化。面包、蛋糕等制品刚成熟时,其淀粉为 α-状态。当放置一段时间后其口感、外观变劣,商品价值下降。这主要是淀粉老化造成的。因而面包等西点产品的防老化问题,也是西点制作工艺中一个重要的课题。

小麦在磨粉中会产生部分破损淀粉。破损的淀粉在酶或酸的作用下,可水解为糊精、高糖、麦芽糖和葡萄糖。淀粉的这种性质,在面包的发酵、烘焙和营养等方面具有重要意义。淀粉是面团发酵期间酵母所需能量的主要来源。淀粉粒外层有一层细胞膜,能保护内部免遭外界物质(如酶、水、酸)的入侵。如果淀粉粒的细胞膜完整,酶便无法渗入细胞膜内与淀粉作用。但在小麦磨粉时,由于机械碾压作用,有少量淀粉粒外层细胞膜受损而使淀粉粒裸露出来。通常小麦粉质越硬,磨粉时破损淀粉含量越高,意味着淀粉酶活性越高。面团发酵需要一定数量的破损淀粉,使面团能够产生充足的二氧化碳,形成蓬松多孔的结构。在烘焙、蒸煮、成熟过程中,淀粉的糊化可以促使制品形成稳定的组织结构。淀粉损伤的允许程度与面粉蛋白质含量有关,最佳淀粉损伤程度为4.5%～8%。

(2)可溶性糖(soluble sugar)。小麦和面粉中含有少量的可溶性糖。糖在小麦籽粒各部分分布不均匀,胚部含糖2.96%,皮层和糊粉层含糖2.58%,而胚乳中含糖仅0.88%。因此出粉率越高,面粉含糖率越高。

面粉中的可溶性糖主要是葡萄糖、果糖、蔗糖、麦芽糖、蜜二糖等。它们的含量虽少,但作为发酵面团中酵母的碳源,有利于酵母的迅速繁殖和发酵,并且有利于制品色、香、味的形成。

(3)戊聚糖(pentosan)。戊聚糖是一种非淀粉黏胶状多糖,主要由木糖、阿拉伯糖、少量的半乳糖、己糖、己糖醛和一些蛋白质组成。小麦粉中含有2%～3%的戊聚糖,其中25%为水溶性戊聚糖,75%为水不溶性戊聚糖。戊聚糖对面粉品质、面团流变性以及面包的品质有显著的影响。小麦粉的出粉率越高,其戊聚糖含量越高。

小麦中的水溶性戊聚糖有利于增加面包的体积,并且可以改善面包内部结构以及表面色泽,延长产品保鲜期。水溶性戊聚糖对提高面团的吸水率,提高面团流变性,保持面团气体,增加面包的柔软度,增大面包体积以及防止面包老化等方面均有较好的作用。

大量研究发现,向相对弱筋的面粉中添加2%的小麦或黑麦的水不溶性戊聚糖,可以提高面包的体积30%～40%,同时面包的其他一些指标,如均一性、面包品质及弹性等,都得到改善。有报道称,水不溶性戊聚糖对面团可起改良和恶化双重作用。当添加比例在一定范围内时,面团的抗延伸性和最大抗延伸性拉力比数随添加比例增加而增加。当添加比例大于某个数值时,水不溶性戊聚糖对面团的恶化作用就很显著。

(4)纤维素。纤维素坚韧、难溶、难消化,是与淀粉很相似的一种碳水化合物。小麦中的纤维素主要集中在皮层和糊粉层,麸皮纤维素含量高达10%～14%,而胚乳中纤维素含量很少。面粉中麸皮含量过多,不但影响制品口感和外观,而且不易被人体消化吸收。但食物中适量的纤维素有利于人体胃肠蠕动,能促进人体对其他营养物质的消化吸收。尤其现代,食物加工过于精细,纤维素含量不足,用全麦粉、含麸面粉制作的保健食品越来越受到人们的欢迎。

2. 蛋白质(protein)

小麦中蛋白质的含量和品质不仅决定小麦的营养价值,而且小麦蛋白质是构成面筋的主要成分,它与面粉的烘焙性能有着极为密切的关系。在各种谷物粉中只有小麦面粉的蛋白质能够吸水形成面筋。小麦和面粉中蛋白质含量高低受小麦品种、产地和面粉等级影响。一般来说,蛋白质含量越高,小麦质量越好。目前,不少国家把蛋白质含量作为划分面粉等级的重要指标。

我国大部分小麦的蛋白质含量在12%～14%。小麦籽粒中各个部分蛋白质分布是不均匀的。胚芽和糊粉层的蛋白质含量高于胚乳的蛋白质含量,但胚乳占小麦籽粒的比例最大,胚乳蛋白质含量占麦粒蛋白质含量的比例也最大,约为70%。胚乳中蛋白质的含量由内向外逐渐增加,因此出粉率高、精度低的面粉蛋白质含量高于出粉率低、精度高的面粉。

面粉中的蛋白质主要有麦胶蛋白(醇溶蛋白)、麦谷蛋白、麦球蛋白、麦清蛋白和酸溶蛋白5种。麦球蛋白、麦清蛋白和酸溶蛋白在面粉中的含量很少,可溶于水或稀盐溶液,称为可溶性蛋白质,也称为非面筋性蛋白质。麦胶蛋白和麦谷蛋白不溶于水和稀盐溶液,称为不溶性蛋白质。麦胶蛋白可溶于60%～70%的酒精中,又称醇溶蛋白。麦谷蛋白可溶于稀酸或稀碱中。两种蛋白质占面粉蛋白质总量的80%以上,与水结合形成面筋,因而麦胶蛋白和麦谷蛋白又称为面筋性蛋白质。面筋富有弹性和延伸性,使面团筋力良好,有持气能力。麦胶蛋白具有良好的延伸性,缺乏弹性;而麦谷蛋白富有弹性,缺乏延伸性。

小麦各个部分的蛋白质不仅数量不同,而且种类不同。胚乳蛋白质主要由麦胶蛋白和麦谷蛋白组成,麦球蛋白、麦清蛋白、酸溶蛋白很少。胚芽主要由麦球蛋白和麦清蛋白组成,糊粉层中包含麦胶蛋白、麦清蛋白和麦球蛋白,而不含麦谷蛋白。

等电点是一个分子表面不带电荷时的pH。各类蛋白质的等电点不同,麦胶蛋白的等电点为6.4~7.1,麦谷蛋白的等电点约为5.5,麦清蛋白的等电点为4.5~4.6。在等电点时,蛋白质的溶解度最小,黏度最低,膨胀性最差。

3. 脂质(lipide)

小麦籽粒的脂质含量为2%~4%,面粉的脂质含量为1%~2%。小麦胚芽的脂质含量最高,胚乳的脂质含量最少。小麦中的脂质主要由不饱和脂肪酸构成,易因氧化和酶水解而酸败。因此,磨粉时要尽可能除去脂质含量高的胚芽和麸皮。

4. 酶(enzyme)

小麦粉中重要的酶有淀粉酶、蛋白酶、脂肪酶和脂肪氧化酶等。

(1)淀粉酶(amylase)。淀粉酶主要有 α-淀粉酶和 β-淀粉酶。它们能按一定方式水解淀粉分子中一定种类的葡萄糖苷键,α-淀粉酶能水解淀粉分子中的 α-1,4 糖苷键,不能水解 α-1,6 糖苷键。α-淀粉酶的水解作用在淀粉分子内部进行,使庞大淀粉分子迅速变小,淀粉液的黏度也急速降低,故 α-淀粉酶又被称为淀粉液化酶。β-淀粉酶与 α-淀粉酶一样,只能水解淀粉分子中的 α-1,4 糖苷键,所不同的是 β-淀粉酶的水解作用是从淀粉分子的非还原末端开始的,迅速产生麦芽糖,还原能力不断增加,故 β-淀粉酶又被称为淀粉糖化酶。

α-淀粉酶和 β-淀粉酶对淀粉的水解作用,产生的麦芽糖为酵母发酵提供主要能量来源。当 α-淀粉酶和 β-淀粉酶同时对淀粉起水解作用时,α-淀粉酶从淀粉分子内部进行水解,而 β-淀粉酶则从非还原末端开始。α-淀粉酶作用时会产生更多新的末端,便于 β-淀粉酶的作用。两种酶对淀粉的同时作用,将会取得更好的水解效果。其最终产物主要是麦芽糖、少量葡萄糖和20%的极限糊精。

β-淀粉酶对热不稳定,它只能在面团发酵阶段起水解作用,而 α-淀粉酶热稳定性较强,在70℃~75℃仍能进行水解作用,温度越高作用越快。因此 α-淀粉酶不仅在面团发酵阶段起作用,而且在面包入炉烘焙过程中,仍在继续水解作用,这对提高面包的质量有很大的作用。

正常的面粉含有足够的 β-淀粉酶,而 α-淀粉酶不足,为了利用 α-淀粉酶改善面包的质量、皮色、风味和结构,增大面包体积,可在面团中添加一定数量的α-淀粉酶制剂或麦芽粉、含淀粉酶的麦芽糖浆,但α-淀粉酶含量过大,也会有不良的影响。它会使大量的淀粉分子断裂,使面团力量变弱、发黏,用受潮发芽小麦加工成的面粉就因此而难以加工。

(2)蛋白酶(protease)。小麦和面粉中的蛋白酶可分为两种,一种是能直接作用于天然蛋白质的蛋白酶;另一种是能将蛋白质分解过程中产生的多肽类再分解的多肽酶。搅拌发酵过程中起主要作用的是蛋白酶,它的水解作用可以降低面筋强度,缩短和面时间,使面筋易于完全扩展。

(3)脂肪酶(lipase)。脂肪酶是一种对脂质起水解作用的水解酶。在面粉贮藏期间水解脂肪成为游离脂肪酸,使面粉酸败,从而降低面粉的品质。小麦中的脂肪酶主要集中在糊粉层,因此精制粉比标准粉的贮藏稳定性更高。

(4)脂肪氧化酶(lipoxidase)。脂肪氧化酶是催化某种不饱和脂肪酸过氧化反应的酶可通过氧化作用使胡萝卜素变成无色。因此脂肪氧化酶也是一种酶促漂白剂。它在小麦和面粉中含量很少,主要商业来源是全脂大豆粉。全脂大豆粉被广泛用作面包添加剂,以增白面包心,改善面包的组织结构和风味。

2.1.3 面粉的种类

小麦的品种较多,不同品种的小麦制成的面粉品质也不一样。西式面点的制作需根据西式面点品种正确选择合适的面粉。

1. 按照用途分类

按照用途分类,面粉可分为专用面粉、通用面粉和营养强化面粉。

(1)专用面粉(special flour)。专用面粉,俗称专用粉,是区别于普通小麦粉的一类面粉的统称。所谓"专用",是指该类面粉对某种特定食品具有专一性。专用面粉必须满足以下两个条件:一是必须满足食品的品质要求,即能满足食品的色、香、味、口感及外观特征;二是满足食品的加工工艺,即能满足食品的加工制作要求及工艺过程。根据我国目前暂行的专用粉质量标准,专用面粉可分为面包、面条、馒头、饺子、酥性饼干、发酵饼干、蛋糕、酥性糕点和自发粉等。

(2)通用面粉(common flour)。通用面粉是指供一般面制食品用的小麦粉,包括习惯上所说的等级粉和标准粉。

(3)营养强化面粉(fortified flour)。营养强化面粉是指国际上为改善公众营养水平,针对不同地区、不同人群而添加不同营养素的面粉,如增钙面粉、富铁面粉等。

2. 按照精度分类

按加工精度分类,面粉可分为特制一等面粉、特制二等面粉、标准面粉和普通面粉。

(1)特制一等面粉(special first-class flour)。特制一等面粉又被称为富强粉、精粉,基本上全由小麦胚乳加工而成。粉粒细,没有麸皮,颜色洁白,面筋含量高且品质好(即弹性、延伸性和发酵性都很好),食用口感好,消化吸收率高,粉中矿物质、维生素含量低,尤其是维生素 B_1 含量远不能满足人体的正常需要,特制一等粉适于制作高档食品。

(2)特制二等面粉(special second-class flour)。特制二等面粉又称上白粉、七五粉(即每 100 kg 小麦可加工成约 75 kg 小麦粉)。这种小麦粉的粉色白,含有少量的麸皮,粉粒较细,面筋含量高且品质也较好,消化吸收率比特制一等粉略低,但维生素和矿物质的保存率却比特制一等粉略高,适宜于制作中档西点。

(3)标准面粉(standard flour)。标准面粉也称八五粉。粉中含有少量的麸皮,粉色较白,基本上消除了粗纤维和植酸对小麦粉消化吸收率的影响,含有较多维生素和矿物质,但面筋含量较低且品质也略差,口味和消化吸收率也都不如以上两种面粉。

(4)普通面粉(plain flour)。普通面粉是加工精度最低的面粉。加工时只提取少量麸皮,所以含有大量的粗纤维素、灰分和植酸。这些物质不仅使小麦粉口感粗糙,影响食用,而且会妨碍人体对蛋白质、矿物质等营养素的消化吸收。

3. 按照蛋白质含量分类

面粉按照蛋白质含量可分为低筋面粉、中筋面粉和高筋面粉。通常来说,市售的面粉均为中筋面粉,制作蛋糕、饼干常常使用低筋面粉,制作面包时通常使用蛋白质含量较多的高筋面粉。

(1)高筋面粉(high gluten flour)。高筋面粉又称高粉、强筋面粉,日文称强力粉,主要原料是小麦,色泽偏黄,颜色较深,本身较有活性且光滑,手抓不易成团状;其蛋白质和面筋含量高,蛋白质含量为 12%~15%,湿面筋值在 35%以上。特性是筋度大,黏性及吸油性强,制作出的产品较有弹性,口感较劲道,通常用来制作面包、披萨、起酥点心、泡芙点心等。

(2)低筋面粉(low gluten flour)。低筋面粉又称低粉、弱筋面粉,日文称薄力粉,颜色较白,颗粒较细,容易结块,用手抓易成团;其蛋白质和面筋含量低,蛋白质含量为 7%~9%,湿面筋值在 25%以下。英国、法国和德国的弱力面粉均属于这一类。低筋面粉蛋白质含量少,筋度低,黏度也较低,适宜制作蛋糕、甜酥点心、饼干等,大部分蛋糕类都是用低粉做出来的。除了做烘焙面点外,低粉还可以用来炒面糊,加上奶油一起炒成的面糊,可以用来做浓汤、白酱。另外,低粉具有吸油性,撒一点在粘满油的锅里或盘子中,待面粉把油吸收,再清洗会轻松得多。

(3)中筋面粉(middle gluten flour)。中筋面粉即普通面粉,是介于高筋面粉与低筋面粉之间的一类面粉,比低筋面粉的筋度稍强;色乳白,介于高筋面粉和低筋面粉之间,体质半松散;蛋白质含量为9%～11%,湿面筋值为25%～35%,美国、澳大利亚产的冬小麦粉和我国的标准粉等普通面粉都属于这类面粉。中筋面粉用于制作派、某些曲奇饼干、中式点心、松饼、重型水果蛋糕、肉馅饼等。中筋面粉有时也和高筋面粉混起来用。

4. 按照面粉性能和添加剂分类

按照面粉性能和添加剂划分,面粉可分为一般面粉、营养面粉、自发粉、全麦面粉和合成面粉。

(1)一般面粉(common flour)。蛋白质含量为15%～15.5%、奶白色、呈砂砾状、不粘手、易流动的一般面粉适合混合黑麦、全麦来做面包或做高筋硬性意大利、犹太硬咸包。含量为12.5%～12.8%、白色的一般面粉适合做咸软包、甜包和炸包。含量为8.0%～10%、洁白、粗糙、粘手的一般面粉可做早餐包和甜包。

(2)营养面粉(nutrition flour)。营养面粉是指在面粉中加入维生素、矿物质、无机盐或营养丰富的麦芽等营养物质的面粉。

(3)自发粉(self-raising flour)。所谓自发面粉,是预先在面粉中掺入了一定比例的盐和泡打粉,然后再包装出售,这样是为了方便家庭使用,省去了加盐和泡打粉的步骤。

(4)全麦面粉(whole wheat flour)。全麦面粉是用小麦磨制且没有使用增白剂的原色、原味面粉,小麦粉中包含其外层的麸皮,其内胚乳和麸皮的比例与小麦原料成分相同,含丰富的维生素B_2、维生素B_7、维生素B_6及烟酸,营养价值很高,主要用来制作全麦面包和小西饼等。这种面粉中的粗纤维对人体健康有益,常常被用来制作健身减肥人士的早餐主食。

麸皮的含量多,100%全麦面粉做出来的面包体积较小、组织也会较粗,面粉的筋性不够,而且食用太多的全麦面包会加重身体消化系统的负担,因此使用全麦面粉时可加入一些高筋面粉来改善面包的口感。建议一般全麦面包,采用全麦面粉∶高筋粉=4∶1的配比,这样面包的口感和组织都会比较好。

(5)合成面粉(compound flour)。合成面粉是20世纪80年代的产品。为适合制作不同的面包,在面粉中加入糖、蛋粉、奶粉、油脂、酵母及各样材料,如面包粉和丹麦酥粉等。所谓面包专用粉就是为提高面粉的面包制作性能而向面粉中添加麦芽、维生素以及谷蛋白等,增加蛋白质的含量,以便能更容易地制作面包。因此就出现了蛋白质含量高达14%～15%的面粉,可以用来制作体积更大的面包。

2.1.4 面粉的工艺性能

1. 面筋及其工艺性能

(1)面筋(gluten)。面粉筋力好坏和强弱取决于面粉面筋质的数量与质量。

将面粉加水,经过机械搅拌或手工揉搓后,麦谷蛋白吸水膨胀,形成网状组织结构,淀粉、无机盐、低分子糖等成分填充在网状结构中黏聚在一起,形成具有弹性的面块,这就是面团。麦胶蛋白和麦谷蛋白就是常说的面筋蛋白质。一般来说,面筋中麦胶蛋白占55%~65%,麦谷蛋白占35%~45%。

面团在水中搓洗时,淀粉、可溶性蛋白质、灰分等成分渐渐离开面团悬浮于水中,最后剩下一块具有黏性、弹性和延伸性的软胶状物质,这就是所谓的粗面筋。粗面筋含水约65%~70%,故又称为湿面筋。湿面筋烘去水分即为干面筋。

一般情况下,湿面筋含量在35%以上的面粉称为强力粉,适于制作面包;湿面筋含量在26%~35%的面粉称为中力粉,适于制作面条、馒头;湿面筋含量在26%以下的面粉是弱力粉,适合于制作糕点、饼干。

影响面筋形成的主要因素有:面团温度、面团放置时间和面粉质量等。温度过低会影响蛋白质吸水形成面筋。我国北方地区冬季气温较低,最好将面粉贮存在暖库或提前搬入车间,用温水调制面团,以便提高粉温,减少低温的不利影响。一般情况下,在30℃~40℃之间,面筋形成率最高,温度过低则面筋溶胀过程延缓而形成率降低。

(2)面粉的工艺性能。面粉的筋力好坏,不仅与面筋的数量有关,也与面筋的质量或面粉的工艺性能有关。面粉的面筋含量高,并不一定面粉的工艺性能就好,还要看面筋的质量。面筋之所以具有黏性、弹性和一定的流动性,是由于组成面筋的主要蛋白质在分子形状、大小和存在状态方面都与一般蛋白有所不同。通常,判定面筋质量和工艺性能的指标有延伸性、可塑性、弹性和韧性。

①延伸性是指湿面筋被拉长至某长度后而不断裂的性质。

②可塑性是指湿面筋被压缩或拉伸后不能恢复原来状态的能力。

③弹性是指湿面筋被压缩或拉伸后恢复原来状态的能力。面筋的弹性也可分为强、中、弱三等。弹性强的面筋,用手指按压后能迅速恢复原状,不粘手且不会留下手指痕迹,用手拉伸时有很大的抵抗力。弹性弱的面筋,用手指按压后不能复原,粘手并会留下很深的指纹,用手拉伸时抵抗力很小,下垂时,会因本身重力自然断裂。弹性中等的面筋,其性能则介于二者之间。

④韧性是指面筋对拉伸所表现的抵抗力。一般来说,弹性强的面筋韧性也好。

(3)面粉蛋白质的数量和质量。一般来说,面粉内所含蛋白质的量越高,制作出的面包体积越大,反之越小。但有些面粉,如杜伦小麦粉,蛋白质含量虽然较高,但面包体积却很小,这说明面粉的烘焙品质不仅由蛋白质的数量决定,还与蛋白质的质量有关。

面粉加水搅拌时,麦谷蛋白首先吸水胀润,同时麦胶蛋白、酸溶蛋白及水溶性的清蛋白和球蛋白等成分也逐渐吸水胀润,随着不断搅拌形成了面筋网络。麦胶蛋白形成的面筋具有良好的延伸性,但缺乏弹性,有利于面团的整形操作,但面筋筋力不足,很软,很弱,使成品体积小,弹性较差。麦谷蛋白形成的面筋则有良好的弹性,筋力强,面筋结构牢固,但延伸性差。如果麦谷蛋白过多,势必造成面团弹性、韧性太强,无法膨胀,导致产品体积小,或因面团韧性和持气性太强,面团内气压大而造成产品表面开裂。如果麦胶蛋白含量过多,则会使面团太软弱,面筋网络结构不牢固,持气性差,面团过度膨胀,导致产品出现顶部塌陷、变形等不良结果。

所以,面粉的烘焙品质不仅与总蛋白质数量有关,而且与面筋蛋白质的种类有关,即麦胶蛋白和麦谷蛋白含量的比例要合适。这两种蛋白质相互补充,使面团既有适宜的弹性和韧性,又有理想的延伸性。

选择面粉时应依据以下原则:在面粉蛋白质数量相差很大时,以数量为主;在蛋白质数量相差不大,但质量相差很大时,以质量为主;也可以采取搭配使用的方法,来弥补面粉蛋白质数量和质量的不足。

2. 面粉吸水率

面粉吸水率是检验面粉烘焙品质的重要指标。它是指调制单位重量的面粉成面团所需的最大加水量。面粉吸水率高,可以提高面包的出品率,而且面包中水分增加,面包心柔软,保鲜期相应延长。而面团的最适吸水率取决于所制作面团的种类和生产工艺条件。最适的吸水率意味着形成的面团具有理想烘焙制品(如面包)所需要的操作性质、机械加工性能、醒发及烘焙性质,以及最终产品特征(外观、食用品质)。如制作"过水面包圈"面团的吸水率比白吐司面包面团的吸水率低得多;以手工操作为主的面包生产与高机械化程度的面包生产对面团吸水率的要求不同。

影响面粉吸水率的因素主要有以下几点。

(1)蛋白质含量。面粉实际吸水率的大小在很大程度上取决于面粉的蛋白质含量。面粉的吸水率随蛋白质含量的提高而增加。面粉蛋白质含量每增加1%,用粉质仪测得的吸水率相应增加约1.5%。但不同品种小麦所磨制的面粉,吸水率增加程度不同,即使蛋白质含量相似,某种面粉的最佳吸水率可能并不相当于另一种面粉的最佳吸水率。此外,蛋白质含量低的面粉,吸水率的变化率没有高蛋白质面粉那样大。蛋白质含量在9%以下时,吸水率减少很少或不再减少。这是因为当蛋白质含量减少时,淀粉吸水的相对比例较大。

(2)面粉的含水量。若面粉的含水量较高,则面粉吸水率自然降低。

(3)面粉的粒度。研磨较细的面粉吸水率自然较高。因为面粉颗粒的总表面积增大,而且损伤淀粉也增多。

(4) 面粉内的损伤淀粉含量。损伤淀粉含量越高,面粉吸水率也越高。因为破损后的淀粉颗粒,使水容易渗透进去。但是太多的破损淀粉会导致面团和面包发黏,使面包体积缩小。

3. 面粉糖化力和产气能力

(1) 面粉糖化力。面粉糖化力是指面粉中淀粉转化成糖的能力,用 10g 面粉加 5mL 水调制成面团,在 27℃～30℃ 经 1h 发酵所产生的麦芽糖的毫克数来表示。

由于面粉糖化是在一系列淀粉酶和糖化酶的作用下进行的,因此面粉糖化力的大小取决于面粉中这些酶的活性程度。正常小麦磨制的面粉中,$β$-淀粉酶的含量充分,面粉糖化力的大小主要不是取决于 $β$-淀粉酶的数量,而是取决于面粉颗粒的大小。面粉颗粒越小,越易被酶水解而糖化。我国特制粉的粒度比标准粉小,因此特制粉较易糖化。

面粉糖化力对于面团的发酵和产气影响很大。酵母发酵时所需糖的来源主要是面粉糖化,并且发酵完毕剩余的糖与面包的色、香、味关系很大,对无糖的主食面包的质量影响较大。

(2) 面粉产气能力。面粉在面团发酵过程中产生二氧化碳气体的能力称为面粉的产气能力,用 100g 面粉加 65mL 水和 2g 鲜酵母调制成面团,在 30℃ 发酵 5h 所产生二氧化碳气体的毫升数来表示。

面粉产气能力取决于面粉糖化力。一般来说,面粉糖化力越强,生成的糖越多,产气能力也越强,所制作的面包质量也越好。制作面包时,要求面粉的产气能力不得低于 1200mL。使用同种酵母,在相同的发酵条件下,面粉产气能力越强,做出的面包体积越大。

(3) 面粉糖化力与产气能力对面包质量的影响。面粉糖化力与产气能力的比例关系,对所制面包的色、香、味、形都有一定影响。糖化力强而产气能力弱的面粉,面团中剩余的糖较多,可使面包具有良好的色、香、味,但因产气能力弱,面包体积较小。用糖化力弱而产气能力强的面粉制成的面包体积较大,但色、香、味不佳。只有糖化力和产气能力都强的面粉才能制成色、香、味好且体积又大的面包。

当面团中剩余的糖在 1% 以下时,制成的面包皮色白,即使延长烘焙时间也不会改变。因此,面团中剩余糖量要求不低于 2%。

4. 面粉的熟化

面粉的熟化亦称成熟、后熟、陈化。刚磨制的面粉,特别是新小麦磨制的面粉,其面团黏性大,筋力弱,不宜操作,生产出来的面包体积小,弹性、疏松性差,组织粗糙、不均匀,皮色暗,无光泽,扁平易塌陷收缩,但这种面粉经过一段时间贮存后,其烘焙性能会大大改善,生产出的面包色泽洁白有光泽,体积大,弹性好,内部组织均匀细腻,特别是操作时不黏,醒发、烘焙及面包出炉后,面团不跑气塌陷,面包不收缩变形。这种现象被称为面粉的熟化、陈化、成熟或后熟。

面粉"熟化"的机理是,新磨制面粉中的半胱氨酸和胱氨酸含有未被氧化的硫氢基(SH),这种硫氢基是蛋白酶的激活剂,面团搅拌时,被激活的蛋白酶强烈分解面粉中的蛋白质,从而造成前述的烘焙结果。新磨制的面粉,经过一段时间贮存后,硫氢基被氧化而失去活性,面粉中的蛋白质被分解,面粉的烘焙性能也因而得到改善。

面粉熟化时间以3~4周为宜,新磨制的面粉在4~5天后开始"出汗",进入面粉的呼吸阶段,发生某种生化和氧化作用,而使面粉熟化。该过程通常持续三周左右。在"出汗"期间,面粉很难被制作成高质量的面包,除氧气外,温度对面粉的"熟化"也有影响,高温会加速"熟化",低温会抑制"熟化",一般以25℃左右为宜。

除自然熟化外,还可用化学方法处理新磨制的面粉,使之熟化。最广泛使用的化学处理方法是在面粉中添加面团改良剂溴酸钾、维生素C等。用化学方法熟化的面粉,在五日内使用,可以制作出合格的面包。近年来医学研究证明溴酸钾属于致癌物质,国外已广泛采用维生素C取代溴酸钾,国内也出现了以酶制剂为主体的面粉品质处理剂。

2.1.5 面粉的用途

面粉在西点中主要用来制作面包、蛋糕和西饼。不同的西点品种所使用的面粉不完全相同,如制作面包要选用高筋面粉,制作蛋糕要使用低筋面粉。制作西点时应根据西点的品种要求,正确选择和使用面粉,以制作出品质优良的西点。

面粉是制作点心、面包的基本原料。根据不同产品的需要,面粉在西点制作中,可以单独使用,也可以掺入其他原料一起使用。西式面点中的水调面团、混酥面团、面包面团等都以面粉为主要原料。由于面粉中含有淀粉和蛋白质等成分,因此,它在西点制品中起着骨架作用,可使西点制品在熟制过程中形成稳定的组织结构。

2.1.6 面粉的品质鉴定

面粉的质量一般可从面筋质含量、水分含量、新鲜度及杂质含量等方面进行鉴别。色白,杂质少,面筋质含量高,含水量在12%~13%之间,新鲜度高,无腐败味、苦味、霉味的面粉质量高,反之则质量差。

1. 含水率

面粉含水率是面粉所含水分的质量与含水面粉质量比值的百分数,它直接影响调制面团时的加水量。我国规定面粉含水率在14%以下,检验面粉含水量可用仪器测定,也可用感官方法鉴定。

2. 面粉颜色

面粉的颜色随面粉加工精度不同而不同,颜色越白,精度越高,但维生素含量越低。

3. 新鲜度

在实际工作中,面粉新鲜度的检验一般采用鉴别面粉气味的方法,即新鲜的面粉有清淡的香味,气味正常。而陈面粉,由于陈旧程度不同,可能带有酸味、苦味、霉味和腐败臭味等。

4. 面筋质

面粉中面筋质的含量是决定面粉品质的重要指标,在一定范围内,面筋质含量越高,面粉品质越好。

面筋质测定方法:面粉中面筋含量多少一般是通过洗面筋的方法来测定的。洗面筋的方法以前是用手洗,现在采用现代化的机器洗,即面筋测定仪。测定面筋的方法主要有面筋仪测定法和手洗面筋测定法。

2.1.7 面粉的储存

1. 做好进仓登记

采购回来的面粉一定要有进仓登记,注明进仓的时间、数量、种类和保质期,便于有计划地使用面粉,做到先进仓的先使用,后进仓的后使用,保证在保质期内用完。

2. 放置在阴凉通风处

若储存温度过高,则面粉容易霉变。因此面粉最好储存在阴凉、通风、干燥的场所。

3. 防止面粉吸潮

面粉具有吸潮性,如果储存环境湿度较大,面粉就会吸收周围的水分,膨胀结块,加剧变热、发霉和变质。储存面粉的场所环境湿度以55%~60%为宜。

4. 防止面粉吸收异味

面粉易吸收各种异味,储存时要避免与有突出气味的原料混放,防止面粉吸收异味。

2.2 油 脂

油脂(fat)是西式面点制品的主要原料之一。油脂是油和脂的总称,一般在常温下呈液态的称为油,呈固态或半固态的称为脂。在西点制作中选用的油脂主要有奶油、黄油、植物油和人造黄油(麦淇淋)等。

2.2.1 油脂的种类

1. 奶油(cream)

奶油是从经高温杀菌的鲜乳中加工分离出来的脂肪和其他成分的混合物,在乳品工业中也称稀奶油,奶油是制作黄油的中间产品,含脂率较低,分别有以下几种。

(1)淡奶油(light cream)。淡奶油也称单奶油(single cream),乳脂含量为12%～30%,可用于沙司的调味,西点的配料和起稠增白。

(2)掼奶油(whipping cream)。掼奶油也称裱花奶油,很容易搅拌成泡沫状的鲜奶油,含乳脂量为30%～40%,主要用于裱花装饰。

(3)厚奶油(heavy cream)。厚奶油也称双奶油(double cream),含乳脂量为48%～50%,这种奶油因为成本太高,所以用途不广,通常只有在增进风味时使用。

2. 黄油(butter)

黄油在食品工业中被称为"奶油",国内北方地区称之为"黄油",上海等南方地区称之为"白脱",香港称之为"牛油",是将从牛乳中分离出来的稀奶油经杀菌、成熟、搅拌、压炼而成的脂肪制品。黄油在常温下呈浅乳黄色固体状,乳脂含量一般不低于80%,水分含量不高于16%,还含有丰富的维生素 A、维生素 D 和矿物质,营养价值较高。受奶牛品种、季节温度、生活地区的气候、所食用的饲料成分以及奶牛年龄等因素的影响,黄油的质地、风味、色泽和熔化特性都会有较大的不同。

常用黄油有含盐和不含盐两种。无盐黄油较易腐败,但味道更鲜明、甘甜,因此烘焙效果较好。如果使用含盐黄油,则配方中盐的分量需相应减少,在烘焙配方中提到的黄油多指无盐奶油。在制作高级西点时一定要用黄油。纯正黄油的色泽近似白色,若是黄色,则黄油是用色素加工而成的。质量好的黄油应该是细滑的,黄油的特性是在冷藏的状态下是比较坚硬的固体、易碎,而在28℃左右会变得非常软,这个时候,可以通过搅打使其裹入空气,体积变得膨大,俗称"打发"。在34℃以上时,黄油会成为液态。需要注意的是,黄油只有在软化状态才能打发,在液态时是不能打发的。配方里提到的奶油基本上指的都是黄油,裱花蛋糕中的奶油指的是鲜奶油。

黄油含脂肪率高,较奶油容易保存。长期贮存应放在-10℃的冰箱中,短期保存可放在5℃左右的冰箱中冷藏。因黄油易氧化,所以在存放时应注意避免光线直接照射,且应密封保存。

3. 植物油脂(vegetable oil)

植物油脂是从植物的果实、种子、胚芽中得到的油脂,主要含有不饱和脂肪酸,常温下为液体,其加工工艺性能不如动物油脂,一般多用于油炸类产品和一些面包类产品的生产。目前常用的植物油有大豆油、芝麻油、花生油、椰子油和棕榈油等。

(1)大豆油。大豆油是一种营养价值很高的食用油,消化率高达95%,含有维生素A和维生素E,且不含胆固醇。

(2)芝麻油。芝麻油具有特殊的香气,故又称香油。由于加工方法不同,芝麻油可分小磨香油和大槽油两种。小磨香油香气醇厚,品质最佳。

(3)花生油。花生油是用花生仁经压榨制成的,呈淡黄色,清晰透明,芳香味美,是良好的食用油。

(4)椰子油。椰子油从椰子果实中提取,具有特殊的香味,色泽洁白,在西点制作中使用广泛。

(5)棕榈油。棕榈油原产于非洲西部,从棕榈仁中提炼,是一种半固态油脂,不易氧化,稳定性好,特别适合制作油炸点心,是世界上产量最高、使用最广泛的油脂。

4. 人造奶油(margarine)

人造奶油的中文名称很多,比如人工奶油、人造黄油,以及音译的玛琪琳、麦淇林等,麦淇淋外观呈均匀一致的淡黄色或白色,有光泽,表面洁净,切面整齐,组织细腻均匀,具有奶油香味,无不良气味。它是将植物油部分氢化以后,加入人工香料模仿黄油的味道制成的黄油代替品,在一般场合下可以代替黄油使用。因为是人造的,所以它具有很灵活的熔点,不同的植物黄油,熔点差别很大。人造奶油根据品种分很多等级,有的即使冷藏也保持软化状态。这类植物奶油是不能用来做千层酥皮的,否则,肯定漏油,用来涂抹面包较好;有的即使在28℃的时候仍非常硬。这类植物黄油适合用来做裹入用油,用它来制作千层酥皮,会比黄油要容易操作得多。高质量的人造奶油能承受大量气体,从而做出较大体积的蛋糕,但没有黄油般的香味。

麦淇淋品种主要有下面几个。

(1)餐用麦淇淋(meal margarine)。餐用麦淇淋主要用于涂抹面包,其特点是可溶性好,入口即化,具有令人愉快的香气和味道,而且营养价值较高,富含多不饱和脂肪酸。

(2)面包用麦淇淋(bread margarine)。面包用麦淇淋用于面包、蛋糕等西点的加工和装饰,吸水性及乳化性好,可使西点带有奶油风味,并延缓老化。

(3)起层用麦淇淋(forming layer margarine)。起层用麦淇淋熔点较高,稠度较大,起酥性好,适用于面团的起层,如各种酥皮类点心、清酥类点心、牛角包、丹麦酥等。

(4)通用型麦淇淋(common margarine)。通用型麦淇淋具有可塑性、充气性和起酥性,可用于高油蛋糕、糕点等。

5. 起酥油(forming layer oil)

起酥油是指动、植物油脂的食用氢化油、高级精制油或上述油脂的混合物,经过混合、冷却塑化而加工出来的,具有可塑性、乳化性等加工性能的固态或流动性油脂产品。起酥油的脂肪含量一般接近100%。外观呈白色或淡黄色,质地均匀,无杂质,滋味、气味良好。起酥油不能直接食用,专用于起酥皮的制作。它的熔点通常都在44℃以上,是油脂类里熔点最高的,有较好的可塑性和起酥性。在制作饼干、糕点、蛋塔或酥皮时,它可以让产品呈现酥软松脆的口感。起酥油有固体的片状,也有液态的。液态起酥油很难买到,故家庭常用固体的。起酥油与人造奶油的主要区别是起酥油中没有水相。

6. 色拉油(salad oil)

色拉油,呈淡黄色、澄清、透明、无气味、口感好,用于烹调时不起沫、烟少,在0℃条件下冷藏5.5h仍能保持澄清、透明(花生色拉油除外)。色拉油一般选用优质油料先加工成毛油,再经脱胶、脱酸、脱色、脱臭、脱蜡、脱酯等工序成为成品。色拉油的包装容器应专用、清洁、干燥和密封,符合食品卫生和安全要求,不得掺有其他食用油、非食用油和矿物油等。保质期一般为6个月。目前市场上供应的色拉油有大豆色拉油、菜籽色拉油、葵花子色拉油和米糠色拉油等。

2.2.2 油脂的工艺性能

1. 油脂的起酥性

起酥性是油脂在烘焙食品时最重要的工艺性能。在调制酥性食品时,加入大量油脂后,油脂的疏水性会限制面筋蛋白质的吸水作用。面团中含油越多,其吸水率越低,一般每增加1%的油脂,面粉的吸水率相应降低1%。油脂能覆盖于面粉的周围形成油膜,除了降低面粉吸水率限制面筋形成外,还由于油脂的隔离作用,使已形成的面筋不能互相黏结而形成大的面筋网络,也使淀粉和面筋不能结合,从而降低面团的弹性和韧性,增加面团的可塑性。此外,油脂能层层分布在面团中,起润滑作用,使面包、糕点、饼干产生层次,口感酥松。

油脂阻碍了面筋的形成,使制品具有起酥性。影响油脂起酥性的因素有以下几个。

(1)固态油比液态油的起酥性好。固态油中饱和脂肪酸占绝大多数,稳定性好。固态油的表面张力较小,油脂在面团中呈片条状分布,覆盖面粉颗粒表面积大,起酥性好。而液态油表面张力大,油脂在面团中呈点、球状分布,覆盖面粉颗粒表面积小,并且分布不均匀,故起酥性差。因此,制作有层次的食品时必须使用黄油、人造黄油或起酥油。在制作一般酥类糕点时,猪油的起酥性也是非常好的。

(2)油脂的用量越多,起酥性越好。

(3)温度影响油脂的起酥性。因油脂中的固体脂肪指数和可塑性与温度密切相关,而可塑性又直接影响油脂对面粉颗粒的覆盖面积。

(4)鸡蛋、乳化剂、乳粉等原料对起酥性有辅助作用。

(5)油脂和面团搅拌混合的方法及程度要恰当,乳化要均匀,投料顺序要正确。

2. 油脂的可塑性

可塑性是人造黄油、黄油、起酥油、猪油等油脂的最基本特性。固态油在糕点、饼干面团中成片、条及薄膜状分布就是由可塑性决定的。而在相同条件下,液体油可能分散成点、球状。因此,固态油要比液态油能润滑更大的面团表面。用可塑性好的油脂加工面团时,面团的延伸性好,制品的质地、体积和口感都比较理想。

可塑性是指油脂在外力作用下可以改变自身形状,甚至可以像液体一样流动的性质。若使固态油脂具有一定的可塑性,则其成分必须包括一定的固体脂和液体油。固体脂以极细的微粒分散在液体油中,由于内聚力的作用,致使液体油不能从固体脂中渗出。固体微粒越细、越多,可塑性越小,固体微粒越粗、越少,可塑性越大。

油脂的可塑性还与温度有关,温度升高,部分固体脂肪融化,油脂变软,可塑性变大;温度降低,部分液体油固化,未固化的液体油黏度增加,油脂变硬,可塑性变小。

3. 油脂的润滑作用

油脂在面包制作中最重要的作用就是充当面筋和淀粉之间的润滑剂。油脂能在面筋和淀粉之间的分界面上形成润滑膜,使面筋网络在发酵过程中的摩擦阻力减小。油脂有利于膨胀,可以增加面团的延伸性,增大面包的体积。固态油的润滑作用优于液态油。

2.2.3 不同制品对油脂的选择

1. 面包类制品

面包类制品可选择猪油、乳化起酥油、面包用人造奶油和面包用液体起酥油。这些油脂在面包中能够均匀分散,润滑面筋网络,增大面包体积,增强面团持气性,不影响酵母发酵力,有利于面包保鲜,还能改善面包内部组织和表皮色泽,使面包口感柔软,易于切片等。

2. 混酥类制品

混酥类制品所用油脂应选择起酥性好、充气性强、稳定性高的油脂,如猪油、氢化起酥油。

3. 起酥类制品

起酥类制品所用油脂应选择起酥性好、熔点高、可塑性强、涂抹性好的固体油脂,如高熔点的酥片黄油。

4. 蛋糕类制品

油脂蛋糕类制品含有较高的糖、蛋、乳和水分,应选择融合性好且含有高比例乳化剂的人造奶油和起酥油。

5. 油炸类制品

油炸类制品应选择发烟点高、热稳定性好的油脂。大豆油、菜籽油、棕榈油、氢化起酥油等适用于油炸食品,但含有乳化剂的起酥油、人造奶油和添加卵磷脂的烹调油不宜作炸油。

2.2.4 油脂在西点中的作用

油脂在西点中的作用如下。

(1)增加营养,补充人体热能,增进食品风味。

(2)使成品具有良好的风味和色泽。

(3)调节面筋的胀润度,降低面团的筋力和黏性。

(4)具有起酥性。

(5)增强面胚的可塑性,有利于点心的成型。

(6)保持产品内部组织柔软,延缓淀粉老化的时间,延长点心的保存期。

2.2.5 油脂的质量检验与保管

1. 油脂的质量检验

在实际工作中,油脂的质量检验一般多用感官检验。

(1)色泽。质量好的植物油色泽微黄,清澈明亮。质量好的黄油色泽淡黄,组织细腻光亮,质量好的奶油则要求洁白有光泽且较浓稠。

(2)口味。品尝时植物油应有植物本身的香味,无异味和哈喇味。黄油和人造黄油应有新鲜的香味和爽口润喉的感觉。

(3)气味。植物油脂应有植物清香味,加热时无油烟味。动物油有其本身特殊的气味,要经过脱臭后方可使用。

(4)透明度。植物油脂无杂质,有水分,透明度高。动物油脂溶化时清澈见底,无水分析出。

2. 油脂的保管

油脂不适宜长时间储存,特别是在高温、潮湿、不通风的环境中,油脂容易酸败变质。因此,油脂应密封包装,存放在通风、低温、干燥的地方,动物性油脂应存放在冰箱里。使用时做到心中有数,先购进的先用,后购进的后用,保证油脂在保质期内用完。

2.3 糖及甜味剂

2.3.1 糖的种类

糖的种类很多,西点制作中常用的有白糖、红糖、糖粉、饴糖、淀粉糖浆、转化糖浆、葡萄糖浆及蜂蜜等。不同的糖有不同的化学组成,因而有不同的工艺特征。

1. 白砂糖(sugar)

白砂糖为精制砂糖,简称砂糖,纯度很高,含蔗糖99%以上,是从甘蔗或甜菜中提取糖汁,经过滤、沉淀、蒸发、结晶、脱色和干燥等工艺制成。白砂糖为白色粒状晶体,是一种由一分子葡萄糖和一分子果糖构成的双糖。根据其颗粒大小,可分为粗砂糖、中砂糖和细砂糖。制作海绵蛋糕或戚风蛋糕最好用白砂糖,以颗粒细密为佳。因为颗粒大的糖往往由于糖的使用量较高或搅拌时间短而不能溶解,如蛋糕成品内仍有白糖的颗粒存在,则会导致蛋糕的品质下降。在条件允许时,最好使用细砂糖。白砂糖的品质要求是颗粒均匀、松散、颜色洁白、干燥、无杂质、无异味,溶解后成为清晰的水溶液。

(1)细砂糖(fine sugar)。细砂糖是经过提取和加工以后结晶颗粒较小的糖。适当食用细砂糖有利于提高机体对钙的吸收,但不宜多吃,糖尿病患者忌吃。细砂糖适合制作蛋糕和曲奇,可搅拌成均匀的面糊,并能吸收较多的油脂,另外细砂糖对脂肪的乳化作用较好,因为它能产生较均匀的气孔组织,以及更好的外观容积量。

(2)粗砂糖(sanding sugar)。粗砂糖颗粒比较大,其粒度约为正常砂糖粒度的4倍,是一种装饰性用糖,常用来装饰蛋糕、饼干或面包的外皮,一般撒在焙烤前或加糖霜后的制备物上面。市场上销售的粗砂糖有无色和彩色两类。细砂糖能较快溶解,溶入面团或面糊中的效果会更好一些。粗砂糖则反之,极易残留未溶解的颗粒,这些未溶解的颗粒在烘焙过程中会在面包上呈现出深色斑点或留下糖浆般的烤纹,但粗砂糖可用来制作糖浆。实际上,粗砂糖通常比细砂糖更纯,因而可制作出更清澈的糖浆。粗砂糖还可以产生令人愉快的咀嚼感。

2. 红砂糖(red sugar)

红砂糖也被称为赤砂糖、红糖,是未经脱色精制的砂糖,纯度低于白砂糖,呈黄褐色或红褐色,有浓郁的焦香味,主要成分是蔗糖,也含有不同的焦糖、糖蜜及其他杂质,这些糖有特殊的味道。颜色越深,含有的杂质越多。由于红砂糖中含有少量酸,因此能与发酵苏打一起使用以产生膨胀的效果。红糖容易结块,应置于密闭容器中,以防止因丧失水分而变得干硬。使用前要先过筛或者用水溶化。可用于制作姜饼、巧克力蛋糕、布丁等点心。使用红砂糖的目的是取其色泽及浓香。

3. 绵白糖(soft white sugar)

绵白糖也被称为白糖。它是用细粒的白砂糖加上适量的转化糖浆加工而成的。由于是在快速冷却条件下生产的,因此晶粒十分细小、洁白,质地细软、甜而有光泽,其中蔗糖的含量在97%以上。绵白糖储存时应特别注意环境湿度。若环境过于干燥,则绵白糖易结块失去弹性。若环境过于潮湿,则绵白糖会吸水变潮。

4. 糖粉(powdered sugar)

糖粉是蔗糖的再制品,外形一般都是洁白色的粉末状,颗粒极其细小,含有微量玉米粉,味道与蔗糖相同,有防潮糖粉及普通糖粉之分。直接过滤以后的糖粉可以用来制作西式的点心和蛋糕,用在面包烤好后进行表面装饰。

糖粉是市场上能见到的,由晶粒粉碎得到的最细白糖。糖粉也以糖果糖或糖霜糖的名称销售,糖粉极易吸湿,因此制作商要在糖中加3%的淀粉,以防其结块。由于其晶粒比细砂糖细,因此糖粉很容易溶解,并可以完全溶解为溶液,这种性能使之很适合用来制备糖霜(icing)、翻糖(fondant)和糖浆(glazes)。糖粉用于某些蛋糕糊(特别是海绵蛋糕),也可用于可丽饼糊,还可用于撒糖粉。在面点面团中,例如加糖油酥面团,如果需要产生非常细的面包屑效果,则需要加糖粉。

5. 饴糖

饴糖又称米稀或麦芽糖。用谷物为原料,利用淀粉酶可将淀粉水解为糊精、麦芽糖及少量葡萄糖。饴糖色泽浅黄且透明,为浓厚黏稠的浆状物,味甜清爽,总固形物不低于75%,可代替蔗糖使用。但其甜度不如蔗糖,多用于派类等制品中,还可用作面包、西饼的着色剂。

6. 葡萄糖浆

葡萄糖浆又称淀粉糖浆、化学烯等。它通常是用玉米淀粉加酸或加酶水解,经脱色、浓缩而制成的黏稠液体。其主要成分为葡萄糖、麦芽糖和糊精等,易为人体吸收。葡萄糖浆有抗蔗糖结晶、返砂的作用。在糕点生产中,越是使用甜度不大的葡萄糖浆越使糕点制品不易返砂、变质。这主要是由于糖浆中糊精含量多。葡萄糖浆在西点中应用广泛,能提高制品的滋润性,易使制品着色,也是面粉中面筋的改良剂,能使面点表面纯滑、鲜艳。

7. 转化糖浆

转化糖浆用砂糖、水和酸熬制而成,蔗糖在酸的作用下能水解为葡萄糖与果糖,这种变化称为转化。一分子葡萄糖与一分子果糖的结合体称为转化糖,含有转化糖的水溶液称为转化糖浆。正常的转化糖浆应为澄清的浅黄色溶液,具有特殊风味,其固形物含量在70%～75%,完全转化后的转化糖浆所生成的转化糖量可达全部固形物的99%。

8. 蜂蜜(honey)

蜂蜜即蜜蜂酿制的蜜,又称蜜糖、白蜜、石饴、白沙蜜。根据采集季节,蜂蜜可分为冬蜜、夏蜜和春蜜,冬蜜最好。根据花蜜来源,蜂蜜有枣花蜜、荆条花蜜、槐花蜜、梨花蜜、葵花蜜、荞麦花蜜、紫云英花蜜、荔枝花蜜等,其中以枣花蜜、紫云英花蜜、荔枝花蜜质量较好。蜂蜜的主要成分是转化糖,含有大量的果糖和葡萄糖,还有各种维生素和矿物质元素,味甜且富有花朵的芬芳,是天然健康的食品。

因为蜂蜜含转化糖,所以它能增加烘焙食品的保湿能力,在蛋糕制作中一般用于有特点的制品中,也可以代替砂糖用于制作蜂蜜蛋糕,还可以用于制作冰激凌、白兰地薄饼和牛轧糖等甜点。

9. 果冻糖

果冻糖也称保藏用糖。这种与果胶和柠檬酸混合在一起的砂糖用于由低果胶水果制备的果冻。同样,柠檬汁常出现在果酱食谱中,果冻糖含有对果胶凝结起促进作用的柠檬酸。

10. 珍珠糖

珍珠糖(或粗糖)是用白糖或细砂糖通过挤压制成的直径约2mm的不透明卵形小粒糖。其用法与粗砂糖非常相似,但在咀嚼时没有粗砂糖硬。这种糖也可撒到布里欧和圆形泡芙(choux bun)之类的糕点上。珍珠糖有时称粗糖,由于它像小冰雹,有时也称冰雹糖。

11. 黄糖

黄糖实际上是人为加入不同程度糖蜜的白砂糖。加入的糖蜜使糖发潮具有黏性,风味也比白糖浓。相同重量黄糖产生的甜度与白糖相等,但它并不像有人宣称的那样更有利于健康。乡村焙烤制品往往加黄糖,以提供浓厚风味。黄糖也常被加到稀饭和热饮中。

12. 糖蜜

糖蜜的英文为"molasses",它源自拉丁语"mellaceurs",意为像蜂蜜一样。糖蜜是一种风味丰富的糖浆,是糖精炼过程的副产物。糖蜜不包括不能食用的甜菜糖蜜。从蔗糖精炼过程三个阶段可以提取得到三个级别的可食用糖蜜。第一种提取物称为浅色糖蜜（light molasses）或奇妙糖蜜（fancy molasses），由初糖首次离心分离产生，是一种淡色糖蜜，在姜饼（gingerbread cookies）之类的焙烤产品中会产生明显的麦芽风味。第二种提取物称为深色糖蜜（dark molasses），是初糖溶解再结晶后产生的，是一种颜色较深，甜味较低的糖蜜，可以与浅色糖蜜和其他糖浆混合。第三种提取物称为黑糖蜜（blackstrap molasses），是在最后精炼阶段产生的糖蜜。这种糖蜜几乎为黑色（由此而得名），可为裸麦粗面包之类的焙烤产品着色，也可用于诸如烟草焙烤之类的工业过程。逐渐变深的糖蜜颜色由焦糖化作用引起，这种焦糖化作用发生在每次煮沸过程中。类似于黄糖宣称的保健作用，糖蜜只是含有微量的铁、钙和钾。

13. 枫糖浆

加拿大中部和北美的欧洲定居者，在经历其第一个漫长寒冷的冬天后，一定认为枫糖浆是一种小奇迹，特别是在粮食奇缺的春天。这些定居者马上从土著人那里学会了如何在早春收集枫树汁，这一季节温度零下的夜晚和暖和的白天使得枫树汁流动。跟如今一样，当时收集的枫树汁只含有 3% 的糖，因此需要用浓缩或其他方法处理，以达到所需甜度和浓度。实现这一目的的早期方法是反复冻融枫树汁分离水分，另一个方法是用热石头加热中空树枝将树枝煮沸。现代枫糖浆生产使用反渗透和煮沸使糖液浓缩。反渗透是一种机械过程，枫树汁在压力作用下处于半透膜一侧。膜孔只能使水分子通过，但对于糖分子和风味物分子来说太小而不能通过。这一过程可去除约 80% 的水分。与简单煮沸法相比，这种方法速度快并且能量效率更高。然而，即使经过这种过程处理的树枝，最后仍然需要通过蒸发来控制所需除去的水分量，并使树枝达到适当温度。随着水分蒸发，糖浆的沸点也升高。在温度达到约比水沸点高 7℃ 时，糖浆受到轻度焦糖化作用（产生金黄色调），被认为已经完成浓缩。

枫糖浆通常作为可丽饼或薄煎饼（pancakes）伴随物使用，它也被用于生产（通过使枫糖浆结晶并对其进行搅打制成）枫糖奶油（maple butter）和各种糖果。

14. 糖替代物

（1）阿斯巴甜。阿斯巴甜被用于许多减肥食品中，但它在焙烤制品中不能作为蔗糖替代物使用，原因是当它受热时会发生化学降解，从而在加工过程中失去甜味。

（2）蔗糖素。蔗糖素是一种蔗糖的化学重组物，其中蔗糖中的氢被氢原子取代。这种重组物不仅具有强甜味（比蔗糖甜 600 倍），而且不能被人体代谢。由于它不能被代谢，因此蔗糖素具有零热量的特点。为了在体积和甜度上与糖保持一致，人们经常用麦芽糊精之类的产品作为蔗糖素填充剂。存在这种填充剂的蔗糖素溶解后成为不透明液体。尽管蔗糖素在加热时仍然能保持甜味且比阿斯巴甜适用面广,但它不会焦糖化,因此不适合用来制造糖浆。

2.3.2 糖的一般性质

1. 甜度

糖的甜度没有绝对值,目前主要是利用人的味觉来比较。测量方法是在一定量的水溶液内,加入能使溶液被尝出甜味的最少量糖,一般以蔗糖的甜度为100来比较各种甜味物质的甜度。不同的糖混合时有互相提高甜度的效果,各种糖的相对甜度见表2-1。

表2-1 糖的相对甜度

糖的名称	相对甜度
蔗糖	100
果糖	114～175
葡萄糖	74
转化糖	130
半乳糖	30～60
麦芽糖	32～60
乳糖	12～27
山梨醇	50～70
麦芽糖醇	75～95
甘露醇	70
葡萄糖浆(葡萄糖值42)	50
果葡糖浆(转化率42%)	100

2. 溶解性(dissolution)

糖可溶于水,不同的糖在水中的溶解度不同,果糖最高,其次是蔗糖、葡萄糖。糖的溶解度与温度有关,随着温度升高而增大,故冬季化糖时最宜使用温水或开水。此外,糖晶粒的大小、有无搅拌及搅拌速度等,均与糖的溶解度有密切关系。

3. 结晶性

蔗糖极易结晶,晶体能生长很大。葡萄糖也易于结晶,但晶体很少。果糖则难于结晶,饴糖、葡萄糖浆分别是麦芽糖、葡萄糖、低聚糖和糊精的混合物,为黏稠状液体,具有不结晶性。一般来说不易结晶的糖,对结晶的抑制作用较大,有防止蔗糖结晶的作用,如熬制糖浆时,加入适量饴糖或葡萄糖浆,可防止蔗糖析出或返砂。

4. 吸湿性和保潮性

吸湿性是指在较高空气湿度的情况下吸收水分的性质。保潮性是指在较高湿度吸收水分和在较低湿度下失去水分的性质,糖的这种性质对保持糕点的柔软和贮藏具有重要的意义。蔗糖和葡萄糖浆的吸湿性较低,转化糖浆和果葡糖浆的吸湿性较高,故可用高转化糖浆、果葡糖浆和蜂糖来增加饼坯的滋润性,并在一定时期内保持柔软。

葡萄糖经氢化生成的山梨醇具有较好的保潮性质,作为保潮剂在烘焙食品工业中被广泛应用。

5. 渗透性(permeability)

糖溶液具有很强的渗透压,糖分子很容易渗透到吸水后的蛋白质分子或其他物质中间,而把已吸收的水分排挤出来。如较高浓度的糖溶液能抑制许多微生物的生长,是由于糖溶液高渗透压力的作用夺取了微生物菌体的水分,使微生物的生长受到抑制。因此,糖不仅可以增加制品的甜味,还能起到延长保质期的作用。又如面团中添加糖或糖浆,可降低面筋蛋白质的吸水性,使面团弹性和延伸性减弱。

糖溶液的渗透压随浓度的增高而增加,单糖的渗透压是双糖的两倍。葡萄糖和果糖比蔗糖具有较高的渗透压和食品保藏效果。

6. 黏度(viscosity)

不同的糖黏度不同,蔗糖的黏度大于葡萄糖和果糖,糖浆黏度较大,利用糖的黏度可提高产品的稠度和可口性,如搅打蛋泡、蛋白膏时加入蔗糖、糖浆可增强气泡的稳定性,在某些产品的坯团中添加糖浆可促进坯料的黏结,利用糖浆的黏度防止蔗糖的结晶返砂。

7. 焦糖化和美拉德反应

焦糖化和美拉德反应是烘烤制品上色的两个重要途径。

(1)焦糖化反应。焦糖化反应说明糖对热的敏感性。糖类在没有含氨基化合物存在的情况下,加热到其熔点以上的温度时,分子与分子之间互相结合成多分子的聚合物,生成黑褐色的色素物质——焦糖,同时在强热作用下部分糖发生裂解,生成一些挥发性的醛、酮类物质,因此把焦糖化控制在一定程度内,可使烘烤产品产生令人愉悦的色泽与风味。

不同的糖对热的敏感性不同,果糖的熔点为95℃,麦芽糖的熔点为102℃~103℃,葡萄糖的熔点为146℃,这三种糖对热非常敏感,易形成焦糖。因此含有大量这三种成分的饴糖、转化糖、果葡糖浆、中性的葡糖糖浆和蜂蜜等在西点中使用时,常作为着色剂,加快制品烘烤时的上色速度,促进制品颜色的形成。而在西点中应用广泛的蔗糖,熔点为186℃,对热敏感性较低,即呈色不深。

糖的焦糖化作用还与pH有关。溶液的pH低,糖的热敏感性就弱,着色作用就差;相反,pH高则热敏感性就强。例如pH为8时,速度比pH为5.9时快10

倍。因此，对于有些 pH 低的转化糖浆和葡萄糖浆，在使用前最好先调成中性，才有利于糖的着色反应。

（2）美拉德反应。美拉德反应亦称褐色反应，是指氨基化合物（如蛋白质、多肽、氨基酸及胺类）的自由基与羰基化合物（如醛、酮、还原糖等）的羰基之间发生的羰氨反应，最终产物是类黑色素的褐色物质。美拉德反应是使烘焙制品表面着色的另一个重要途径，也是烘焙制品产生特殊香味的重要来源。在美拉德反应中除了产生色素物质外，还产生一些挥发性物质，形成特有的烘焙香味。这些成分主要是乙醇、丙酮醛、丙酮酸、乙酸、琥珀酸、琥珀酸乙酯等。

影响美拉德反应的因素有：温度、还原糖量、糖的种类、氨基化合物的种类、pH。温度升高，美拉德反应强烈；还原糖（葡萄糖、果糖）含量越多，美拉德反应越强烈；pH>7，可加快美拉德反应的进程；果糖发生美拉德反应最强，葡萄糖次之，故中性的葡萄糖浆、转化糖浆、蜂蜜极易发生美拉德反应；非还原性的蔗糖不发生美拉德反应，呈色作用以焦糖化为主。但在面包类发酵制品中，由于酵母分泌的转化酶的作用，使部分蔗糖在面团发酵过程中转化成了葡萄糖和果糖，而参与美拉德反应。不同种类的氨基酸、蛋白质引起的褐变颜色不同。如鸡蛋蛋白质引起的褐变颜色为鲜亮红褐色，小麦蛋白质引起的褐变颜色较浅。

8. 抗氧化性

糖溶液具有抗氧化性，这是因为氧气在糖溶液中的溶解量比在水溶液中少，从而能够抑制一些微生物的活动，增加制品的保存时间。同时糖和氨基酸在烘焙中发生美拉德反应生成的棕黄色物质也具有抗氧化作用。

2.3.3 糖的工艺性能

糖的工艺性能主要指糖类原料具有的易溶性、渗透性和结晶性。

1. 易溶性

易溶性又称溶解性，是指糖类具有较强的吸水性，极易溶解在水中。糖类的溶解性一般以溶解度来表示。不同种类的糖其溶解度不同，果糖最高，其次是蔗糖、葡萄糖。糖的溶解度随温度的升高而增加。

2. 渗透性

渗透性是指糖分子很容易渗透到吸水后的蛋白质分子间或其他物质中，并把已吸收的水排挤出去形成游离水的性能。糖的渗透性随着糖溶液浓度的增高而增加。

3. 结晶性

结晶性是指糖在浓度高的糖水溶液中，已经溶化的糖分子又会重新结晶的特性。蔗糖极易结晶，为防止蔗糖制品的结晶，可加入适量的酸性物质。这是因为在酸的作用下部分蔗糖可转化为单糖,而单糖具有防止蔗糖结晶的作用。

2.3.4 糖的作用

各种类型的糖在糕点、糖果以及面包中起着重要的作用,主要有以下几点。

(1)增加西点制品的甜度,提高营养价值。

(2)提供酵母繁殖的营养物质,使面团起发。

(3)增强制品的色泽和香味。

(4)调节西点制品中面筋的胀润度。糖会吸收谷蛋白水分并抑制其形成面筋,因此糖可弱化面团和面糊结构,从而改善其柔软性。这种吸水和保水能力称为糖的吸湿作用。

(5)改进成品的组织状态。糖具有形态可变性,例如糖的形态有糖浆、可锻物及玻璃状固体。因此白糖是糖果中经常使用的非常基本的材料。

(6)使用过量时会使制品组织发硬,甚至会抑制制品的起发。

(7)除了影响曲奇饼的脆性质地以外,糖的吸湿性还能起防腐作用,因为它夺去了产品中细菌生长所需要的水分。

(8)如果不加糖,就没有冰点下降效应,水果冰沙和冰淇淋就会变得冰硬,而不会有柔软感。

2.3.5 糖的质量检验与保管

1. 糖的质量检验

(1)白砂糖。优质白砂糖色泽洁白明亮,晶粒整齐、均匀、坚实。还原糖水分、杂质的含量较低,溶解在清净的水中应清澈、透明、无异味。

(2)绵白糖。绵白糖色泽洁白,晶粒细小,质地绵软易溶于水,无杂质,无异味。

(3)蜂蜜。蜂蜜色淡黄,为半透明的黏稠液体,味甜,无酸味、酒味或其他异味。

(4)饴糖。饴糖为浅棕色的半透明黏稠液体,无酸味和其他异味,洁净无杂质。

(5)淀粉糖浆。淀粉糖浆为无色或微黄色,透明,无杂质,无异味。

(6)糖粉。糖粉颜色洁白,质地细腻,无杂质。

2. 糖的保管

糖类具有怕潮、吸湿、溶化、结块、干缩、吸收异味及变色等特性,因此储存时应注意保持干燥、通风,相对湿度应控制在60%~65%,温度以常温为好。

2.4 蛋及蛋制品

蛋与蛋制品是制作西点的重要材料,对于改善西点的色、香、味、形及提高营养价值等都有一定的作用。

2.4.1 蛋的种类

西点制作中使用蛋的数量较大,常用的种类有鲜蛋、冰蛋和蛋粉。

1. 鲜蛋(fresh egg)

鲜蛋主要有鸡蛋、鸭蛋、鹅蛋等。其特点是色泽鲜艳、有香味、胶黏性强、搅拌性能高、起泡性好,既能制作蛋糕,也可制作皮类,还可制作馅料。所以生产中多选择鲜蛋,其中鲜鸡蛋最为常用。因为鲜鸡蛋所含营养丰富且全面,营养学家称之为"完全蛋白质模式",被人们誉为"理想的营养库"。鸡蛋由蛋清、蛋黄和蛋壳组成,其中蛋清占60%,蛋黄占30%,蛋壳占10%。蛋白中含有水分、蛋白质、碳水化合物、脂肪和维生素。蛋白中的蛋白质主要是卵白蛋白、卵球蛋白和卵黏蛋白。蛋黄中的主要成分为脂肪、蛋白质、水分、无机盐、蛋黄素和维生素等,蛋黄中的蛋白质主要是卵黄磷蛋白和卵黄球蛋白。

对于鲜蛋的质量要求是鲜蛋的气室要小,不散黄。使用鲜蛋的缺点是蛋壳处理麻烦。鸡蛋最好放在冰箱内保存,大头朝上,小头朝下放。在使用时需要保持常温,故而要提前从冰箱拿出,放置在常温下,回温1~2h后使用。

2. 冰蛋(iced egg)

冰蛋是将蛋去壳,采用速冻制取的全蛋液(全蛋液约含水分72%)。速冻温度为-20℃~-18℃。由于速冻温度低,结冻快,蛋液的胶体很少受到破坏,能保留其加工性能,而且便于储存、运输和使用。使用时应升温解冻,进行质量鉴定,凡有异味的均不能使用。其效果不及鲜蛋,但使用方便。

3. 蛋粉(egg powder)

蛋粉是将鲜蛋去壳后经喷雾高温干燥制成的,主要包括全蛋粉、蛋白粉和蛋黄粉等。由于加工过程中,经过120℃的高温处理,蛋白质变性,因而不能提高制品的疏松度。在使用前需要加水调匀溶化成蛋液或与面粉一起过筛混匀,再进行制作。因为蛋粉溶解度的原因,虽然营养价值差别不大,但是发泡性和乳化能力较差,使用时必须注意,在有鲜蛋和冰蛋的情况下,一般不使用蛋粉。

2.4.2 鸡蛋的工艺性能

鸡蛋在西点工艺中的性能,主要体现在以下几个方面。

1. 蛋白的起泡性

蛋白是一种亲水性胶体,具有良好的起泡性。蛋白经过强烈搅打,蛋白薄膜将混入的空气包围起来形成泡沫,由于受表面张力制约,迫使泡沫成为球形。又由于蛋白胶体具有黏度,和加入的原材料附着在蛋白泡沫四周,使泡沫层变得浓厚坚实,增强了泡沫的机械稳定性。制品在烘烤时,泡沫内的气体受热膨胀,增大了产品的体积,这时蛋白质遇热变性凝固,使制品疏松多孔并具有一定的弹性和韧性,因此蛋白在糕点中起到膨胀、增大体积的作用。

影响蛋白起泡性的因素有以下几个方面。

(1)黏度对蛋白的稳定影响很大。黏度大的物质有助于泡沫的形成和稳定。在打蛋白时常加入糖,这是因为糖具有一定的黏度和化学稳定性,一般使用蔗糖。

(2)油对蛋白起泡有影响。油是一种消泡剂,因此打蛋白时千万不能碰上油,蛋白气泡膜很薄,当油接触到蛋白气泡时,油的表面张力大于蛋白膜本身的延伸力而将蛋白膜拉断,气体从断口处冲出,气泡立即消失。

(3)pH 对蛋白泡沫的形成和稳定影响很大。蛋白在 pH 为 6.5～9.5 时形成泡沫能力很强,但不稳定;在偏酸情况下气泡较稳定。打蛋白时加入适量的酸性磷酸盐、酸性酒石酸钾、醋酸及柠檬酸较为有效。蛋白的黏度最低,蛋白不起泡或气泡不稳定。

(4)温度与气泡的形成和稳定有直接关系。新鲜蛋白在 30℃时起泡性能最好,黏度也最稳定,温度太高或太低均不利于蛋白的起泡。夏季温度较高,有时到 30℃最佳温度也打不起泡,但放到冰箱一会儿反而能打起来。这是因为夏季的温度约在 30℃,鸡蛋本身也在 30℃,在打蛋过程中,搅拌桨的高速旋转与蛋白形成摩擦,产生热量,而使蛋白的温度大大超过 30℃,自然发泡性不好。

(5)蛋的质量直接影响蛋白的起泡。新鲜蛋浓厚蛋白多,稀薄蛋白少,故起泡性好;陈旧的蛋则反之。特别是长期贮存和变质的蛋起泡性最差。因为这样的蛋中,蛋白质被微生物破坏,氨基酸肽氮多,蛋白少,故起泡性差。

2. 蛋黄的乳化性

蛋黄中含有许多磷脂,磷脂具有亲油和亲水的双重性质,是一种理想的天然乳化剂,它能使油、水和其他材料均匀分布,促进制品组织细腻、质地均匀、疏松可口,具有良好的色泽,使制品保持一定的水分,在贮存期保持柔软。

目前,国内外烘焙食品工业都使用蛋黄粉来生产面包、糕点和饼干。它既是天然乳化剂,又是人类的营养物质。

3. 蛋的凝固性

蛋对热极为敏感,受热后凝结变性。温度在 54℃～57℃时,蛋白开始变性,温度在 60℃时变性加快。但如果受热过程中将蛋急速搅动就可以防止这种变性。蛋白内加入高浓度的砂糖能提高蛋白的变性温度。

蛋液在凝固前,它的极性基、羟基、氨基和羧基等位于外侧,能与水互相吸引而溶解。当加热到一定温度时,原来联系酯键的弱键被分裂,肽键由折叠状态转呈伸展状态,整个蛋白质分子结构由原来的立体状态变成长的不规则状态,亲水基由外部转到内部,疏水基由内部转到外部。很多这样的变性蛋白质分子互相撞击而相互贯穿缠结,形成凝固物。这种凝固物经高温烘焙便失水成为带有脆性的凝胶片。故在面包、糕点表面上涂上一层蛋液,便会呈光亮状,增加其外形美。

2.4.3 鸡蛋在西点制作中的作用

鸡蛋在西点制品中具有以下作用。

(1) 提高成品的营养价值,增加成品的天然风味。

(2) 蛋清的发泡性能可改变面坯的组织状态,提高成品的疏松度和柔软性。

(3) 蛋黄的乳化性可提高成品的抗"老化"能力,延长保存期。

(4) 蛋液可改变面坯的颜色,增加成品的色泽。

2.4.4 蛋的品质检验与保管

1. 蛋的品质检验

蛋的品质取决于蛋的新鲜程度。鉴别蛋的新鲜程度一般有四种方法,即感官法、振荡法、比重法和光照法,其中的感官法多用于食品加工中。

(1) 蛋壳状况。新鲜蛋蛋壳壳纹清晰,手摸发涩,表面洁净有天然光泽,反之则是陈蛋。

(2) 蛋的重量。对于外形大小相同的蛋,重者为新鲜蛋,轻者为陈蛋。

(3) 蛋的内容物状况。新鲜蛋打破倒出,内容物黄、白系带等完整地各居其位,蛋白浓厚、无色、透明。

(4) 气味和滋味。新鲜蛋打开倒出内容物无不正常气味,煮熟后蛋白无味,色洁白,蛋黄味淡而香。

2. 蛋的保管

鲜蛋保存中有"四怕",即一怕水洗,二怕高温,三怕潮湿,四怕苍蝇叮。因此,鲜蛋应低温储存,不水洗,保持干燥,保证环境卫生。

2.5 乳及乳制品

乳即牛乳,又称牛奶。牛乳及牛乳制品在西式面点制作中使用非常广泛。牛奶、淡奶油、奶油奶酪等制品都是由生牛乳加工而成的,用在产品中可以增添产品的香气,提升产品的口感。

在面包店中牛奶的使用频率仅次于水,它是最重要的液体之一。用牛奶来代替水和面,可以使面团更加松软,更具香味。另外,营养学家认为,在人类食物中,牛奶是人体钙的最佳来源,牛奶对于烘焙类制品的营养价值、风味、表皮色泽等也起着决定作用。

2.5.1 乳及乳制品的种类

常用的乳及乳制品有鲜牛奶、奶粉、炼乳和奶酪等。

1. 牛奶(milk)

牛奶也称牛乳,营养价值很高,含有丰富的蛋白质、脂肪及多种维生素和矿物质,经消毒处理的新鲜牛奶有全脂、半脱脂和脱脂三种类型。新鲜牛奶应为乳白色,或略带浅黄,无凝块,无杂质,有乳香味,清新自然,品尝时略带甜味,无酸味。鲜牛奶是白色的液体,刚挤出的牛奶要经加温杀菌后才能食用。牛奶保存时一般采取冷藏法。如短期储存可放在$-2℃\sim-1℃$的冰柜中冷藏,长期保管需要放在$-18℃\sim-10℃$的冷库中。

2. 奶粉(milk powder)

奶粉是以鲜乳为原料,经浓缩后喷雾干燥制成的。奶粉有全脂奶粉和脱脂奶粉两类。由于奶粉脱去了水分,因此有耐储存、携带和运输方便、可以随时取用、不受季节限制、清洁卫生的特点。在西点制作中奶粉的应用十分广泛。在制作西点时,使用的奶粉通常都是无脂、无糖奶粉。在制作蛋糕、面包、饼干时加入一些可以增加风味。

其主要品种有:

(1)全脂奶粉。它基本保持了牛奶的营养成分,适用于所有消费者。

(2)脱脂奶粉。它由牛奶脱脂后加工而成,口味较淡,适于中老年、肥胖和不适于摄入脂肪的消费者。

(3)速溶奶粉。速溶奶粉与全脂奶粉相似,具有分散性、溶解性好的特点,一般为加糖速溶大颗粒奶粉或喷涂卵磷脂奶粉。

(4)加糖奶粉。加糖奶粉由牛奶添加一定量的蔗糖加工而成,适于全体消费者,多具有速溶特点。

3. 炼乳(condensed milk)

炼乳是"浓缩奶"的一种,是将鲜乳经真空浓缩或其他方法除去大部分水分,浓缩至原体积25%～40%的乳制品。炼乳分甜炼乳和淡炼乳两种,甜炼乳销售量较大,在西点食品中应用也较多。在原料牛乳中加入15%～16%的蔗糖,然后将牛奶中的水分加热蒸发,浓缩至原体积40%左右时即为甜炼乳,浓缩至原体积的50%时不加糖者为淡炼乳。甜炼乳在温度为8℃～10℃时可长时间储存不致腐败。由于炼乳携带和食用都非常方便,因此在缺乏奶粉供应的地区,炼乳可作为西点生产的理想原料。

4. 奶酪(cheese)

奶酪是用动物奶(主要是牛奶和羊奶)为原料制作的奶制品。奶酪(其中的一类也叫干酪)是一种发酵的牛奶制品,其性质与常见的酸牛奶有相似之处,都是牛奶经过发酵过程制作的,也都含有可以保健的乳酸菌,但是奶酪的浓度比酸奶更高,近似固体食物,营养价值也因此更加丰富。每千克奶酪制品由10千克牛奶浓缩而成,含有丰富的蛋白质、钙、脂肪、磷和维生素等营养成分,是纯天然食品。就工艺而言,奶酪是发酵的牛奶;就营养而言,奶酪是浓缩的牛奶。

奶酪的种类很多,目前世界上的奶酪有上千种,其中法国产的种类较多。此外,意大利、荷兰生产的奶酪也很著名。奶酪也是中国西北的蒙古族、哈萨克族等游牧民族的传统食品,在内蒙古称为奶豆腐,在新疆俗称乳饼,完全干透的干酪又叫奶疙瘩。优质的奶酪切面均匀致密,呈白色或淡黄色,表皮均匀,细腻,无损伤,无裂缝和脆硬现象。切片整齐不碎,具有本品特有的醇香味。奶酪应在2℃～6℃温度和88%～90%相对湿度的冰箱中冷藏,存放时最好用纸包好。

奶酪的种类非常多,在这里主要介绍在烘焙中比较常用的几种奶酪。

(1)奶油奶酪(cream cheese)。奶油奶酪是一种为美国消费者开发的具有美妙甜味的白色软奶酪。1872年,纽约州一位奶酪生产者在试制古老的法式讷沙泰勒奶酪时发明了奶油奶酪。他当时试图模仿制造讷沙泰勒奶酪,结果得到了一种市场销路很好的新产品,这种奶酪具有奶油感且可以涂抹。奶油奶酪是一种不经过老化阶段的新鲜奶酪,保质期较短。发明带来了创新,现在市场上有低脂、无脂、添加风味的各种奶油奶酪出售。奶油奶酪既可用于咸味制备物,也可用于甜点制备。

奶油奶酪是最常用到的奶酪,通常显现为淡黄色,具有浓郁的奶香,它是鲜奶经过细菌分解所产生的奶酪及凝乳处理所制成的,具有高含量的蛋白质和钙,使人体更易吸收。奶油奶酪日常需要密封冷藏储存,在开封后极容易吸收其他味道而腐坏,所以要尽早食用。奶油奶酪是乳酪蛋糕中不可缺少的重要材料。

(2)马斯卡彭奶酪(mascarpone cheese)。马斯卡彭奶酪产于意大利,是一种将新鲜牛奶发酵凝结、继而去除部分水分后所形成的"新鲜乳酪"。其固形物中乳酪脂肪成分为80%,软硬程度介于鲜奶油与奶油奶酪之间,带有轻微的甜味及浓郁的口感。马斯卡彭奶酪是制作提拉米苏的主要材料。

(3)莫苏里拉奶酪(mozzarella cheese)。mozzarella是意大利坎帕尼亚那不勒斯产的一种淡味奶酪,其成品色泽淡黄,含乳脂50%,经过高温烘焙后奶酪会熔化拉丝,是制作比萨的重要材料。

(4)帕玛森奶酪(parmesan cheese)。一种意大利硬奶酪,经多年陈熟干燥而成,色淡黄,有强烈的水果味道,一般超市中有盒装或铁罐装的粉末状帕玛森奶酪出售。帕玛森奶酪用途非常广泛,不仅可以擦成碎屑,作为意式面食、汤及其他菜肴的调味品,还能制成精美的甜食。

5. 淡奶(evaporated milk)

淡奶也称奶水、蒸发奶、蒸发奶水等,是将牛奶蒸馏除去一些水分后的产品。有时也用奶粉和水以一定比例混合后代替淡奶。

6. 鲜奶油

奶油是从鲜牛奶中分离出来的乳制品,一般为乳白色稠状液体,乳香味浓,具有丰富营养价值和食用价值。鲜奶油根据含脂率不同,可分为单奶油(含28%奶脂)、双奶油(含48%~50%奶脂)和起沫奶油(含38%~40%奶脂)3种。这3种奶油都能打稠,稠度取决于奶脂含量。虽然双奶油能打成最稠状态,但最稠状态的双奶油体积小,不经济(一般认为以体积膨胀40%的起沫奶油最为经济),这种奶油主要用于面点制作。

鲜奶油也分为动物性和植物性鲜奶油。动物性鲜奶油搅打后,泡沫稳定,具有浓郁的乳香,口融性佳,适于制作冰淇淋、慕斯等冷藏保存即可入口的甜品;而植物性鲜奶油,更适合用来装饰挤花。植脂奶油也是人造鲜奶,是将植物油氢化之后加入能产生奶香味的香精来代替鲜奶。动物性奶油也叫淡奶油。含脂率为16%~22%,塑性差,但口感好,用于面团中可代替一部分水,用量在10%~20%。

7. 酸奶(yogurt)

酸奶是以新鲜的牛奶为原料,经过巴氏杀菌,向牛奶中添加有益菌(发酵剂),经发酵后,再冷却灌装的一种牛奶制品。目前市场上凝固型、搅拌型和添加各种果汁果酱等辅料的果味型酸奶制品较多。酸奶不但保留了牛奶的所有优点,而且某些方面经加工过后还扬长避短,成为更加适合人类的营养保健品。在蛋糕制作过程中主要用于特殊风味西点的制作。

2.5.2 乳制品的工艺性能

1. 乳化性

乳品之所以具有乳化性,是因为乳品中的蛋白质含有乳清蛋白。乳清蛋白在食品中可作为乳化剂,用于降低油和水之间的界面张力,形成均匀稳定的乳浊液。

2. 抗老化性

乳粉中含有大量蛋白质,它能使面团的吸水率增高,面筋性能得到改善,从而提高制品的抗老化性能。

3. 起泡性

牛乳及其制品具有起泡性,并具有一定的稳定性,在面包糕点生产中被广泛应用。

影响乳品形成泡沫的因素有温度、含脂率和酸度等。低温搅拌时乳的泡沫逐渐减少,在 21℃～27℃达到最低点。在乳脂肪的熔点以上搅拌时,泡沫增加。搅拌奶油时,机械作用使乳脂与空气强烈混合,空气被打碎成无数细小的气泡,充满在乳脂内。

2.5.3 乳及乳制品在西点制作中的作用

(1) 提高西点制品的营养价值。
(2) 延缓面包的老化。
(3) 改善面团的组织,使之均匀、柔软、疏松并富有弹性。
(4) 奶粉是烘焙西点的着色剂。
(5) 提高面团的发酵耐力。
(6) 提高面团筋力和搅拌耐力。
(7) 提高面团的吸水率。

2.5.4 乳及乳制品的储存

乳粉有吸潮、吸味、变色、高温变性等特点,所以在储存时应密封包装,储存在干爽、通风、低温、不受阳光照射的地方,不能与有特殊气味的物品储存在一起,使用时做到先后有序。

2.6 巧克力

巧克力(chocolate)不仅是世界上最流行的甜食之一,同时也是制作装饰品的理想材料,从简单甜食到精心准备的展示品都可以用巧克力制作。巧克力是用可可豆经过发酵、干燥和焙炒等工序制作而成的,有浓郁而独特的香味,深受广大食客喜爱。巧克力和可可粉常作为面包、蛋糕、小西饼的馅心、夹层和表面涂层、装饰配件,赋予制品浓郁的香味、华丽的外观品质、细腻润滑的口感和丰富的营养价值。

巧克力分为可可脂和代可可脂两种。在使用过程中要特别注意,巧克力不能进水,否则成色会变差。

2.6.1 巧克力的特性

巧克力营养丰富,易于消化、吸收和利用,是一种健康食品。巧克力对人体有以下功效。

(1)使伤口尽快愈合。

(2)抑制过敏性疾患和炎症。

(3)缓解更年期综合征。

(4)调节情绪,克服紧张情绪。

(5)抑制癌症的发病及恶化。

(6)防止血管硬化及高脂症,预防心脏病。

2.6.2 巧克力的分级

1. 单一庄园巧克力

此类巧克力是用各巧克力品牌在某片可可豆产区中专门设立的可可庄园内产出的可可豆制成的,因为是同归属地的可可豆,成品巧克力的风味受到气候、日照、土壤、庄园内其他种植作物影响,具有浓烈的特色,风味强烈到能明显尝出酸味、咸味或不同的水果及坚果味道,是巧克力中的极品。使用此类巧克力制作的手工巧克力有任何调味品及添加剂都无法做出的独特风味。

2. 单一产地巧克力

此种巧克力专门使用某特定产区内的同种可可品种制成,风味较单一庄园的巧克力要淡许多。它能体现出产区可可豆本身的风味,例如厄瓜多尔可可豆制成的巧克力发酵风味会比较重。此种成品巧克力会明确标注如委内瑞拉、秘鲁、圣多美、马达加斯加等产区。

3. 混豆巧克力

市面上最常见的巧克力类型,就是用不同地区产出的可可豆混合在一起制成的巧克力。巧克力调香师挑选符合要求的豆子之后再将各产区的豆子混合,进行碾压分离等后续流程。如此出品的巧克力味道较通常而言更温和,适用于各种产品。

2.6.3 巧克力的种类

巧克力制品的种类很多,常见的有无味巧克力板、黑色巧克力、牛奶巧克力、白色巧克力、可可脂、可可粉、传统巧克力、溶解用巧克力砖等。

巧克力按其配方中原料油脂的性质和来源不同,可分为天然可可脂纯巧克力和代可可脂纯巧克力两大类。天然可可脂纯巧克力所用原料油脂是从可可豆中榨取的,而代可可脂纯巧克力所用原料油脂大部分是由植物油加氢分馏后所制成的代可可脂。按照所加辅料不同,有黑巧克力、牛奶巧克力、白巧克力和特色巧克力等。

1. 无味巧克力板

无味巧克力板的可可脂含量较高,一般为 50% 左右,质地很硬,作为半成品制作巧克力时,需要加入较多的稀释剂。如制作巧克力馅、榛子酱等西点馅料时,一般用较软的油脂或淡奶油稀释。

2. 可可脂板

可可脂是从可可豆里榨出的油料,是巧克力中的凝固剂,它的含量决定了巧克力品质的高低。可可脂的熔点较高,为 28℃ 左右,常温下呈固态,主要用于制作巧克力和稀释较浓或较干燥的巧克力制品,如榛子酱和巧克力馅等,它能起到稀释和增加光亮的作用。此外,由于可可脂是巧克力中的凝固剂,因此,对于可可脂含量较低的巧克力可以加入适量的可可脂,增加巧克力的黏稠度,提高其脱模后的光亮效果和质感。

3. 黑巧克力(dark chocolate)

黑巧克力是一种外表呈棕褐或棕黑色泽,具有明显苦味的巧克力,它由可可浆、可可粉、可可脂、代可可脂、砂糖、香兰素和表面活性剂(磷脂)等原料组成。黑巧克力在西点中的应用非常广泛,如装饰各种蛋糕、点心,用作巧克力夹心馅料,用于裱花装饰、表面浇淋和各种脱模造型,加入面团或面糊中制作各种巧克力蛋糕、面包和饼干等。

黑巧克力的称谓是法国瓦尔胡那公司在 1986 年创造的,当初是为他们的瓜那佳黑巧克力取的名,这种巧克力仅采用南美洲的可可豆制作。黑巧克力板硬度较大,可可脂含量较高。不同级别的黑巧克力可可脂含量不同,如软质黑巧克力的可可脂含量为 32%~34%,淋面用的硬质巧克力可可脂含量为 38%~40%;超硬质巧克力可可脂含量为 38%~55%,不仅营养价值高,而且便于脱模和操作。黑巧克力在点心加工中用途最广,如巧克力夹心、淋面、挤字、装饰、脱模造型、蛋糕坯子、巧克力面包和巧克力饼干等。

黑巧克力是在纯可可原浆中加入一定比例的糖、可可脂等材料调制而成的。在制作蛋糕的时候,可以通过增加或减少原配方中黑巧克力的比例,来达到不同的效果。若要苦一点的口味,可以适当增加配方中黑巧克力的用量,同时也要增加配方中液体材料来均衡稀稠度,并降低一些糖的比例。如果只想要淡淡的巧克力口味,用牛奶巧克力来替换苦甜巧克力也是一个不错的选择。

4. 牛奶巧克力(milk chocolate)

牛奶巧克力最初是瑞士人发明的,因此一度是瑞士的专利产品。直到现在一些世界上最好的牛奶巧克力仍然产自瑞士。相较于黑巧克力,牛奶巧克力的风味要少些微妙,可可豆的掺混工序也不那么精确。

根据所用牛奶制品的种类,可把牛奶巧克力分为两大类:一类是炼乳巧克力;

另一类是奶粉和糖的混合粉巧克力。在欧洲大陆,继彼特和耐斯特选择用炼乳后,其他大部分制造商也将炼乳作为配料成分。而在美国和英国,则用一种奶粉和糖的混合粉作为配料,这种配料是利用糖的稀释性自行干燥而成的。未经过热空气流干燥,这种工艺由于干燥过程中混合奶粉中酶活力的作用而产生一种"泥土味"或"干酪味"。赫尔希牛奶巧克力的独特风味就在于此。

牛奶巧克力由可可制品(可可液块、可可粉、可可脂)、乳制品、糖粉、香料和表面活性剂等材料组成。因为含有一定比例的牛奶固体物,糖分的比例也要偏高一些。牛奶巧克力的用途很广泛,可以用来淋面、挤字或用于制作蛋糕夹心和脱模造型等。

5. 白巧克力(white chocolate)

白巧克力由可可脂(植物油脂)、糖和牛奶混合制作而成,其品质难定优劣。对于白巧克力是否真的属于巧克力,争议还在继续。这是因为白巧克力中不含有任何的可可成分。以前白巧克力不属于巧克力,属于甜品,后来渐渐地跟黑巧克力搭配得多了,才被巧克力爱好者们列入巧克力之类。但在一些正式的巧克力大赛中,采用的仍是黑巧克力。白巧克力所含的成分与牛奶巧克力基本相同,除了不含可可粉,其乳制品和糖粉的含量相对较大,甜度较高,也可用于挤字、做馅及蛋糕装饰。

6. 代可可脂巧克力(cocoa butter chocolate)

顾名思义,代可可脂巧克力就是用其他材料代替可可脂的巧克力。代替材料一般是精选的棕榈油、大豆油、椰子油等植物起酥油。

棕榈油是经过冷却分离,再经过特殊的氢化,精炼调理而成的凝固性油脂。其特点是结实且脆、无色无味、抗氧化能力强、溶解速度快,比可可脂更加稳定,因此代可可脂巧克力不需要调温处理。这类脂肪还能使巧克力的熔点变高,这也是代可可脂巧克力放在较高的温度下不会融化的原因。代可可脂的口感不错,很多人认为它很好吃,但是它缺乏优质巧克力所具有的独特味道。

7. 特色巧克力(feature chocolate)

特色巧克力是以上述几种巧克力为基础,对配方和工艺进行修改处理后,制成的富有特殊风味和特性的巧克力,如咖啡巧克力、柠檬巧克力、草莓巧克力等。该类产品具有色泽、风味丰富多彩的特点,在西点中可用于装饰蛋糕,制作夹心馅料和裱花装饰等。

8. 巧克力酱(chocolate cream)

巧克力酱是以巧克力、可可粉和牛奶等为主要原料,加工制作而成的酱状巧克力。巧克力酱在西点中常用于调味、夹馅、淋面、浆料调色等。

9. 可可粉(cocoa powder)

可可粉是西点的常用辅料,可可粉是可可豆经过一系列工序后得到的可可豆碎片(通称可可饼)脱脂粉碎之后获得的,按其加工工艺可分为天然可可粉和碱化可可粉两类。天然可可粉带有少许酸性,用它做蛋糕时,可以使用小苏打(中和酸)改善制品色泽。碱化可可粉是将可可豆或可可液块进行碱化处理后制成的可可粉,其酸度降低,呈中性或微碱性,色泽棕红,有光泽,香味温和,溶解性高。

可可粉是巧克力制品的常用原料,可可脂含量较低,一般为20%,可分为无味可可粉和甜味可可粉两种,无味可可粉可与面粉混合制作蛋糕、面包、饼干,还可以与黄油一起调制成巧克力奶油糕。甜可可粉多用于制作夹心巧克力、热饮或筛在蛋糕表面作装饰。

2.6.4 巧克力的工艺特性

1. 巧克力的调温定性

巧克力的调温定性是指在巧克力融化和调温冷却时,通过恰当的温度控制,使巧克力具有良好的可操作性和产品品质的过程。巧克力的沾浸、造型、裱花等工艺,需在巧克力融化后进行。巧克力对温度和湿度异常敏感,融化和冷却都必须对温度正确控制,才能保证所做巧克力涂层、造型有光亮的外表和质地。

巧克力的调温定性操作包括融化、调温、回温3个步骤。

(1)融化(melting)。切碎的巧克力可利用热水隔水加热法(即热水浴法)或微波直接加热法使巧克力融化。高品质的巧克力熔点较低,水浴加热时水的温度在60℃~80℃,期间需要搅拌来保持受热均匀,若利用微波炉加热,约1min即可融化。

(2)调温(tempering)。对于大多数巧克力制品,如果只是简单融化处理将难以操作。因为这样融化后的巧克力将经过很长时间才能定型,即便定型也达不到理想的色泽和质地。调温又称冷却或预结晶,是指巧克力经融化后,全部或部分冷却至黏稠的糊状,成为可供沾浸、涂层、塑型等操作的过程。

调温的目的是让巧克力中的可可脂形成稳定的晶体结构,赋予巧克力光亮的外表和优良的质地。经过调温的巧克力可以快速定型,只经融化而未经调温的巧克力定型时间长,质地较差,表面粗糙,因部分可可脂浮在表面而形成白霜。

不同种类的巧克力熔点是不一致的,这取决于巧克力的成分。因此,调温时需事先了解所用巧克力的最高熔点和最低熔点,这是巧克力制作的基本知识。表2-2列出了基本类型巧克力的操作温度范围。

表2-2 巧克力调温的临界温度

过程	黑巧克力	牛奶巧克力	白巧克力
融化的温度	50~55℃	45~50℃	40~45℃
降温	26~28℃	25~27℃	24~26℃
使用的温度	31~33℃	29~31℃	28~30℃

* 以上温度仅供参考,不同品牌的巧克力,温度有差异。

(3)回温(rewarming)。调温冷却后的巧克力过于黏稠,无法用于沾浸、造型或者其他操作,因此使用前须稍微加热,放在温水浴中加热搅拌,直到升至适当温度和浓度。此步骤必须小心谨慎,不能超过推荐温度,若温度过高,油脂晶体将会融化,必须重新调温,重复前述步骤。如果巧克力达到推荐温度时过于黏稠,可加少量融化的可可脂稀释,切勿加热稀释。

巧克力常见的调温方式有以下几种。

①大理石调温。将融化的巧克力,倒出约2/3在大理石操作台上,并且不断地来回铲抹。目的在于降温与搅拌,当巧克力结晶完全变的浓稠后,铲回盆内,尚未降温的巧克力拌匀,刚好使温度回升至操作温度。使用大理石作为操作台则是因为大理石的温度不容易受影响。

②播种法。融化好巧克力后,倒入适量约1/3的未溶解巧克力,加入的巧克力就是完整的结晶体。此方式能快速使巧克力降温,同时因为加入的结晶会有互相影响的作用,不仅能帮被融化的巧克力降温,也让结晶成为稳定状态。此种方式如今应用最为广泛,优点在于方便快速且不容易将桌面弄脏。

③隔水法。这种方式较不被推崇,因巧克力极度怕水,当使用隔水升温或降温时,容易使水汽跑入巧克力内,大大减少巧克力使用的寿命。巧克力透过其他调温方式,凝固后都还可以再重复使用,但隔水法重复使用的次数会大大降低,可能出现使用两次以上,巧克力就会明显出现过于浓稠的现象。

2. 巧克力的凝固收缩性

当巧克力冷却定型后会收缩,使得用模具塑型成为可能。这样,巧克力会脱离模具,易于取出。模具可由金属或塑料制成。模具必须清洁,干爽,内壁光滑无凹痕。

2.6.5 巧克力在西点制作中的应用

巧克力与蛋糕的完美结合,创造了"巧克力蛋糕食品文化",巧克力装饰使西点食品锦上添花,巧克力的使用增加了西点食品的花式品种。

2.6.6 巧克力的存储

巧克力是一种极娇贵的点心,虽然巧克力本身并不容易腐坏变质,但因可可脂是唯一一种在20℃以上就会融化并且开始分离析出的物质,因此只要室温高一点巧克力就会软化,一旦软化就算再次冷冻成固体,口感也会有所差异,因此巧克力的保存要非常小心。巧克力的储存有以下几点注意事项。

1. 储藏温度

巧克力的最佳储藏温度为15℃～18℃,且需储存在干燥、阴暗的地方。储藏温度不易变化过大,从储藏地取出时与室温相差不宜超过7℃。储藏温度不可低于15℃,故巧克力不宜放入冰箱中保存。纯苦巧克力、苦甜巧克力储藏时间为12个月;牛奶巧克力和乳白巧克力储藏时间最多8～10个月。

2. 储藏湿度

储存巧克力时,应使其相对湿度保持在50%～60%,故开封的巧克力应保持密封,避免与空气接触,防止变干及氧化。

3. 避免阳光直射

巧克力对于阳光非常敏感,尤其是乳白巧克力,开封后一定要包装封好,保存于阴凉处。

4. 避免环境污染

巧克力应与具有刺激性气味和强烈味道的食材分开储存,尤其是调温巧克力对于异味非常敏感,保存时必须远离外界的异味,保持环境干净卫生,防止昆虫破坏、侵蚀。

2.7 常用食品添加剂

随着食品生产的大规模工业化,各种各样的食品添加剂被逐步开发利用。食品添加剂是指用于改善食品品质、延长食品保存期、便于食品加工和增加食品营养成分的一类化学合成或天然物质。我国食品卫生法对食品添加剂的使用有明确的规定,在使用食品添加剂时,必须严格遵守 GB 2760-2014《食品添加剂使用标准》中的规定。

食品添加剂的种类很多,按其来源可分为天然食品添加剂和化学合成食品添加剂两大类。化学合成添加剂是通过化学手段,使元素或化合物发生包括氧化、还原、缩合、聚合等合成反应得到的物质,目前使用最多的是化学合成食品添加剂。天然食品添加剂是利用动植物或微生物的代谢产物等为原料,经提取所得到的天然物质。天然食品添加剂越来越受到人们的青睐。

食品行业中将食品添加剂按用途分为面团改良剂、乳化剂、酶制剂、抗氧化剂、食用香精、食用色素、凝胶剂、调味剂、酵母营养剂等。

2.7.1 膨松剂

膨松剂(ferment)又称疏松剂、膨胀剂、膨大剂,是西点中重要的添加剂,以使制品在烘焙、蒸煮、油炸时增大体积,改变组织,使之更适于食用、消化,满足人们的消费需要。

膨松剂有化学膨松剂和生物膨松剂两大类。化学膨松剂主要用于蛋糕、饼干、酥饼等重油、重糖的西点及油条、麻花等中式面点中。酵母作为常用的生物膨松剂,主要用于面包、发酵饼干等西点及馒头、包子等中式发酵面点中。

1. 膨松剂的作用

膨松剂在西点中的作用概括起来有以下几点。

(1)食用时易于咀嚼。膨松剂可使制品起发、膨胀,形成松软的海绵状多孔组织,使制品柔软可口,易咀嚼,制品体积的增大也可增加其商品价值。

(2)增加制品美味感。膨松剂使制品组织松软,内有细小孔洞,因此食用时,唾液易渗入制品组织中,溶出食品中的可溶性的物质,刺激味觉神经,感受其风味。没有加入膨松剂的产品,唾液不易渗入,因此味感平淡。

(3)有利于消化。制品经起发后形成松软的海绵状多孔结构,进入人体后,更容易吸收唾液和胃液,使食品与消化酶的接触面积增大,提高了消化率。

2. 食品膨松的方式

(1)物理膨松法。

①糖油拌和法及粉油拌和法。将空气打入油脂内,在烘焙时空气受热,体积膨胀,气体压力增加而使产品质地疏松,体积膨大。例如水果磅蛋糕制作时,奶油等油脂成分越高,打入的空气也就越多。在此情况下,发粉的使用量可以减少甚至不用。

②蛋液打发法。打发蛋液成泡沫,烘焙时这些气泡膨胀,使产品的体积膨大。例如,海绵蛋糕由蛋糖搅拌打发;天使蛋糕则由蛋白及糖的搅拌而打发,这些都不另外加入发粉即可疏松。

③水蒸气膨胀。泡芙类产品所拥有的膨胀性,源于水蒸气的膨胀。当烫搅泡芙面团时面粉中淀粉充分糊化,蛋白质受热变性形成良好的弹性胶状体,使制品在烘焙时,面团内部的水分及油脂受热分离,产生暴发性强蒸汽压力,像吹气球般使外皮膨胀并将气体包起来。

蛋糕面糊或面包面团在烘焙时温度升高,内部水分蒸发,体积膨胀,促进制品体积增大。

(2)生物膨松法。面包、馒头、发酵饼干等一般都用酵母发酵的办法使之膨松。酵母发酵时不仅产生二氧化碳使焙烤食品膨松,更重要的是还能产生发酵食品特有风味,并增加制品营养价值。

(3)化学膨松法。利用苏打粉、发粉、碳酸铵、碳酸氢铵等化学物质加热时产生的二氧化碳,使制品疏松膨胀。在制作面包、饼干时添加少量膨松剂有助于烘烤过程中膨胀,如泡打粉、小苏打、食粉等。

3. 具体的膨松剂种类

(1)酵母(yeast)。酵母即酵母菌,在营养学上有"取之不尽的营养源"之称,是一种可食用、含有丰富营养的单细胞微生物,能够把糖发酵成酒精和二氧化碳,属于一种比较天然的发酵剂,能够使做出来的包子、馒头等口感松软、味道纯正、浓厚。

酵母是西点常用膨大剂之一。在发酵过程中,酵母使面团膨大,糖分的加入可以增加酵母的活动力。酵母在低温时呈休眠状态,温度越高,其活动力越强。但温度若高于40℃,酵母细胞就会受到破坏而死亡。质量好的酵母应具有微黄色、干爽、颗粒大小均匀、松散、无不良气味等特点,变色、变味、受潮、结块的酵母都是质量差的酵母。

酵母的种类不同,使用方法和用量也有所不同,常用于烘焙的酵母种类有四种。

①液体酵母(liquid yeast)。从发酵罐中抽取的未经浓缩的酵母液。这种酵母使用方便,但保存期较短,也不便于运输。

②鲜酵母(fresh yeast)。鲜酵母也称压榨酵母或浓缩酵母,是将酵母液除去一部分水后压榨而成,呈长方体块状,颜色为均一的灰白色,其固形物含量达到30%。由于含水量较高,约70%的水分,此类酵母应保持在2℃~7℃的低温环境中,并应尽量避免暴露于空气中,以免流失水分而干裂。一旦由冰箱中取出置于室温一段时间后,未用完部分不宜再用。当储存温度升高时,酵母很快自溶和腐败,丧失发酵活性,新鲜酵母因含有足够的水分,发酵速度较快,将其与面粉一起搅拌,即可在短时间内产生发酵作用,由于操作非常迅速方便,价格便宜,很多面包制作者都采用它。

③干性酵母(dried yeast)。干性酵母又称活性酵母,是将新鲜酵母压榨成短细条状或细小颗粒状,并用低温干燥法脱去大部分水分,含水量约为8%,固形物含量达92%~94%,有粒状和粉状两种。酵母菌由于在生产过程中经过干燥处理,成品处于休眠状态,不易变质,可以在一般室温下储存,无须冷藏,保存期长,在常温下,保存期为2~4个月,甚至可达半年,运输方便。此类酵母的使用量约为新鲜酵母的一半,而且使用时必须先以4~5倍酵母量的30℃~40℃的温水,浸泡15~30 min,使其活化,恢复新鲜状态的发酵活力。干性酵母的发酵耐力比新鲜酵母强,但是发酵速度较慢,而且使用前必须经过温水活化以恢复其活力,使用起来不太方便,故目前市场上使用并不普遍。

④速效干酵母(available dried yeast)。速效干酵母又称即发干酵母,也是由鲜酵母经先进的低温干燥工艺脱水后制得。由于干性酵母的颗粒较大,使用前必须先活化,使用不便,所以进一步将其改良成细小的颗粒。由于采用特殊的生产工艺,速效干酵母的表面有很多可透水的微孔,一旦加入面团中能很快吸水溶解而产生效力。因此,其优点是使用更方便,可与其他物料一起直接投入搅拌缸内,

而无需经过活化工序。因速效酵母颗粒细小,类似粉状,在酵母低温干燥时处理迅速,故酵母活力损失较小,且溶解快速,能迅速恢复其发酵活力。速效干酵母发酵速度快,活性高,使用量比干性酵母略低。此类酵母对氧气很敏感,一旦空气中含氧量大于0.5%,便会丧失其发酵能力。因此,此类酵母均以锡箔积层材料真空包装。如发现未开封的包装袋已不再呈真空状态,最好就不要使用了。若开封后未能一次用完,则须将剩余部分密封后再放于冰箱中储存,并最好在3~5天内用完。

使用速效干酵母需要注意以下几点。

A. 注意产品的生产日期,因速效干酵母有一定的保质期,故应尽量选购生产日期接近购买日期的产品。

B. 要使用包装完整、坚硬紧实的产品,不要购买或使用已经软化的散包、松包、漏包产品。因速效干酵母采用真空或充氮包装,当包装变软时,说明已有空气进入,其发酵活性已受到破坏。

C. 要使用适合生产配方的产品,同一品牌的速效干酵母也有不同的包装和使用说明,应按产品使用说明结合配方选购。

(2)泡打粉(baking powder)。泡打粉俗称"发粉""发泡粉",作为膨松剂,一般都是由碱性材料配合其他酸性材料,并以淀粉作为填充剂组成的白色粉末。其中淀粉用来防止酸性材料和碱性材料发生反应。泡打粉常用来制作西式点心。

泡打粉的成分是小苏打、酸性盐、中性填充物(淀粉),其中酸性盐有强酸盐和弱酸盐两种。强酸盐遇水就发,发粉迅速;弱酸盐要遇热才发,发粉较慢。还有一种混合发粉为双效泡打粉,最适合用于制作蛋糕。当该混合物与液体接触时,碳酸氢钠和酸晶体溶解并相互作用,发生化学反应,产生使面糊膨发的二氧化碳。

泡打粉可使用各具特点的酸晶体。例如,酒石酸氢钾能与碳酸氢钠在低温下反应,采用这种酸组分的制备物混合后必须马上进行烹饪,否则发起的面糊有可能在烹饪完成前就已塌下;使用塔塔粉基本不会产生后味;铝硫酸钠(SAS)与碳酸氢钠能在较高温度下反应,这意味着面糊在烹饪前可以放置一会儿,但SAS会留有后味,而且,即使少量使用也会引起某些健康问题;双作用泡打粉是一种既含高温酸晶体也含低温酸晶体的混合物。

(3)苏打粉(soda powder)。苏打粉的化学名为碳酸氢钠,俗称小苏打,又称食粉,呈细白粉末状,遇水和热或与其他酸中和会释放出二氧化碳,一般用于酸性较重的蛋糕及小西饼中,尤其在巧克力点心中使用,可酸碱中和,使产品颜色变深。在做面食、馒头时,也经常用到苏打粉。它有一种使食物膨化,吃起来更加松软可口的作用,适量食用可起到中和胃酸的功能。

(4)臭粉(smelly powder)。臭粉的化学名为碳酸氢铵,也有许多人叫它阿摩尼亚,是化学膨大剂的一种,在面团内温度升高后开始膨胀,一般用在含水分少的产品中,如饼干、泡芙、沙琪玛、油条等。加热臭粉产生氨气,氨气在水中的溶解度较大(1体积的水能溶解600体积的氨气),而且会使成品有股氨臭味,因此,面包、蛋糕等含水的产品中不会使用臭粉。

2.7.2 食用色素(food pigment)

食用色素是以食品着色为主要目的,增加食品魅力的添加剂。

1. 食用色素的种类

食用色素按其来源和性质,可分为天然色素和人工合成色素两大类。

(1)天然色素(natural pigment)。天然色素主要从植物组织中提取,也有少数是从动物体内提取的,主要品种有叶绿素、番茄色素、胡萝卜素、叶黄素、红曲、焦糖、可可粉、咖啡粉、姜黄、虫胶色素、辣椒红素、甜菜红等。常用于西点的天然色素有可可粉、焦糖和姜黄等。

①可可粉(cocoa powder)。可可粉是用可可豆加工而成的棕褐色粉状制品,具有浓烈的可可香气。可可粉按其含脂量分为高、中、低脂可可粉,可直接用于巧克力和饮料的生产。在西点制作中常常添加于奶油膏、白马糖中,用于蛋糕和饼干的表面装饰或和入面团中用于制作可可拉花、黑白酥、可可华夫饼干等。

②焦糖(caramel)。焦糖也称糖色、酱色。工业生产是以饴糖、糖蜜或其他糖类为原料,在110℃~180℃高温下加热使之焦糖化制作而成的,为深褐色液体,常常用于杏仁酱、花生酱、蛋白膏等调色用。在刷面蛋液中加入少量焦糖,可使产品具有金黄色。

③姜黄(turmeric)。姜黄是多年生草本植物——姜科植物姜黄的干燥根茎。冬季茎叶枯萎时采挖,洗净,煮或蒸至透心,晒干,除去须根,磨成粉后,即为姜黄粉。从姜黄粉中可提炼出天然色素姜黄素。

(2)人工合成色素(synthetic pigment)。利用某些化学物质,通过一定的化学手段人工合成的色素称为合成色素,主要品种有苋菜红、胭脂红、柠檬黄、日落黄和靛蓝等。合成色素色彩鲜艳、着色力好、坚牢度大、性能稳定、可取得任意色调,而且成本低廉、使用方便,所以人工合成色素在食品中被广泛应用,但无营养价值,大多数合成色素对人体有害,应严格遵守《食品添加剂使用标准》(GB2760-2014)中使用规定,必须限量使用。我国允许使用的食用合成色素有胭脂红、苋菜红、柠檬黄、靛蓝、日落黄及亮蓝等。柠檬黄、日落黄的最大用量为0.1g/kg;苋菜红、胭脂红的最大用量为0.05g/kg;靛蓝的最大用量为0.0259g/kg。另外,色素应配成溶液使用,不可直接用粉末,否则易造成混合不匀,形成色素斑点,同时用量也不易控制。

2. 食用色素在西点制作中的作用

(1) 美化产品外观,使产品新颖,美观大方,鲜艳悦目。

(2) 吸引消费者的注意力,促进食欲。

(3) 增加西点食品的花色品种。

如生日蛋糕的装饰中使用各种颜色的色素,蛋卷中常用柠檬黄、胭脂红、橘子黄等色素,使制品呈淡黄色,否则就会呈朱灰色,影响外观。

2.7.3 凝胶剂(gelating agent)

凝胶剂也称为增稠剂或胶冻剂,是指能增加流体或半流体的黏度,并能够保持所在体系相对稳定的亲水性食品添加剂。

1. 凝胶剂的分类

凝胶剂按来源分为天然凝胶剂和人工合成凝胶剂两大类。

(1) 天然凝胶剂。天然凝胶剂根据来源可分为植物性凝胶剂、动物性凝胶剂和微生物凝胶剂。植物性凝胶剂包括果胶、琼脂等。动物性凝胶剂包括明胶、鱼胶等。微生物凝胶剂为某些真菌和细菌的代谢产物,如黄原胶等。

(2) 人工合成凝胶剂。人工合成凝胶剂是指用纤维素、淀粉等天然物质制成的糖类衍生物或利用化学物质合成的凝胶剂,如羧甲基纤维素钠、碳酸化淀粉、聚丙烯酸钠等。

2. 凝胶剂的作用

(1) 起泡作用和稳定泡沫作用。凝胶剂可以发泡,形成网络结构,它的溶液在搅拌时形成小泡沫,可包含大量气体,并因液泡表面黏性增加使其稳定。如蛋糕、面包等食品中使用凝胶剂 CMC 等作发泡剂。

(2) 黏合作用。香肠中使用槐豆胶、鹿角藻胶的目的是使产品成为一个集聚体,均质后组织结构稳定,润滑,并利用胶的强力保水性防止香肠在贮藏中失重。

(3) 成膜作用。凝胶剂能在食品表面形成非常光润的薄膜,可防止冰冻食品、固体粉末食品表面吸湿而导致的质量下降。

(4) 用于生产低能量食品。凝胶剂都是大分子物质,许多来自天然胶质,在人体内几乎不被消化、吸收。所以用凝胶剂代替部分糖浆、蛋白质溶液等原料,很容易降低食品的能量。并且果胶、海藻酸钠等凝胶剂还具有降低血液中胆固醇的作用,可用于生产保健食品。

(5) 保水作用。在面制品中凝胶剂可以改善面团的吸水性,调制面团时,凝胶剂可以加速水分向蛋白质分子和淀粉颗粒渗透的速度,有利于调粉过程。凝胶剂能吸收自身含量的几十倍乃至上百倍的水分,并有持水性,这些特性可以改善面团的吸水量,增加产品重量。增稠剂有凝胶特性,会增强面制品的弹性,提高淀

粉 α 化程度,使面制品不易老化变干。

(6)掩蔽作用。凝胶剂对一些不良的气味有掩蔽作用,尤以环糊精效果较好,但绝不能将增稠剂用于腐败变质的食品。

3. 常用的凝胶剂

(1)琼脂(agar)。琼脂又称为洋菜、冻粉,是从红藻类的石花菜、江篱、麒麟菜及同属其他藻类中提取的以半乳糖为主要成分的一种高分子多糖,主要成分为琼脂糖和琼脂胶。琼脂自 15 世纪就在日本被使用,于 1859 年作为中国食品传入欧洲,并在 20 世纪初开始被应用于食品工业。它属于纤维,添加很小的比例即可起到凝固的效果,冷溶液内加入,加热至 85℃ 开始起作用。它可以用来制造热明胶,可以承受 80℃ 的温度而不融化,在中等的酸性环境中会失去胶凝效果。

在制作西式糕点时,常使用琼脂或果胶与其他原料配合,形成胶冻状表面,起到装饰表面的作用。琼脂主要用于制作冻制甜食、花式工艺菜,也可以在糕点生产中与蛋白、糖等配合制成琼脂蛋白膏,用于各种裱花点心和蛋糕,还可用于凉菜、灌汤包馅等的制作。调味必须在琼脂加热时进行,边调味边搅拌,趁热将琼脂浇在装有原料的模具中,冷却后食用。使用琼脂时应避免熬制时间过长,避免与酸、盐长时间共热,以免影响凝胶效果。品质优良的琼脂柔软、洁白、半透明、纯洁干燥、无杂质。

(2)果胶(jelly)。果胶有果胶液、果胶粉和低甲氧基果胶 3 种。果胶因其优良的凝胶、增稠、稳定和乳化等功能,常被用在果酱、果冻中作为凝胶剂,作为蛋黄酱的稳定剂,而且具有防止点心硬化的作用。

(3)食用明胶(gelatin)。食用明胶又称吉利丁,是胶原蛋白的水解产物,商品形式有片、丁、粉状,具有优良的胶体保护性、黏稠性、成膜性和水易溶性。吉利丁和吉利丁片使用前必须用冷水浸泡数小时,待完全膨胀后再隔水加热,胶液温度控制在 70℃ 以下,使其完全溶化后使用。

①吉利丁粉(gelatin powder)。吉利丁粉亦称鱼胶粉,属于动物胶,是从动物骨骼中提炼出来的蛋白质胶质,常用于冷冻西点和慕斯蛋糕类的胶冻,需用 4~5 倍冷水浸泡吸水软化后再隔水融化使用。

②吉利丁片(gelatin slice)。吉利丁片亦称鱼胶片,呈半透明黄褐色,有腥臭味,需要泡水去腥,经脱色去腥精制的吉利丁片颜色较透明,价格较高。吉利丁片须存放于干燥处,否则受潮会黏结。使用时先要浸泡在冰水中软化,挤干水分再融化使用。

(4)羧甲基纤维素钠(carboxymethyl cellulose)。羧甲基纤维素钠为白色纤维状或颗粒状粉末,无臭无味,有吸湿性,易分散于水中呈胶体状。在西点应用中不仅是良好的乳化稳定剂、增稠剂,而且具有优异的冻结、熔化稳定性,并能提高点心产品的风味,延长贮藏时间。在豆奶、冰淇淋、雪糕、果冻、饮料中的用量为 1%～1.5%,在西点中,其添加量为面粉的 0.1%～0.5%。

(5) 卡帕胶(K 型卡拉胶 kappa)。这是一种从红色藻类中提取的胶凝剂,是一种卡拉胶,源自角叉菜胶,已被使用 600 多年。在 20 世纪中叶,这种"角叉菜苔藓"开始就作为胶凝剂在工业上生产。Kappa 生产的凝胶质地坚硬,易碎,冷溶液内加入,加热到沸腾可以凝固,凝固后在 60℃ 以下的温度都不会融化,在中等酸性环境中失去效果。

(6) I 型卡拉胶(iota)。像其他角叉菜胶一样,它也是一种从红色藻类中提取的胶凝剂,这种藻类分布在北大西洋沿岸以及菲律宾和印度尼西亚海中,具有非常特殊的特性,并产生柔软的弹性凝胶,可以用来制作热明胶。它在冷却时溶解,并加热至约 80℃ 胶凝,如果凝胶状态被破坏,静置一段时间后将重新形成凝胶(这也是其他部分海藻提取的凝胶不能做到的),与钙质起反应,常用于乳制品的胶凝中。

(7) 褐藻胶。褐藻胶是一种从褐色藻类(海带属,墨角藻和 macrocystis 属等)中提取的天然产物,生长在爱尔兰、苏格兰、北美和南美、澳大利亚、新西兰、南非等冷水地区,在精制的藻类中,每种藻酸盐的质地和钙反应性都不同,因此它常常被作为实现分子料理中球化效果的凝胶剂,外形呈精细粉末状,稀释在冷溶液中,遇钙胶化,可作为冷稠化剂使用,也可作为乳化剂使用(油脂含量少于 200g/L 液体),溶解时间越长,胶化效果越好,遇酸胶化性减弱。

(8) 蔬菜纤维素胶。这是一种从蔬菜纤维素中提取的胶凝剂。与其他胶凝剂不同,它具有甲基纤维素基质,在加热时会发生胶凝,冷却时它起增稠剂的作用。甲基纤维素的黏度范围很广,会影响凝胶化的最终结果。蔬菜纤维素和液体混合加热以后直接成型,如果放凉即失去胶化性,重新融为一体。外形呈粉末状,冷溶解,需要先放入冰箱,至 3℃ 已完全溶解。热胶化点为 55℃,即胶化成品需保持在 55℃ 以上,55℃ 以下胶质开始溶解。胶化成品结实有弹性,并且完全透明。

(9) 素食吉利丁(vegetable gelatin)。它由角叉菜胶(kappa)和刺槐豆胶混合而成。与兼具蛋白质吉利丁的凝固性以及弹性特点的凝固剂相似。在室温下混合各种成分,加热到至少 65℃ 方可。如果未充分加热,液体就会变稠而不会胶凝。减少剂量时也会发生同样的情况。素食明胶是热可逆的,具有令人非常愉悦的口感,并且在高达 65℃ 的温度下仍保持稳定。pH 低于 4.5 的产品凝固性会较差。为了获得最佳结果,配方的含水量应超过 80%。

2.7.4 乳化剂(emulsifier)

能改变两种不互溶液体(如油及水)的性质,使其不相互分离而互溶在一起的物质，称为乳化剂，又称界面活性剂。

乳化剂是安全、可靠、多功能的食品添加剂，是溴酸钾替代添加剂主要成分之一。乳化剂的种类很多，主要分天然乳化剂与合成乳化剂两大类。天然乳化剂，如卵磷脂，安全性较好；合成乳化剂多为高分子化合物，如甘油脂肪酸酯、山梨醇脂肪酸酯、蔗糖脂肪酸酯以及硬脂酰乳酸钠（SSL）等，此外还有乳品、蛋品、山梨醇、羟乙基甘油单酯等，其中离子型乳化剂硬脂酰乳酸钠和硬脂酰乳酸钙（CSL）的效果最好。硬脂酰乳酸钠（钙）再与其他安全、天然成分复合剂配制，开发出高效的、能代替溴酸钾的面粉品质改良剂。常用的面粉乳化剂还有各种单硬脂酸甘油酯、改性大豆磷脂等。

乳化剂在西点制作中的作用主要是使油脂乳化分散，淀粉粒子膨润延缓，并可与有水合作用的直链淀粉结合，妨碍可溶性淀粉的溶出，减少淀粉粒子之间的黏附，保持面包柔软，延缓其老化时间。乳化剂使面团强化，使面包组织柔软，老化较慢；可以降低蛋糕面糊的比重，增加蛋糕之体积；可以提高小西饼的扩大率，减少油脂的用量，保持品质，节省成本。试验表明，乳化剂 SSL 在与蛋白质结合起着良好品质改良作用的同时，对淀粉也有较好的抗老化和保鲜双重功效，这是其他乳化剂所不具备的。

1. 蛋糕油

蛋糕油又称蛋糕乳化剂或蛋糕起泡剂，是一种复合型乳化剂，主要成分为单酸甘油酯和棕榈油。在 20 世纪 80 年代初，国内制作海绵蛋糕时还未有蛋糕油添加，在打发的时间上非常慢，出品率很低，成品的组织也很粗糙，还有严重的蛋腥味。后来添加了蛋糕油，制作海绵蛋糕时打发的全过程只需 8～10 分钟，出品率大大提高，成本也降低了，且烤出的成品组织均匀细腻、口感松软。由此可见，蛋糕油的诞生是一个革命性的突破。随着人们生活水平的提高，对吃的东西也越来越讲究。各大厂家为适应市场的需求，近年来又推出了一种 SP 蛋糕油。SP 蛋糕油采用更加高档的原材料生产，将制作海绵蛋糕的时间进一步缩短，且使成品外观更加漂亮，组织更加均匀细腻，入口更润滑。

2. 蛋糕油的工艺性能

在进行蛋糕面糊搅打时加入蛋糕油，蛋糕油吸附在空气和液体界面上，使界面张力下降，液体和气体的接触面积增大，液膜的机械强度增加，有利于面糊的发泡和泡沫的稳定，面糊的比重和密度降低，使烘烤出的成品体积增大。同时，蛋糕油使面糊中的气泡分布均匀，大气泡减少，使成品的组织结构变得更加细腻、均匀。

3. 蛋糕油的添加量和添加方法

蛋糕油的添加量一般是鸡蛋的 3%～5%，当蛋糕配方中鸡蛋增加或减少时，蛋糕油也必须随之按比例增加或减少。

4. 添加蛋糕油的注意事项

蛋糕油一定要保证在面糊搅拌完成之前能充分融合,否则会出现沉淀结块。添加了蛋糕油的面糊不能长时间搅拌,这是因为过度的搅拌会拌入太多空气,不仅不能稳定气泡,反而导致其破裂,最终造成制品体积下陷,组织变成棉花状。

2.7.5 食用香精和香料

1. 食用香精(food flavor)

食用香精是以食品着香为目的,增加食品魅力的添加剂,由各种食用香料和许可使用的附加物(包括载体、溶剂、添加剂)调和而成。随着食品工业的发展,食用香精的应用范围已扩展到饮料、糖果、乳肉制品、焙烤食品、膨化食品等各类食品的生产中。食用香精的作用主要有三个方面:一是清除或掩盖制品的不良气味;二是赋予制品良好的气味;三是加强制品原有的香味。

食用香精按剂型可分为液体香精和固体香精。液体香精又分为水溶性香精、油溶性香精和乳化香精;固体香精分为吸附型香精和包埋型香精。在西点中多选择果香型香精,如柠檬、橘子、椰子、香蕉、茴香、薄荷油等,以及奶油、巧克力香精等。天然香料对人体无害,合成香料则不能超过 0.15%～0.25%。

2. 香料(spices)

香料主要是将香料植物的根、茎、叶、花、果实、种子等进行干燥制作而成的,通常有粉末状、颗粒状和自然成形的形状等。

(1)香叶(bay-leaf)。香叶又称桂叶,是桂树的叶子。香叶可分为两种,一种是月桂树(又称天竺桂)的叶子,形椭圆,较薄,干燥后色淡绿;另一种是细叶桂,其叶较长且厚,背面叶脉突出,干燥后颜色淡黄。香叶是西餐中特有的调味品,其香味十分清爽又略微苦,干制品、鲜叶都可使用,用途广泛。

(2)番红花(saffron)。用作香料的番红花是干燥的红花蕊雌蕊,其原产地为欧洲南部和小亚细亚地区。我国早年经西藏走私入境,故又称藏红花。在欧洲,番红花的主要产地是西班牙,意大利南部也栽培有少量的番红花。在西点中主要用于沙司的调色调味。

(3)肉桂(cinnamon)。肉桂又称桂皮,是肉桂树的树皮,是经由卷成条状干燥后制成的。肉桂的外形有粉状、片状两种,片状的肉桂可直接用来炖汤和制作菜肴,可去除肉类的腥味,或是当作咖啡的搅拌棒;而肉桂粉多使用在甜点上,是做苹果派时不可缺少的必备香料。上好的桂皮皮细肉厚,颜色乌黑或呈茶褐色,断面呈紫红色,油性大,味道香醇。

(4)小茴香(anise)。小茴香为伞形科多年生草本植物小茴香的干燥成熟果实。产于地中海,质地温和,有着温暖怡人的独特浓郁气味,但尝起来味道有点苦,且略微辛辣,有助于提神、开胃。小茴香在西点中主要加工成粉末状使用,增加烘焙点心的香味。

(5)马佐林(majoram)。马佐林也称牛膝草,常用于制作混合香料,用于烹调意大利粉、干酪等。其味道能与番茄及蒜头十分相配,制作比萨饼更是必不可少。

(6)阿里根奴(oregano)。阿里根奴俗称"牛至",原产于地中海沿岸、北非及西亚。目前在我国及英国、西班牙、摩洛哥、法国、意大利、希腊、土耳其、美国、阿尔巴尼亚、前南斯拉夫、葡萄牙、墨西哥均有生产。在不同的国家及地区则有不同的名称,如在英国,种植于野外的俄力冈称为野马郁兰,而在地中海地区生长的野马郁兰则被称为阿里根奴,也是制作比萨饼必不可少的香料。

(7)罗勒(basil)。罗勒也称甜紫苏,味甜而有一种独特的香味,和番茄的味道极其相似,是制作意大利面不可缺少的调味品。

(8)百里香(thyme)。百里香也称麝香草,常用于比萨饼和馅心的调味。

(9)迷迭香(rosemary)。迷迭香叶子带有颇强烈的香味,主要用于西点馅心的调味。

2.7.6 还原剂

还原剂(reducing agent)是指能降低面团筋力,使面团具有良好可塑性和延伸性的一类化学合成物质。它的作用机理主要是蛋白质分子中的二硫键断裂,转变为硫氢键,蛋白质由大分子变成小分子,降低了面团的筋力、弹性和韧性,增强了面团的延伸性。如果适量地使用还原剂,不仅可以使调粉和发酵时间缩短,还能改善面团的加工性能、面包色泽及组织结构,并能抑制产品老化。

常用的面团还原剂有 L-半胱氨酸、亚硫酸氢钠、焦亚硫酸钠、山梨酸、抗坏血酸。

2.7.7 氧化剂

氧化剂是指能够增强面团筋力,提高面团弹性、韧性和持气性,增大产品体积的一类食品添加剂。氧化剂在面团中的作用机理是氧化硫氢基形成二硫键,增强面团持气性、弹性和韧性。

目前国内外常用面团改良剂中的氧化剂有溴酸钾、抗坏血酸、偶氮甲酰胺(ADA)、过氧化钙、过硫酸铵、二氧化氯、氯气、磷酸盐、过氧化钙等。

2.7.8 抗氧化剂

抗氧化剂是能阻止或延迟食品氧化,提高食品稳定性,延长食品储存期而加入的一种物质。抗氧化剂一般有油溶型和水溶型两种类型。各种抗氧化剂虽然都有抗氧化作用的共性,但又各有其特点。西点制作中常用的抗氧化剂有丁基羟基茴香醚(BHA)、二丁基羟甲基苯(BHT)、没食子酸丙酯(PG)、维生素类、天然抗氧化物(丁香、花椒、茴香、姜、桂皮、玉米粉、黄豆粉、黄豆油)等。

2.7.9　营养添加剂

营养添加剂(nutritional additives)又称营养强化剂,其主要作用是增强和补充食品的营养。西点由面粉、糖、黄油、牛奶等主要原料制成,本来就含有各种营养成分,但是由于各种西点所使用的原料在品种和数量上均有一定的差别,因此有可能存在某些营养成分的不平衡,如缺乏某些维生素、氨基酸和矿物质等。此外,在加工和烘烤过程中,某些营养成分还会受到一定的损失。为了增加产品的营养价值,就需要在西点产品制作中加入一些营养成分。

常用的营养添加剂有维生素、氨基酸和矿物质等。

(1)维生素(vitamin)。西点中常常添加的维生素主要有:维生素 A、维生素 B_2、维生素 C 等。维生素 A 使用量为 0.01g/kg;维生素 B_2 的使用量为 5～6mg/kg;维生素 C 的使用量为 0.4～0.6g/kg。

(2)氨基酸(amino acids)。西点中常常添加的氨基酸主要有赖氨酸,在和面时加入,相对稳定,使用量为 2g/kg。

(3)矿物质(minerals)。西点中常常添加的矿物质主要有:碳酸钙、磷酸氢钙、葡萄糖酸钙和乳酸钙等。使用量除碳酸钙为 1.2%外,其余均为 1%。

2.7.10　调味剂

食品调味剂是以调剂食品口味为主要目的的添加剂,它不仅可以改善食品的味道,而且能促进消化液的分泌,增进食欲,有些调味剂还有一定的营养价值。调味剂包括甜味剂(糖精、甜菊糖)、酸味剂(柠檬酸、醋酸)和鲜味剂(味精)等。柠檬及柑橘类水果中的酸味感觉来自柠檬酸,尽管柠檬酸与柑橘类水果有关,但是柠檬酸却是一种可用作食品添加剂的白色粉末。柠檬酸在糕点房有多种用途,在工业食品生产中的应用更是多得不计其数。与公众相关的柠檬酸用途是作为风味添加剂使用,以及作为抗褐变剂用于蜜饯水果,如瓶装果酱。柠檬酸作为一种糖果添加剂,促使蔗糖转化为果糖和葡萄糖,在适用情况下也可作为酸味剂添加在发酵粉中,柠檬酸是可以被添加的,用于碱性碳酸氢钠作用的必要酸性对应物之一。

2.7.11　面包改良剂

面包改良剂一般是由乳化剂、氧化剂、酶制剂、无机盐和填充剂等组成的复配型食品添加剂,用于面包制作可促进面包柔软和增加面包烘烤弹性,并有效延缓面包老化等作用。在使用面包改良剂过程中要注意使用成分和使用量。因为有的成分属于健康违禁用品,过量使用会产生副作用,有些改良剂中还添加了无机盐,如氯化铵、硫酸钙、磷酸铵、磷酸二氢钙等,它们主要起酵母的营养剂或调节水的硬度和调节 pH 值的作用。

2.8 干鲜果及罐头制品

果品是西点制作的重要辅料,果品的使用方法是在制品加工中将其加入面团、馅心或用于装饰表面。西点常用的果品有籽仁、果仁、干果、果脯、蜜饯、果酱、干果泥、新鲜水果、罐头水果等。

在西点制作中,将果料加入面团或馅心可以把果料本身具有的风味及营养物质带入到西点制品中,从而使制品的营养成分增加,并具有独特的风味。由于果料本身具有各种艳丽的色彩和不同的外形,若将一种或几种果料"镶嵌"在制品表面,则可以起到美化、装饰的作用,使其具有诱人的色彩与图案,既能提高制品的商品性能,又能增加人们的食欲。

果仁的相对成本较高,必须小心贮藏,否则容易变质或腐臭(因为果仁含油量高),果仁没有经过烘焙或去壳,可保存的时间长一点,去壳后的果仁,应存放在冰箱的冷冻室内,无论何种情况,果仁都应放在阴凉、干燥和通风良好的地方。

2.8.1 籽仁与果仁

(1)花生仁(peanut)。花生仁是指去掉花生壳的部分,也称花生米。花生仁的食品营养价值很高,不但含有丰富的脂肪、蛋白质、碳水化合物,而且还含有多种维生素和无机盐。在西点食品中,花生仁大多是烤熟去皮后使用,由于花生仁含水分较多,在储存环境潮湿时,易氧化或发霉变质。因此必须晾干后,储存在阴凉、通风、干燥处。变质的花生仁含有致癌物质,不能食用。

(2)瓜子仁(sunflower seeds)。瓜子仁近似扁椭圆形,经加工去皮后色泽洁白,具有特殊的香味。瓜子仁含有脂肪、蛋白质、磷、铁、钙、烟酸、胡萝卜素、核黄素、硫胺素等。瓜子仁主要用于制馅。

(3)芝麻仁(sesame seeds)。芝麻按颜色分为白芝麻、黑芝麻、其他纯色芝麻和杂色芝麻等。白芝麻的种皮 95% 以上为白色、乳白色,黑芝麻的种皮 95% 以上为黑色,其他纯色芝麻的种皮 90% 以上为黄色、黄褐色、红褐色、灰色,不属于以上三类的芝麻均为杂色芝麻。芝麻用于点心时,需要经过炒熟或去皮,用于点心外表的芝麻不需要炒熟,用于做馅心的芝麻需要炒熟。

(4)核桃仁(walnut)。核桃又称胡桃,去除外壳后即为核桃仁,完整的核桃仁表面有一层带苦味的薄皮,使用时应先经烘烤将皮去掉,核桃含丰富的油脂、磷酸盐、维生素 A 和维生素 B,口感略甜,带有浓郁的香气,是巧克力点心的最佳伴侣。烘烤前先用低温烤 5min 溢出香气,再加入面团中会更加美味。在夏季要特别注意保存,防止生虫或变质。

(5)甜杏仁(sweet almond)。杏仁是杏子核的内果仁,肉色洁白,有甜杏仁和苦杏仁之分。甜杏仁分为天然型(有皮)和加工型(去皮)两种,含油脂较多且有特殊的风味。另外,甜杏仁还含有杏仁甙、蛋白质、树脂、抗坏血酸、磷、钙、铁、胡萝卜素等。苦杏仁氢氰酸含量较高而不宜直接食用,但是其香味较为浓烈,苦味杏仁只加入少量来带出制品的味道即可。

西点使用的杏仁主要是美国和澳大利亚的杏仁,杏仁加工的制品有杏仁瓣、杏仁片、杏仁条、杏仁粒、杏仁粉等。杏仁具有独特的风味和香气,在增加制品味道和口感方面的作用明显。常用在杏仁风味蛋糕、蛋糕装饰、杏仁干点和杏仁巧克力等西点中。由于杏仁的脂肪含量较高,因此要注意产品的保存方法。杏仁的保存要求凉爽、干燥,尤其避免长时间阳光直射,库存的温度在 4℃~7℃ 最好。此外,杏仁应避免和有刺激气味的物品一起堆放,以免影响杏仁的香味。

(6)松子仁(pine nuts)。松子仁是松子的籽仁,有明显的松脂芳香味,制成的焙烤点心具有独特的风味。松子仁油脂含量较高,其油脂主要成分是不饱和脂肪酸,极易氧化酸败而变味。松子仁内还含有大量的蛋白质、磷、钙、铁等。优质的松子仁要求粒型饱满,色泽洁白不泛黄,入口微脆,不软,无哈喇味。使用前要求除去外皮。由于松子仁极易氧化变质,夏季应注意保存。

(7)榛子仁(hazelnut)。榛子为高大乔木的种子,焙炒后去除榛子外衣得榛子仁,视焙炒程度,颜色可从灰白至棕色。其肉质较硬,有较好的香味,磨碎的榛子果仁常会与全麦面粉和裸麦面粉混合做成面包,也可用于制作糕点。因为它很容易变腐发臭,所以不宜大量购买。把榛子焗至微黄,把果仁和焦糖混合做成糖块再磨碎,可用于制作糖霜面、馅料、酥饼和奶油。

(8)橄榄仁(olive kernel)。橄榄取其果核,而核仁即为橄榄仁,仁状如梭,外有薄衣,焙炒后皮衣很容易脱落,仁色白而略带牙黄色,仁肉细嫩,富有油香味。

(9)开心果(pistachio)。开心果树原产于中东地区,特别是阿富汗西部伊朗和土库曼斯坦高原。该树为落叶树,平均树高九米,具有柔和银色大卵型叶子。开心果虽然常被称为坚果,但实际上是一种核果,其可食用部分是种子。这是一种非常类似于葡萄的簇生坚果。开心果为人类提供营养已有几千年历史,这个历史可以追溯到巴比伦时代。开心果富含纤维,含有多种植物化学物质,这些物质与开心果其他营养素一起起着抵抗肌肉衰败和心脏疾病的作用。开心果具有独特微妙花香风味,质地坚实,可用于制造糕点、香蒜酱、冰淇淋和意大利雪糕。

(10)椰蓉和椰丝(minced coconut and shredded coconut)。椰丝是由椰子的果肉,即黄色硬壳内除椰汁外的白色果肉部分加工而成的,含有丰富的维生素、矿物质和微量元素,椰子果实里绝大多数的蛋白质是很好的氨基酸来源。

椰蓉是椰丝和椰粉的混合物,用来做糕点、面包等的馅料和撒在蛋糕、面包等的表面,以增加口味和装饰表面。原料是把椰子肉切成丝或磨成粉后,经过特殊的烘干处理后混合制成,色泽洁白,口感松软。

(11)栗子(chestnuts)。栗子是一种低脂肪、高淀粉的果仁,栗子蓉常常用来制作蛋糕。

(12)巴西果仁(brazil nuts)。种子藏于圆硬果壳中,含丰富油分,故不能长期贮藏而导致变质腐臭。这种果仁可用作巧克力的馅心和牛轧糖酱。

不同果仁的成分组合见表2-3。

表2-3 不同果仁的成分组合(%)

果仁	水	蛋白质	油脂	碳水化合物	维生素	矿物质
杏仁	5.8	20.0	54.9	15.3	2.5	2.0
椰子	14.1	5.7	50.0	27.9	—	1.7
核桃	2.5	17.0	66.4	11.0	14	1.7
巴西果仁	5.3	17.0	66.8	7.0	—	3.9
开心果仁	4.2	22.3	54.0	16.3	—	3.2
榛子果仁	9.3	13.2	63.2	14.3	—	—
花生	9.2	23.2	38.6	24.4	2.0	2.0
栗子	6.1	10.7	7.8	70.1	2.4	2.4

2.8.2 干果与水果

1. 干果(dried fruit)

干果有时候也叫果干,是水果脱水干燥之后制成的产品。水果在干燥的过程中,水分大量减少,蔗糖转化为还原糖,可溶性固形物与碳水化合物含量有较大的提高。西点中常用的干果有葡萄干、桂圆干等,多用于馅料加工,有时也作装饰用。有些西点品种如水果蛋糕、水果面包等,果干直接加入到面团或面糊中使用。

(1)葡萄干(raisins)。葡萄干是由无核葡萄经过自然干燥或通风干燥而成的干果食品。优质葡萄干质地柔软,肉厚干燥,味甜,含糖分多。葡萄干不仅可以直接食用,还可以放在糕点中加工成食品供人品尝。葡萄干在西点中应用相当广泛,如蛋糕、甜点、面包等。使用葡萄干时,应先用温水浸泡,再清洗。最好在浸泡时加入一些调味酒,增加风味。

(2)桂圆干(dried longan)。桂圆干又叫龙眼干,带核时呈圆球形,果肉呈黑褐色,口感十分清甜。桂圆干有安神安定、补气益血之效,尤其适合女性适量食用。

2. 水果(fruit)

新鲜水果与罐头水果在西点中使用较多,主要作高档西点的装饰料和馅料,如水果塔、苹果派等。常见水果品种有以下几种。

(1)苹果(apple)。苹果主要用于制作著名的苹果派和装饰。使用时要注意将切好的苹果片置于2%的盐水中浸泡3min,然后再用,否则苹果片要发生褐变,影响效果。

(2)樱桃(cherry)。樱桃又称为含桃、莺桃,根据其品种特征可以分为中国樱桃、甜樱桃、酸樱桃和毛樱桃。其中以中国樱桃和甜樱桃两类品质较好。樱桃属于蔷薇科落叶乔木果树,成熟时颜色鲜红,玲珑剔透,味美形娇,营养丰富。在西点制作中,主要使用的是樱桃罐头制品(如红樱桃和绿樱桃),便于保管贮存。

(3)杨桃(carambola)。杨桃学名为五敛子,又称阳桃、羊桃,分布于热带亚洲,杨桃为酢酱草科植物杨桃的果实,杨桃外观为五菱型,未熟时呈绿色或淡绿色,熟时呈黄绿色至鲜黄色,单果重80g左右。皮薄如膜、纤维少、果脆汁多、甜酸可口、芳香,装饰时用刀切成薄薄的五角星片即可。

(4)草莓(strawberry)。草莓又称红莓、洋莓、地莓等,是一种红色的水果。草莓是对蔷薇科草莓属植物的通称,属多年生草本植物。草莓的外观呈心形,鲜美红嫩,果肉多汁,含有特殊的浓郁水果芳香。在西点中广泛应用在生日蛋糕、木司蛋糕、甜品和冷品等的装饰上。草莓水分很大,容易质变,应注意保存,不宜过多存放。

(5)黄桃(yellow peach)。黄桃俗称黄肉桃,属于桃类的一种。果皮、果肉均呈金黄色至橙黄色,肉质较紧致,营养丰富,主要被加工成罐头使用。

(6)菠萝(pineapple)。菠萝原名凤梨,含有大量的果糖、葡萄糖、维生素A、B族维生素、维生素C、磷、柠檬酸和蛋白酶等。味甘性温,具有解暑止渴、消食止泻之功,为夏令医食兼优的时令佳果。菠萝果形美观,汁多味甜,有特殊香味,深受人们的喜爱。装饰点心的时候可以使用新鲜菠萝或其罐头制品。

(7)猕猴桃(kiwi fruit)。猕猴桃又称奇异果,是猕猴桃科植物猕猴桃的果实。一般呈椭圆形、深褐色,并带毛、表皮一般不可食用,而其内则是呈亮绿色的果肉和一排黑色的种子。猕猴桃的质地柔软,味道有时被描述为草莓、香蕉、菠萝三者的混合,营养丰富。用于装饰时,颜色艳丽,能与其他水果和谐搭配,起到意想不到的装饰效果。

(8)蜜柑(honey orange)。蜜柑属宽皮柑橘类,又称无核橘。果实硕大,色泽鲜艳,皮松易剥,肉质脆嫩,汁多化渣,味道芳香甘美,食后有香甜之感,风味独特,饮誉中外。装饰点心时,可以使用新鲜蜜柑或其罐头制品。

(9)柠檬(lemon)。据说柠檬原产于印度、缅甸和我国。大约在公元700年,柠檬被引入波斯、伊拉克和埃及,并首次在10世纪的文献中被记载。在公元1世纪,柠檬通过意大利南部传入欧洲,但是直到15世纪才得以在热那亚(意大利)广泛种植。1493年,克里斯托弗·哥伦布将柠檬种带到了美洲,直至1700年,当地均将其作为观赏植物和药物使用。柠檬起初为绿色,完全成熟时呈美丽黄色。柠檬大小相等,但一般大小与网球相当。柠檬味酸,含约5%的柠檬酸。柠檬可作甜味或咸味食品应用。腌柠檬是摩洛哥美味,而柠檬果酱则流行于英国。许多饮料(如汽水、冰茶、混合饮料和水)玻璃杯边缘常加一片柠檬。在易氧化的苹果、香蕉、鳄梨之类水果切口上挤一些柠檬汁,其中的柠檬酸可作为短期防腐剂,使这些水果能在较长时间保持其天然颜色。

(10)蓝莓(blueberry)。蓝莓是一种小浆果,果实呈蓝色,色泽美丽、悦目,蓝色被一层白色果粉包裹,果肉细腻,种子极小。蓝莓果实平均重0.5~2.5g,最大重5g,可食率为100%,甜酸适口且具有香爽宜人的香气,为鲜食佳品。蓝莓果实中除了常规的糖、酸和维生素C,富含维生素E、维生素A、B族维生素、SOD、熊果苷、蛋白质、花青苷、食用纤维以及丰富的K、Fe、Zn、Ca等矿物质元素。蓝莓可以用来制作果酒、果酱、果汁饮料和干果等,还可以制成蓝莓糖果、蓝莓冰激凌等。蓝莓干便于保存,使用方便,应用很广泛,经常用在高级西式蛋糕、木司、甜品、面包和蛋糕中。

(11)蔓越莓(cranberry)。蔓越莓现以美国为主要产地。蔓越莓生长在泥塘或沼泽中的藤蔓上,秋天收获,既可直接食用,也可制成干果食用。蔓越莓、蓝莓、葡萄是在北美洲土生土长的三大水果。在西点上应用较多的是甜味蔓越莓干果和冰鲜蔓越莓。甜味蔓越莓干果是以高级蔓越莓为原料,经冷冻干燥脱水后,加入少量糖,利用现代化加工工艺制成。产品色泽红润,晶莹剔透,甜中带酸,保持新鲜蔓越莓的风味和口感,并具有良好的复水性和耐烘焙性,便于保存。常用在高级蛋糕、面包和饼干等西点上。

(12)山楂(hawthorn)。山楂果实酸甜可口,能生津止渴,具有很高的营养和药用价值。山楂除鲜食外,还可制成干山楂片、山楂糕等,在西点中主要以干山楂片、山楂糕等为原料制馅。

(13)芒果(mango)。芒果原产于亚洲南部和印度东部,芒果可以是圆形、椭圆形,或明显偏向一边,并且常带特征性尖端。芒果有不同的颜色,包括绿色、黄色、橙色和紫色,芒果具有厚革质果皮,带有蜡质感,某些芒果的果肉具有松节油气味,然而,大多数芒果具有诱人的香味。芒果可鲜食,也可用于甜品,比如芒果慕斯、芒果布丁,还可用于制作果汁、果干、蜜饯、果酒等。

(14)榴莲(durian)。榴莲又称为韶子,原产于马来西亚、菲律宾和缅甸等地。果大,呈卵形、球形或椭圆形,重可达 3~5 kg,长达 25cm;成熟时果面为褐黄色,并有众多木质尖突;内有种子数十颗,具有乳白色或红色肉质假种皮,为食用的主要部分,果实气味浓郁,味甜,被誉为"果中之王",为东南亚著名鲜果。榴莲的耐贮性差,需及时食用。

(15)覆盆子(raspberry)。覆盆子又称悬钩子、覆盆、树莓等,世界许多地区均有分布,但培种多见于欧美。覆盆子的果实为聚合果,球形,根据果实成熟时的颜色,可将树莓分为黑莓、红莓、黄莓三大类,树莓的果实味微酸、涩,有清香味。树莓除了鲜食外,还可以应用于西点、甜品的调味中,也可以制作成果酱,作为甜品的淋汁或装饰。

2.8.3 蜜饯与果脯

蜜饯(candied fruit)是以干鲜果品、瓜蔬等为主要原料,经过糖渍、蜜制或者盐加工而成的食品。果脯(preserved fruit)是用新鲜水果去皮去核后,切成片或块状,经糖泡制,烘干成的半干状态的果品。在西点中多直接加入面团或面糊中使用或用于装饰。

蜜饯与果脯几乎没有区别。蜜饯是用蜜、浓糖浆等浸渍后制成的果品。一般情况下,习惯把带汁的果品称为蜜饯,不带汁的果品称为果脯。

(1)糖渍蜜饯类。其原料经糖渍蜜制后,成品浸渍在一定浓度的糖液中,略有透明感,如蜜金橘、糖桂花、化皮榄等。

(2)返砂蜜饯类。其原料经糖渍、糖煮后,成品表面干燥,附有白色糖霜,如糖冬瓜条、金丝蜜枣、金橘饼等。糖冬瓜质地透明、清甜、爽口。选择瓜肉肥厚、完整、肉实、无腐烂的鲜冬瓜,经削皮、切条、石灰水浸、漂洗、烫煮,并用白糖进行糖煮、糖渍,冷却即成瓜粒,主要用于制作馅料。橘饼选用皮色较差的鲜橘,经打花压扁后用食盐腌渍,再经漂洗后,用糖进行糖煮糖渍,冷却即成橘饼,主要用于制馅。

(3)果脯类。其原料以糖渍糖制后,经过干燥,成品表面不黏不燥,有透明感,无糖霜析出,如杏脯、菠萝(片、块、心)、姜糖片、木瓜(条、粒)等。苹果脯选择果肉疏松、成熟适度的苹果,经过削皮、剖切、剔果核、熏硫后加入砂糖、红糖煮制、浸渍,再经干燥等工序加工制成,主要用于制作馅料和装饰点心。杏脯选择刚由绿变黄,无病虫害的鲜杏,经除核、洗涤、熏硫并用糖进行糖煮、糖渍、干燥(熏煮 3 次、干燥 3 次)后制成,主要用于制作馅料和装饰点心。

(4)凉果类。其原料在糖渍或糖煮过程中,添加甜味剂、香料等,成品表面呈干态,具有浓郁香味,如丁话梅、八珍梅、梅味金橘等。

(5) 甘草制品(licorice products)。其原料采用果胚,配以糖、甘草和其他食品添加剂浸渍处理后,进行干燥,成品有甜、酸、咸等风味,如话梅、甘草榄、九制陈皮、话李。

(6) 果糕(concentrated fruit cake)。其原料加工成酱状,经浓缩干燥,成品呈片、条、块等形状,如山楂糕、开胃金橘、果丹皮等。

2.8.4 花料与果酱(果泥)

1. 花料

花料(flower material)是鲜花制成的糖渍类果料。主要有糖桂花、甜玫瑰等。常常用于制作馅心和装饰。

(1) 糖桂花(sweet-scented osmanthus)。糖桂花选用颜色金黄、香味浓郁的鲜桂花,先经盐渍榨除水分后,再经糖煮糖渍而成,广泛用于汤圆、稀饭、月饼、麻饼、糕点、蜜饯、甜羹等糕饼和点心的辅助原料,色美味香。

(2) 甜玫瑰(sweet rose)。甜玫瑰是将鲜玫瑰花进行挑选,除去花心后,用糖揉搓、腌渍而成,主要用于制作馅心。

2. 果酱

果酱(jam)又称果泥,包括苹果酱、桃酱、杏酱、草莓酱、什锦果酱等。干果泥主要有枣泥、莲蓉、豆沙等,果酱和果泥大都用来制作面包或蛋糕等点心的馅料。

(1) 苹果酱(apple jam)。苹果酱是以新鲜苹果为原料,经去籽、破碎或打浆、加糖浓缩等工艺制作而成。

(2) 草莓酱(strawberry jam)。草莓酱是以新鲜草莓为原料,经去茎蒂、破碎或打浆、加糖浓缩等工艺制作而成。

2.9 淀粉及其他粉料

2.9.1 淀粉

淀粉(starch)主要是指以谷类、薯类、豆类及各种植物为原料,不经过任何化学方法处理,也不改变淀粉内在的物理和化学特性而生产的原淀粉。

1. 淀粉的形状及大小

淀粉呈白色粉末状,但在显微镜下观察却是形态和大小都不相同的透明小颗粒,颗粒的形状大致可分为球形、椭球形和不规则球形三种。

2. 淀粉的组成及性质

淀粉是由许多葡萄糖聚合而成的颗粒状物质,其外层为支链淀粉,占80%~

90%，内层为直链淀粉，占 10%～20%。

(1)直链淀粉。直链淀粉遇碘呈蓝色，不溶于冷水，易溶于热水，又称可溶性淀粉，当溶于热水后能形成黏度较低的溶液，经熬制不易成糊，冷却后易成凝胶体，含直链淀粉多的淀粉，在西点生产中若选作面团改良剂，则有利于增强面团的可塑性。

(2)支链淀粉。支链淀粉遇碘呈紫色，在加热加压下形成黏性很大的溶液，冷却后不易成凝胶体；支链淀粉经弱酸、低温处理后可变性，以适应特定的工艺质量要求；含支链淀粉多的淀粉，在西点生产中若选作面团改良剂，则有利于增强面团的韧性。

淀粉中支链淀粉和直链淀粉的含量因品种不同而不同，见表2-4。

表2-4 不同种类淀粉中支链淀粉和直链淀粉的含量(%)

淀粉种类	直链淀粉	支链淀粉
粳米	17	83
小麦	25	75
玉米	26	74
高粱	27	73
大麦	22	78
豆	63	37
马铃薯	20	80
甘薯	18	82
黏高粱	1以下	99
黏玉米	0	100
黏大麦	0	100
糯米	0	100

3. 常用淀粉品种

(1)玉米淀粉(corn starch)。玉米淀粉又称粟米淀粉、粟粉、生粉，是从玉米粒中提炼出的淀粉。在糕点制作过程中，在调制糕点面糊时，有时需要在面粉中掺入一定量的玉米淀粉。玉米淀粉溶水加热至65℃时即开始膨化产生胶凝特性，在做派馅时也会用到，如克林姆酱或奶油布丁馅。另外，玉米淀粉按比例与中筋粉相混合是蛋糕面粉的最佳替代品，用以降低面粉筋度，增加蛋糕松软口感。

(2)马铃薯淀粉(potato starch)。马铃薯淀粉又称太白粉，加水遇热会凝结成透明的黏稠状，也经常用于西式面包或蛋糕中，可增加产品的湿润感。

(3)小麦淀粉(wheat starch)。小麦淀粉主要从小麦粉中提取出来，可以代替玉米淀粉使用。

(4) 木薯淀粉(cassava starch)。木薯淀粉指用木薯植物根部提取得到的淀粉。木薯植物主要生长在巴西、圭亚那和西印度群岛。这种特殊淀粉的市售产品形式是一种称为木薯粉的精细研磨粉末，较常见的两种产品分别以"小珍珠"和"大珍珠"形式出售。用木薯淀粉增稠的好处是透明度高，并且具有中性味道，木薯淀粉的缺点包括容易产生黏性质地，另外成本较高。木薯淀粉的最常见用途是布丁，应用时，木薯淀粉小珠在牛乳和糖中煮制时先软化然后释放出淀粉，汤类也可用木薯淀粉增稠和调整质地。

4. 淀粉在西点中的作用

(1)淀粉是西点中挂糊、上浆、勾芡的主要原料，使用广泛，能增强点心的感官性能，保持产品的鲜嫩，提高其滋味。

(2)淀粉常用于西点中的冰淇淋、奶油冻之类的冷食品制作。

5. 淀粉的保管

保管应注意防潮和卫生。干淀粉因吸收空气中的水分受潮后容易发霉变质，还容易吸收异味，因此，应存放于干燥环境中，并密封储存。

2.9.2 玉米粉

黄色的玉米粉(corn powder)由玉米直接研磨而成，粉末很细的称为玉米面粉(corn flour)，颜色呈淡黄色。粉末状的黄色玉米粉在饼干类的制作上比例要高些。细砂似的玉米粉称为 corn meal，大多用来制作杂粮口味的面包或糕点，也常用来撒在烤盘上，用来防粘，如烤比萨时用玉米面防粘。

2.9.3 咖啡粉

咖啡粉(coffee powder)是用咖啡豆磨成的粉末。咖啡味醇香浓，酸甘适中，品种繁多，风味特殊。经水洗处理的咖啡豆是颇负盛名的优质咖啡豆，常加工成单品饮用，也可以用几种咖啡豆组配制成综合咖啡，在西点制作中常常用于调色和调味。

2.9.4 绿茶粉

绿茶粉(green tea powder)是采用幼嫩茶叶经脱水干燥后，在低温状态下将茶叶瞬间粉碎成 200 目以上的纯天然茶叶超微细粉，常用在蛋糕、面包、饼干或冰淇淋中，以增加产品的风味。

2.9.5 杏仁粉

杏仁粉(almond powder)在焙烤中被用作无麸质替代品，提供湿润致密质地。

如果将杏仁粉加到酱料中,可起到增稠的作用。糕点面团中常加少量杏仁粉,例如甜塔皮,为防止粉碎时杏仁变成黄油状物质,建议先将它们冻结,并小批量粉碎。杏仁加水一起粉碎可以生产杏仁乳,这种乳不含乳糖,也不含胆固醇,是完全素食食品。

2.9.6 塔塔粉

塔塔粉(tartar powder)的化学名为酒石酸氢钾,在面点行业中又称为蛋泡稳定剂,在打发蛋白时添加,可增强蛋白的韧性,使打好的蛋白更加稳定。早在公元800年,术士们已经在对葡萄酒桶四周和底部形成的酸性棕色片进行试验。虽然塔塔粉仍然是酿酒的副产品,但其应用面很广。在糕点房具体应用中,塔塔粉用于发酵粉,其作用与柠檬酸相同。有时人们将塔塔粉加入蛋清制成蛋白糖霜,这样做是因为酒石酸可增加搅打鸡蛋中含硫分子的键合,从而使鸡蛋泡沫稳定。面包面团太软时,也可添加塔塔粉,这是因为弱酸性面团能更有效形成面筋。还有一个应用塔塔粉的例子是用来抑制糖浆中的糖结晶。

塔塔粉是制作戚风蛋糕必不可少的原材料之一。戚风蛋糕用蛋清来起发,蛋清偏碱性,pH 约为 7.6,而蛋清只有在偏酸的环境下,即 pH 在 4.6~4.8,才能形成膨松稳定的泡沫,起发后才能添加其他配料。戚风蛋糕正是将蛋清和蛋黄分开搅拌,蛋清搅拌起发后需要拌入蛋黄部分的面糊。没有添加塔塔粉的蛋清虽然能打发,但是加入蛋黄面糊就会下陷,不能成型,必须添加塔塔粉以达到最佳效果。制作过程中它的添加量是全蛋的 0.6%~1.5%,与砂糖一起拌匀加入。塔塔粉的功能主要有:中和蛋白的碱性;帮助蛋白起发,使泡沫稳定、持久;增加制品的韧性,使产品更为柔软。

2.10 辅助原料

2.10.1 水

水是人体所必需的,在自然界中广泛存在,水是西点生产中使用量仅次于小麦粉的重要原料,是良好的溶剂,水的硬度、pH 和温度对西点面团的形成和特点起着重要甚至关键性的作用。正确认识和使用水,才能保证西点成品的质量。

1. 水的种类与硬度

水的硬度是指溶解在水中的盐类物质的含量,即钙盐与镁盐的含量。1 L 水中含有钙镁离子的总和相当于 10 mg 时,称为 1"度"。通常根据硬度的大小,把水分成硬水与软水。8 度以下为软水,8~16 度为中水,16 度以上为硬水,30 度以上为极硬水。

(1) 软水(soft water)。软水含矿物质较少,如蒸馏水、雨水等。

(2) 硬水(hard water)。硬水含矿物质较多,如泉水、井水等。

自来水的矿物质含量介于软水与硬水之间,目前多使用自来水。生产面包的水通常为中水。水质硬度高,虽然有利于面团面筋的形成,但是会影响面包面团的发酵速度,而且使面包成品口感粗糙;水质过软虽然有利于面粉中的蛋白质和淀粉的吸水涨润,可促进淀粉的糊化,但是又极不利于面筋的形成,尤其是极软水能使面筋质趋于柔软发黏,从而降低面筋的筋性,最终影响面包的成品质量。

2. 水的 pH

水的 pH 是表示水中氢离子的负对数值,所以 pH 有时也称为氢离子指数。由水中氢离子的浓度可知道水溶性是呈碱性、酸性还是中性。由于氢离子浓度的数值往往很小,在应用上不方便,所以就用 pH 来作为水溶液酸、碱性的判断指标,而且离子浓度的负对数值恰能表示出酸性、碱性的变化幅度数量级大小,这样应用起来就十分方便。

中性水溶液的 pH＝7。

酸性水溶液的 pH＜7,pH 越小,表示酸性越强。

碱性水溶液的 pH＞7,pH 越大,表示碱性越强。

在面包面团发酵过程中,淀粉酶将淀粉分解为葡萄糖和适合酵母菌繁殖的偏酸环境(pH 为 5.5 左右)。水的酸性或碱性过大,都会影响淀粉酶的分解和酵母菌的繁殖,不利于发酵。遇此情况,需加入适量的碱或酸性物质以中和酸性过高或碱性过大的水。

3. 水的温度

水的温度对于面包面团的发酵有很大影响。酵母菌在面团中的最佳繁殖温度为 28℃,水温过高或过低都会影响酵母菌的活性。把老面肥掰成若干小块加水与面粉掺和,夏季用冷水,春、秋季用 30℃左右温水,冬季用 40℃～50℃热水调面团,盖上湿布,放置暖和处待其发酵。如果老面肥较少,可先用温水加面肥调成厚糊状,待糊起泡后再和多量面粉调成面团待发酵。面团起发的最佳温度是 27℃～30℃,只要能保持这个条件,面团在 2～3 h 便可发酵成功。

4. 水的处理

软水变硬的方法:可在软水中添加适量的无机矿物质,通常是添加磷酸钙、硫酸钙等钙盐,以提高水的硬度,保证面筋有一定的强度。硬水变软的方法:硬水分暂时硬水和永久硬水两种。暂时硬水是指水中含有钙盐、镁盐等(如碳酸氢钙、碳酸氢镁),这些物质经加热可分解出二氧化碳及不溶性的碳酸钙、碳酸镁沉淀,过滤后可得到软水。因此可采取加热煮沸、沉淀过滤的方法来降低水的硬度,或采用加入石灰水的工业处理方法来软化硬水。永久硬水是指水中含有钙、镁的硫酸盐、氯化物等，这些物质无法用加热的方法来使其沉淀，故应用加入碳酸钠的处理方法或采用最为有效的离子交换法使水质软化，离子交换法可完全除去水中的矿物质。

对于酸性水，可加入适量石灰水，中和水的酸性后再过滤使用。对于碱性水，则可加入适量食醋或乳酸等有机酸，中和水的碱性，或增加酵母的用量。

5. 水的作用

(1) 调节面团的胀润度。面团的胀润度主要靠面团的加水量来调节。水量少，面团硬，制成的制品嚼劲足；水量多，则面团软，难操作，成品易变形。这是因为面团中的水量影响面筋蛋白质的水化作用。水量少的面筋蛋白未能充分吸水，水化程度低，胀润度较小，面筋形成不好，扩展不够，因而面团的弹性、延伸性均不好，容易变形。

(2) 使淀粉糊化。小麦粉内含有约70%的淀粉，这些淀粉不溶于水，但在有水存在并加热到某一温度时，淀粉粒会突然膨胀，大量吸水并糊化，再经烘烤后，填充在面筋网络组织内，共同构成了制品的组织结构，并固定其体积。完全糊化的淀粉能增加面团内气室的弹性，极大地改善面包的组织，同时也可使淀粉的老化作用变得较为缓慢。面粉内的淀粉吸水过热糊化，也使人体易于消化吸收。

(3) 帮助酵母生长及增殖。有些西点食品是以酵母作为膨松剂的。酵母生长、繁殖的主要条件之一便是要有足够的水分。酵母是一种微生物，其整个生长、繁殖过程均需要水作为载体，输送其所需的各种营养物质，以保持一定的发酵速度。

(4) 促进酶对蛋白质和淀粉的水解。小麦粉中含有各种酶，可以分解各种物质，如蛋白质分解酶可以分解蛋白质结构，降低面筋的强度，减少面团的硬脆性，增加面团的延伸性。有的面团还要加入所需的酶，以达到一定的工艺目的。如面包生产中常加入一定酶，以促使淀粉完全糊化，提高面包成品的品质。要使这些酶发挥作用，就必须有一定的水分存在，因为酶需要一定的水量作反应介质，一般在水分较大的条件下，酶的活性增高，反应加快。

(5) 溶剂作用。西点食品配方中都有一些干性原料，如糖、盐、发酵粉、奶粉等，它们都需要用水来溶解，并把它们分散开，水使面包制作材料混合形成均匀面团。

(6) 增加烘焙产品的柔软性。一些西点食品需要保持其柔软湿润的性质，因此制品中需要含有一定量的水分。

(7) 控制面团的温度。通过调节加入面团内水的温度，可以控制调粉后面团的温度，使其符合工艺操作要求。

2.10.2 食盐

在西点制作过程中,通常选用精盐,用量不宜大于3%(调整味道),主要用于降低蛋糕甜度,使之适口。因为不加盐的蛋糕甜味重,食后生腻,而盐不但能降低甜度,还能带出其他独特的风味。盐还能调节酵母的生理机能。适量的食盐,有利于酵母生长,过量的盐会抑制酵母生长,如果酵母直接和食盐接触,会很快地被食盐灭活。因此,在调制面团时,宜将盐和面粉拌和,再与酵母和其他物质拌和,或者将食盐用水充分稀释再与酵母液混合制成面团。

必须注意食盐的使用量。完全没有加盐的面团发酵较快速且发酵情形极不稳定,尤其在天气炎热时,更难控制正常的发酵时间,容易发生发酵过度的情形,面团因而变酸。因此盐可以说是一种"稳定发酵"的材料。此外,食盐能够起到增加内部洁白,加强面筋结构的作用。在西点制作过程中,选择食盐时一定要看纯度,其次是溶解速度。通常要选择精制盐和溶解速度最快的。

1. 食盐的分类

食盐的主要成分是氯化钠,种类较多,根据不同的分类方法,区别如下。

(1)根据其来源分类。

①海盐(sea salt)。海盐由海水晒取而成,主要产于我国辽宁、河北、山东、江苏、浙江、广西、广东、台湾等地。在法国布列塔尼南岸,有上千年历史的Guerande盐田区,以其独有的气候水域和自然条件结晶而成的天然海盐,不仅使菜肴的味道柔美清澈,让食材原味充分显露,比一般海盐有更多的微量元素,而且结晶形状为中空的倒金字塔形,且带有奇异的紫罗兰香味,使这款盐之花在法国当代的顶级餐饮中有一股神秘超然的气息。

②井盐(well salt)。井盐由地下卤水熬制结晶而成,我国主要产于云南、四川等省。

③池盐(lake salt)。池盐又称湖盐,咸水湖中提取的,我国主要产于陕西、山西、甘肃、宁夏、青海、新疆等地。

④其他(other salt)。

A. 岩盐(rock salt):直接采自地下的盐层。

B. 崖盐(cliff salt):裸露在地上的矿盐。

(2)根据其加工工艺分类。

①原盐(粗盐)(crude salt)。原盐是利用自然条件晒制,结构紧密,色泽灰白,纯度约为94%的颗粒,此盐不常用于西点。

②精盐。精盐是以原盐为原料,采用化盐卤水净化、真空蒸发、脱水、干燥等工艺,色洁白,呈粉末状,氯化钠含量在99.6%以上,适合于烹饪调味。

③低钠盐(low sodium salt)。普通食盐中,钠含量高、钾含量低,易引起膳食钠、钾的不平衡,而导致高血压的发生。低钠盐的钠、钾比例合理,能降低血中胆固醇,适于高血压和心血管疾病患者食用。

④加碘盐(iodized salt)。加碘盐主要为缺碘地区居民补碘而研制。在普通食盐中,添加一定剂量的碘化钾和碘酸钾,可防治地方性甲状腺肿大和克汀病。这是一种最科学、最直接、最有效、最简单、最经济的防治碘缺乏症的补碘方法。

⑤加锌盐(plus zinc salt)。锌元素有"生命之花"的美称,缺锌会引起食欲不振、发育迟缓、智力迟钝、脱发秃顶、免疫功能降低等疾患。用葡萄糖酸锌与精盐均匀掺兑而成,可治疗儿童因缺锌引起的发育迟缓、身材矮小、智力减低及老年人食欲不振、衰老加快等症状。

⑥补血盐(raising blood salt)。用铁强化剂与精盐配制而成,可防治缺铁性贫血,适用于妇女和儿童。

⑦防龋盐(prevention of dental caries salt)。在食盐中加入微量元素,对防治龋齿有很好的作用,适合儿童、青少年。

⑧维盐(VB_2 salt)。在精制盐中,加入一定量的维生素 B_2(核黄素),色泽橘黄,味道与普通盐相同。经常食用可防治维生素 B_2 缺乏症。

⑨加铁盐(plus ferric salt)。铁是人体必需的微量元素,是构成血红蛋白、肌红蛋白和细胞色素的主要物质,是人体内氧的载体,可提高机体的免疫功能。在精制盐中,加入一定量的铁盐,可达到补铁的目的。

⑩加硒盐(plus selenium salt)。合理补充硒元素,能抵抗砷、汞、铅等元素对人体的毒害,可促进免疫机能,保护心脏,预防因缺乏硒而导致的克山病和肿瘤等。

⑪加钙盐(plus calcium salt)。钙是构成人体骨骼及牙齿的主要成分,长期食用加钙盐能有效补充人体钙质不足,对预防缺钙及过敏性疾病有重要作用。

⑫营养盐(nutrition salt)。为近年新开发的盐类品种,它是在精制盐中混合一定量的薹菜汁,经蒸发、脱水、干燥而成,具有防溃疡和防治甲状腺肿大的功能,并含有多种氨基酸和维生素。

⑬平衡健身盐(balanced salt)。以低钠盐为基础,加入铜、镁、钙、铁和碘等营养素,长期食用可维持人体体液的锌、钙、钠、镁离子平衡,具有显著的保健作用,对高血压、心脑血管疾病具有一定的预防及辅助治疗作用。

⑭风味盐(flavor salt)。在精制盐中加入芝麻、辣椒、五香面、虾米粉、花椒面等,可制成风味别具的五香辣味盐、麻辣盐、芝麻盐和虾味盐等,以增加食欲。

2. 食盐的作用

(1)改善面团中面筋的性质。在面团中加入食盐,可以促进面筋的吸水能力,抑制蛋白酶的活性,盐同蛋白质直接作用,可降低蛋白质的溶解度,使面筋质变密,增强其韧性和弹性,提高面团的持气能力。根据这一特点,对发酵面团,特别是筋力弱的小麦粉,可适量增加食盐的用量,以增强面团筋力。

(2)影响面团的发酵速度。适量的盐对酵母的生产和繁殖有促进作用,因为盐是酵母生长所需要的养分之一。但当使用量过高时,由于渗透压太大,会抑制酵母的生长。因此,必须严格控制用盐量。

(3)改善制品的风味。食盐有刺激味觉神经的功能,在食品中大都需要用食盐作调味剂,在糖液中添加适量的食盐,可使制品更加可口。

(4)改善食品的颜色和光泽。食盐能够控制面团的发酵速度,使面团均匀膨胀扩展,面团内部组织细密、均匀,气孔壁薄、半透明、阴影少,光线易通过气孔壁膜,故面包内部色泽变白。

3. 食盐的质量要求与使用方法

(1)食盐的质量要求。食盐应为色洁白,无可见外来物,无苦味、异味,氯化钠含量不低于97%,其他物质含量符合质量标准要求。

(2)食盐的使用方法。在西点制作中,食盐的加入量一般为面粉用量的1.5%左右,最多不超过3%。盐的添加量主要考虑以下几个方面。

①根据制品的口味来确定食盐的添加量。如对咸面包,食盐可加 1.5%~2.5%,但对甜面包,一般应控制在1%以下。

②根据小麦粉的性质确定食盐的添加量。对于面筋含量过低的小麦粉可适当增加食盐用量,以提高面筋的形成量和形成速度;对面筋含量过高的小麦粉,加盐量应适当减少。

③根据配方中其他原料确定食盐的添加量。由于油脂类的存在能降低小麦粉的吸水率,从而限制面筋的形成。因此,配方中油脂含量较高时,应适当增加盐的用量,以促进面筋的形成;配方中若小麦粉较多,而其他原料较少,则要适当减少盐的用量。

2.10.3 酒及衍生产品

1. 酒的分类

酒跟面包一样,是天然发酵得来的产品,世界各地酒的种类有很多,酿酒所用原材料和酒的酒精含量也有很大差异。若以生产原料对酒进行分类,大致可分为谷物酒、香料草药酒、水果酒、奶蛋酒、植物浆液酒、蜂蜜酒和混合酒七大类。

(1)白兰地(brandy)。白兰地最早起源于法国,是由葡萄发酵蒸馏而成,酒精度约为40%,经过橡木桶中的熟成,酒色呈金黄,风味芬芳圆润,无论产于法国、意大利、西班牙、美国或希腊,均各有特色。白兰地适宜加入各种甜点中,如刷在蛋糕体上,加入慕斯、冰砂中共同调味等,而且可以搭配所有巧克力味的甜品,酒香会让巧克力的味道发挥到极致。

(2) 朗姆酒(rum)。朗姆酒原产于古巴,是一种以甘蔗糖蜜为原料的蒸馏酒,也被称作糖酒、兰姆酒,是制糖业的副产品。它口感细润,芬芳馥郁,口味纯净清澈,酒精含量从38%～50%不等,适合与各种软饮料搭配。酒色越深,表示年份越久,酒味略甜,香味较浓,用于烘焙效果最佳。从颜色上可以划分为银(白)朗姆、金(琥珀)朗姆、黑(红)朗姆,如白加地白朗姆酒、麦耶黑朗姆酒、摩根船长等。在烘焙中,我们经常用到的朗姆酒是金朗姆,因为金朗姆需存入内侧灼焦的旧橡木桶中至少陈酿三年。

(3) 利口酒。利口酒又被称为力娇酒,也称为香甜酒。它是以烈酒,如白兰地、威士忌、朗姆酒、金酒、伏特加为基酒,加上树皮、香草、叶、根、花、种子、果实、药材等一起蒸馏、浸渍或熬煮,并经过甜化处理而成的酒,酒精度不得低于16%,并需含有2.5%以上甜分,所以大部分为色彩鲜艳、味道香甜的酒,具有颜色娇美,气味芬芳的特征。利口酒的种类较多,主要有以下几类:柑橘类利口酒、樱桃类利口酒、蓝莓类利口酒、桃子类利口酒、奶油类利口酒、香草类利口酒、咖啡类利口酒。

利口酒常用来调试果酱或卡仕达酱等酱料的味道,使酱料口感更为醇厚悠扬,常被利用在水果派、水果塔、马卡龙、冰淇淋的调味与装饰上。

(4) 啤酒。啤酒是人类历史上溯源最早的酒精性饮料之一。啤酒在烘焙上的应用主要集中在面包的制作上,啤酒的加入可以让面包口感更为浓郁,也可以促进酵母更好地生长、繁殖,为面包的发酵提供帮助。

(5) 红酒。红酒是葡萄酒的统称,可以分为红葡萄酒、白葡萄酒、气泡酒三种。由于红酒具有减脂保健的作用,许多以健康为目的的点心烘焙也都选择了加入红酒以强化保健效果。

(6) 米酒。米酒又名酒酿、甜酒,是中国汉族及一些少数民族的传统特产酒。口味香甜醇美,酒精度低而香味高,是适合男女老少各种人群的一种饮品。

(7) 果冻酒。果冻酒顾名思义就是像果冻一样的酒,通过将水、糖、果汁等原料同伏特加或者其他酒精合理混合,再加入卡拉胶等凝固剂而制成的一种固体状态的酒精饮料。果冻酒呈固体状态,酒精浓度一般在10%～15%,基酒一般选择伏特加搭配,可以根据不同口味选择不同的果汁口味及调配不同的酒精浓度,调配出自己喜欢的口味。

2. 酒在烘焙中的应用

(1) 酒能够提升水果的味道。德国经常制作的浆果杯是在很多浆果中倒入红酒,浸泡,加上少量的糖。红酒烩梨是将梨去皮之后浸泡在酒中,经过适当的加热,浸泡,酒可以浸入到梨里面,梨的表面也会变成红色。黑森林蛋糕,里面加的馅是樱桃馅,而樱桃馅的制作离不开酒,所以说黑森林里面加了很多的樱桃酒。如果在黑森林里面没有樱桃酒来提味,那么它就不是正宗的黑森林蛋糕。

(2)用酒腌制水果能够软化水果,提升风味。例如,在英式水果蛋糕中,加上大量的果脯,这些果脯必须经过酒的腌制才能提升风味。还有圣诞节的史多伦蛋糕,也需要用酒去腌制水果。通常使用的酒是白兰地和朗姆酒,也有人使用威士忌,尤其是意大利米兰的潘妮托妮面包,它要形成的风味主要就是酒的风味,里面的水果都要经过酒的腌制。腌制过的水果不仅风味好,而且保质期也会延长很多。

思考与练习

1. 西点的基本原料有哪些?
2. 西点的食品添加剂原料有哪些?
3. 面粉原料如何分类?各有什么用途?
4. 油脂原料有哪几种?各有什么用途?
5. 乳制品原料有哪几种?各有什么用途?
6. 西点中蛋制品原料有哪几种?各有什么用途?
7. 西点中糖与糖浆原料有哪几种?各有什么用途?
8. 淀粉原料有哪几种?各有什么用途?
9. 果品原料有哪几种?各有什么用途?
10. 酵母原料有哪几种?各有什么用途?
11. 食用香精与香料有哪几种?各有什么用途?
12. 增稠剂有哪几种?各有什么用途?
13. 营养添加剂有哪几种?各有什么用途?

第3章 西式面点常用设备和工具

3.1 西式面点常用设备

烹饪设备与工具是制作西点的重要物质条件。了解西点制作常用设备与工具的性能、使用方法,对于掌握西点生产的基本技能,熟悉西点生产的技巧,提高西点产品质量和劳动生产率都有重要的意义。

西式面点制作常用的设备有烘烤炉、多功能搅拌机、双速和面机、醒发箱(室)、开酥机(起酥机)、分割机(分块机)、面包切片机、自动滚圆机、电冰箱、微波炉、案台等。

1. 烘烤炉

烘烤炉也称烘烤箱,是制作西点必不可少的设备,有电热式烘烤炉(又称电烤箱,如图3-1所示)和煤气烘烤炉两种。电热式烘烤炉结构简单,性能稳定,可调节底火和面火,温度均匀且能自动控制,产品卫生,目前使用非常广泛等优点。在一般蛋糕房经常使用的是平炉电烤箱和风炉电烤箱。

图 3-1 电烤箱

2. 搅拌设备

(1)多功能搅拌机。多功能搅拌机集打蛋、和面、拌馅等功能于一身,是西点制作的常用设备(见图3-2)。一般带有花蕾形、扇形和钩形三种搅拌器。在搅拌鸡蛋或奶油时,应选用花蕾形搅拌器;在在搅拌馅料、糊状物料时,应选用扇形(又称板形)搅拌器;在搅拌高黏度物料(如面包面团)时,应选用钩形搅拌器。

(2)双速和面机。双速和面机即面包搅拌机,属高速搅拌机,专门用于调制面包面团,使面筋充分扩展,能缩短面团调制的时间。

　　　　(1)　　　　　　　　　　　　　(2)

图 3-2　多功能搅拌机

(3)打蛋机(egg heater)。打蛋机是食品加工中常用的搅拌调和装置,用来搅打黏稠浆体,如糖浆、面浆、蛋液、乳酪等(见图 3-3)。

图 3-3　打蛋机

3. 醒发箱

醒发箱(室)是面包最后醒发时用的设备,能调控温度和湿度,有助于酵母的生长与繁殖(见图 3-4)。在使用时应将相对湿度控制在 80%～85%,将温度控制在 36℃～38℃。

图 3-4　醒发箱

4. 开酥机(起酥机)

开酥机是通过机器上传送带的来回推动,使面团在辊筒的碾压下进行压面及开酥,至面团平滑、厚薄均匀。开酥机的开酥速度与质量是手工操作所不能及的,适合大中型酒店的面包房和西点饼房的生产(见图 3-5)。

图 3-5　开酥机

5. 电冰箱(电冰柜)

电冰箱是现代西点制作的一个重要设备,常用的电冰箱均是电动压缩式的电冰箱。按用途分类可分为保鲜冰箱和低温冷冻冰箱。保鲜冰箱通常用来存放成熟食品和食物原料;低温冷冻冰箱一般用来存放需要冷冻的原料(见图 3-6)。

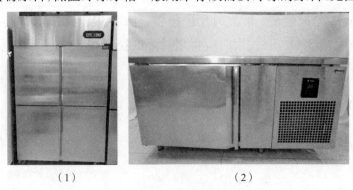

（1）　　　　　　　　（2）

图 3-6　电冰箱

6. 工作台(案台)

工作台根据其材料不同,可分为木质工作台、不锈钢工作台、大理石工作台和塑料工作台 4 种。

(1)木质工作台,即木质案台,台面多用厚为 6～7cm 的木板制成,底架一般由铁或不锈钢制成。案台要求底架结实、牢固、平稳,台面平整、光滑、无缝。发酵类制品多用此案台。

(2)不锈钢工作台,一般整体都用不锈钢材料制成,美观大方,卫生清洁,台面平滑光亮,传热性能好,是目前各大酒店采用较多的工作台。

(3)大理石工作台。大理石工作台台面一般用厚约 4cm 的大理石材料制成。大理石工作台比木质工作台平整、光滑、散热性能好,抗腐蚀能力强,是做糖艺制品的理想工作台。

(4)塑料工作台。塑料工作台质地柔软,抗腐蚀性强,不易损坏,较适宜加工制作各种制品,其质量优于木质工作台。

3.2 西式面点常用工具

用于西点制作的工具很多,大小形状各异,而且每种工具都有特殊的功能。随着食品机械工具的发展,具有新功能的工具不断出现。面点师能够借助这些工具制造出造型美观、各具特色的西式点心。

3.2.1 搅拌工具

1. 调料盆(拌料盆)

调料盆有不同的形状和型号,可配套使用。调料盆有平底的,也有圆底的,多用不锈钢制成,也有用紫铜制成的,主要用于调拌各种面点配料和盛装各种原料等(见图 3-7)。

图 3-7　调料盆

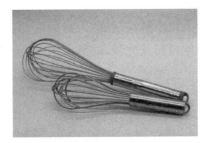

图 3-8　打蛋器

2. 打蛋器(抽子)

打蛋器用多条钢丝捆扎在一起制成,有不同的型号,具有轻便灵巧的特点。

打蛋器是打蛋液、打奶油及搅拌各类少司的常用工具(见图3-8)。

3.2.2 定型工具

1. 抹刀

抹刀又称抹平刀、点心刀,用薄不锈钢片制成,无锋刃,依大小、长短有多种规格。其主要用途是涂抹、抹平沫奶油、黄油、果酱,以及装饰甜点(图3-9)。

图3-9 抹刀

2. 锯齿刀

锯齿刀由不锈钢制成,刀的一端有锋利的锯齿刀锋,长度一般为25～35cm,是分割酥软点心、制品及半成品的工具(图3-10)。

图3-10 锯刀

3. 分刀

分刀由不锈钢制成,刀身前尖后宽,无锯齿,一般规格为8～31cm,可用来切割各种原材料及配料,如鲜水果、饼干、生面坯等(图3-11)。

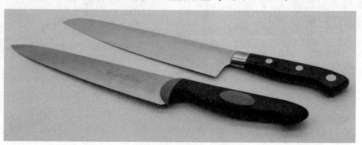

图3-11 分刀

4. 刮刀

刮刀分为面团刮刀和奶油刮刀两种。面团刮刀的形状有正方形和长方形,木柄或塑料柄,不锈钢刀身,主要用于生面团的切割、分份。奶油刮刀一般用塑料制成,有长方形、半圆形、正方形等形状,一般用于软生面团的切割、清理,以及鲜奶油、黄油等软固体原料的盛放清理(图 3-12)。

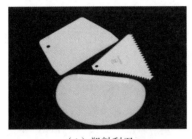 

（1）塑料刮刀　　　　　　　（2）木柄（刮）切面刀

图 3-12　刮刀

5. 滚刀

滚刀又称滚动面团切割器,木柄或塑料柄,一头为圆形可转动的不锈钢花边刀片,主要用于清酥、混酥生面坯的切割成型(图 3-13)。

图 3-13　滚刀

6. 圆型切模组

圆型切模组是由不锈钢制成的圆形、方形、椭圆形的切刀,直径为 3～10cm,主要用于清酥类酥盒的制作成型(图 3-14)。

图 3-14　圆型切模组(8 个组)

3.2.3 模具

西式面点制作所用模具种类繁多,有烤盘、蛋糕模具、面包模具、小型点心模具、巧克力模具、裱花袋、花嘴、花戳等。下面就介绍几种最常用的模具。

1. 烤盘

烤盘是烘烤用模具的一种,是烘烤制品的主要模具。一般多为黑色铁皮金属材料制成的长方形铁盘,近来出现了不粘烤盘,以及铁弗龙等材料的烤盘,后者使用更为方便,可直接用于各种烘焙食品的烘烤(图3-15)。

（1）600mm×400mm×2mm烤盘　　　　（2）不粘烤盘

图3-15　烤盘

2. 蛋糕模具

蛋糕模具用于烘烤蛋糕坯,一般由不锈钢、铝合金等材料制成,有各种形状,可依烤箱的尺寸选用(图3-16)。

（1）　　　　　　　　　　　（2）

图3-16　蛋糕模具

3. 面包模具

面包模具材料一般为不锈钢、马口铁、铝制品等,有带盖和无盖之分,规格大小不一(表3-1)。例如,吐司烤模一般专供吐司面包烘烤用,通常有450g、750g、1000g、1200g等规格(图3-17)。

表3-1　不同土司盒规格

名称	材质	尺寸	表面处理
450g 土司盒一盖(特级不粘)	1.0mm 铝合金	214mm×123mm×13mm	特级不粘
600g 土司盒(不粘)	1.0mm 铝合金	309mm×91mm×107mm	不粘处理

续表

名称	材质	尺寸	表面处理
750g 土司盒(不粘)	1.0mm 铝合金	316mm×100mm×116mm	不粘处理
750g 土司盒	1.0mm 铝合金	316mm×100mm×116mm	不粘处理
900g 土司盒(不粘)	1.0mm 铝合金	325mm×106mm×122mm	不粘处理
1000g 土司盒(不粘)	1.0mm 铝合金	327mm×121mm×121mm	不粘处理
1200g 土司盒(不粘)	1.0mm 铝合金	370mm×120mm×125mm	不粘处理
1500g 土司盒(不粘)	1.0mm 铝合金	450mm×128mm×130mm	不粘处理

图 3-17　土司模具

4. 巧克力模具

巧克力模具是西式面点制作中形状最多的模具。一般由塑料制成,形状有长形、方形、圆形、半圆形等,是西式甜点日常制作的重要工具。如巧克力糖模具,巧克力动物、英文及数字模具、复活节巧克力模具、圣诞节巧克力模具等(图 3-18)。

（1）　　　　　　　　　　（2）

图 3-18　巧克力模具

5. 硅胶模具

硅胶模具由食品级硅胶制成,比金属模具更不粘,可直接脱模,方便实用,形状更加精巧,使成品更加美观、大方、高雅(图 3-19)。

图 3-19　硅胶模具

6. 裱花袋

裱花袋常用帆布、塑胶、尼龙或纸制成，多呈三角状，故又称三角袋，与裱花嘴配套使用。在裱花袋的锥形尖处放置裱花嘴，常用来裱花、挤泡芙料、挤饼干等（图 3-20）。

图 3-20　裱花袋

7. 裱花嘴

裱花嘴是可将流体物料挤出各种形状的金属模具，多用不锈钢片、黄铜片制成，形状很多，规格大小不一。裱花嘴常用来填充材料、装饰表面及挤各式花纹（图 3-21）。

图 3-21　裱花嘴

3.2.4 其他工具

1. 计量工具

计量工具包括量杯、量匙和各种衡器。量杯是液态材料的计量器。量匙是较少量干性材料的计量器。衡器主要用于称量原料、成品的质量。常见的衡器有台秤、电子秤等（图 3-22、图 3-23）。

图 3-22　量杯　　　　　　　　图 3-23　电子秤

2. 面杖工具

常见的面杖工具有长、短擀面杖等。擀面杖是面点制作中最常用的手工操作工具，以檀木制或枣木制质量最佳，主要用于清酥、混酥、饼干等面坯的擀制及各种花色点心、面包的制作（图 3-24）。

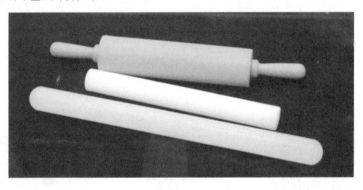

图 3-24　走锤、面杖

3. 粉筛

粉筛又称箩。根据用途不同，筛眼的大小不同，主要用于筛面粉，过滤果蔬汁、果蔬泥等（图 3-25）。

（1） （2）

图 3-25 不锈钢粉筛

4. 其他工具及模具（图 3-26～图 3-37）

 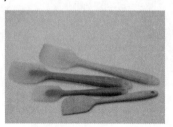

图 3-26 慕斯圈　　　　　图 3-27 橡皮刮刀

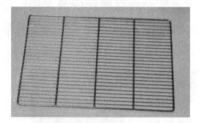 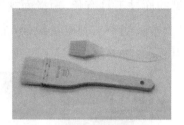

图 3-28 不锈钢网盘（晾网）　　　　　图 3-29 毛刷

图 3-30 耐高温手套　　　图 3-31 甜甜圈刻模具　　　图 3-32 派盘

图 3-33 转盘　　　　　图 3-34 分割器　　　　　图 3-35 装饰牌

图 3-36　红外线温度计、电子温度计

图 3-37　硅胶不沾垫

3.3　设备和工具的使用及养护

在面点的精细化加工过程中,面点制作的器具、设备、机械种类繁多,且性能与形状各异。为充分利用它们的特点,提高生产效率,每个面点制作人员都必须了解与掌握设备和工具的使用及养护知识。

3.3.1　熟悉设备、工具的性能

"工欲善其事,必先利其器",任何工具和设备的性能都不可能完全相同,这就要求我们了解其性能,学会其使用方法。在使用设备、工具时,只有熟悉各种工具、设备的性能,才能正确使用,发挥其最大的效能,提高工作效率。所以,面点制作人员在上岗前必须进行有关设备的结构、性能、操作、维护及技术安全方面的教育与学习,必须了解和熟悉各种工具的结构、性能和操作方法。

在设备使用前要先看说明书,或在购买时接受厂家培训,按要求正确使用,在未学会操作前不可盲目操作,以免发生事故、损坏器械,并影响制品质量。在使用常用工具时也是如此,每一种工具都有其单独的作用,不能在没有专项工具时,盲目用其他工具代替,否则将影响制品的质量。

3.3.2　编号登记、专人保管

面点品种丰富、花式繁多,不同的面点在制作时采用的工具和设备不尽相同。繁多的面点制作加工工具与设备,在使用过程中,应当对其适当分类,编号登记,甚至设专人负责保管。对于常用的炊事设备应根据制作面点的不同工艺流程,合理设计其安装位置。对于一般的常用工具,要做到"用有定时,放有定点"。

工具的摆放也是工具使用中的重要环节,操作人员在制作过程中要注意工具的摆放。首先,应符合使用习惯。任何工具摆放在什么位置,首先要考虑到方便,该放在操作者右手处就不能放到案板的左边,经常使用的工具可靠近摆放。其次,摆放时要注意安全,许多细节值得注意,如刀刃不可向内,避免在操作时误伤

自己。总之,案板上的工具摆放要布局合理、适于取用、便于操作。

3.3.3 保持设备、工具清洁卫生

设备、工具的清洁卫生,直接影响面点制品的卫生,要注意工具及设备在使用的前后都得卫生,否则制出的制品就要受到细菌污染,会对人体造成危害。特别是有些工具是制品成熟后才进行使用的,如裱花嘴、分割面点的刀具等。因此,保持设备、工具的清洁卫生,有着十分重要的意义。一般应做好以下几方面的工作。

(1)保持用具清洁,定时严格消毒。案板、面杖、刮刀及盛食料的钵、盆、缸、桶、布袋等,用后必须洗刷干净;蒸笼、烤盘及木制模具等,用后必须清洁,放于通风干燥处;铁器、铜器等金属必须经常擦拭干净,以免生锈。所有的工具及设备(与食料接触的盛器或部件),每隔一定时期,都要采用合适的消毒方法进行严格消毒。

(2)分开生熟制品的用具。生熟制品工具必须严格分开使用,以免引起交叉污染,危害人体健康。

(3)建立严格用具制度,做到专具专用。案板不能用来切菜、剁肉,不能用为垫板等;笼屉布、笼垫等用后立即洗净、晾干,切不可作清洁抹布等之用,否则会严重影响清洁卫生。

3.3.4 定期维护和检修

对于设备的传动部件,如轴承、辊轴等处,要按时添加润滑油;严禁电机超负荷运行;设备在非工作状态下,应上防护罩。使用前必须检查设备,确认设备完好、清洁、无故障,处于完好的工作状态。另外,设备还要定期维修,及时更换损坏的机件。

3.3.5 加强操作安全

(1)操作时思想必须集中,严禁谈笑操作,使用中不得任意离岗。必须离岗时应停机切断电源。停机或动力供应中断时应切断各类开关和阀门,使工作机返回起始位置,使操作手柄返回非工作位置。

(2)必须重视设备安全。设备上不得堆放工具等杂物,周围场地应整洁。设备危险部位应加盖保护罩、保护网等装置,不得随意拆除。

(3)严格制定安全责任制度,并认真遵守执行。

3.4 西式面点卫生及安全知识

3.4.1 个人卫生

从事食品制作的人员频繁接触食品,个人卫生往往直接或间接影响所生产的

食品卫生质量,因此要求从事食品工作的人员必须讲究个人卫生。根据我国《食品卫生法》规定,食品生产经营人员每年必须进行健康检查,必须取得健康证后方可上岗。患有痢疾、伤寒、病毒性肝炎、活动性肺结核、化脓性或渗出性皮肤病的人员不得参加直接入口食品的生产。除了要接受定期身体检查外,对从事食品制作的人员还有如下要求。

1. 个人着装

西点制作人员个人着装的要求是:操作时不允许戴戒指、手镯、手表,更不允许涂指甲油。工作人员的帽子要干净,且戴端正,不能露出发迹;男性头发不能太长,女性不能梳披肩发,以免头发落入食品。工作服、鞋都要干净、整洁,工作服的纽扣结实且齐全,以免工作时纽扣落入食品中。工作时,工作服的口袋里不允许有杂物等。

(1)良好的卫生习惯。良好的卫生习惯包括勤洗手、勤剪指甲、勤洗澡、勤理发、勤洗衣服和被褥、勤换工作服和毛巾、保持卫生整洁的仪表。此外,良好的卫生习惯还包括在工作场所的卫生行为,如工作期间严禁在操作间吃东西、抽烟和随地吐痰;在工作期间不能挖鼻孔、掏耳朵、剔牙,不能对着食品打喷嚏,不能用勺子直接品尝食品;私人的物品不能带入操作间,以防异物污染食品;制作食品时个人用的擦手布要随时清洗,不能一块布多用,以免交叉污染。

(2)手部卫生。对于手部卫生,应遵循以下几点。

①认识洗手的重要性。要有无菌的概念,要充分认识自己的手随时可能被污染,用了卫生间的设备、扔东西到垃圾箱、吃东西等后都需要洗手。也就是说,只要手与一个潜在的污染源接触后都要洗手。

②使用有效的抗菌肥皂。只有使用正确的抗菌洗涤剂,才能有效杀死手上的微生物。

③正确地洗手。正确地洗手是手卫生的关键一步。洗手的基本要求是洗干净手的每一个部位,即手掌、手背、手指(包括指甲、指尖、手指间),洗手过程中各部位的相互摩擦至少要 30 s。

正确的洗手方法为"七步洗手法",步骤如下(图3-38)。

- 内:掌心相对,手指并拢,相互搓擦;
- 外:手心对手背沿指缝相互搓擦,交换进行,可以多搓几分钟;
- 夹:掌心相对,沿指缝相互搓擦;
- 弓:双手指相扣,互搓;
- 大:一手握另一手大拇指旋转搓擦,交换进行;
- 立:将五个手指尖并拢在另一手掌心,旋转搓擦,交换进行;
- 腕:螺旋式擦洗手腕,交换进行。

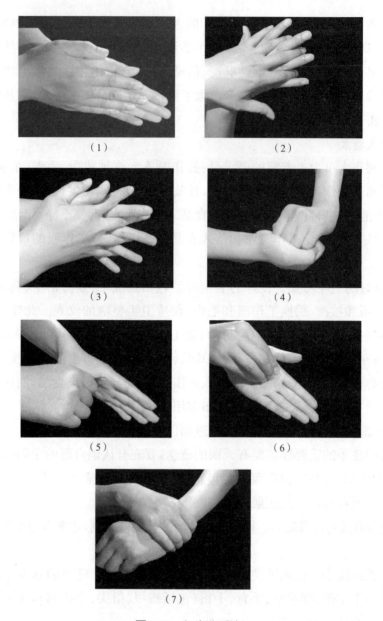

图 3-38　七步洗手法

在彻底洗手后,应采取正确的方法干燥手。因为细菌和病毒在干燥的环境下较难生存。所以,许多食品工厂、餐厅都安装了热空气干燥器。这种机器虽然能够彻底干燥手,但需要较长的时间(50~60s)。还有一种更便捷的方法就是采用一次性毛巾,其优点是不存在交叉污染的问题,且干燥时间短,一般只需 6s。

为了保持高度的清洁水平,还需保证清洁次数,至少每小时洗一次手。

2. 环境卫生

环境卫生包括外环境卫生和内环境卫生。做好外环境卫生首先要考虑的是远离有毒有害污染源,如工厂的产毒点、产尘点和粪场、垃圾场等。内环境卫生包括采光、通风、排气、防尘、污水处理,以及灭蚊虫等。这里仅对操作间和设备工具的卫生进行简单的介绍。

(1)面点操作间的环境卫生。操作间要干净、明亮、空气畅通、无异味;操作间的物品摆放整齐;各种机械设备、工作台、工具、容器要勤擦洗,做到木见本色,铁见光,没有污物;地面每班次清洁一次,灶具每日打扫一次;屉布、带手布每班次严格清洗一次,并晒干;冰箱内外保持清洁、无异味,冰箱内物品摆放整齐;操作间内不允许存放私人物品。

工作台清洗时,要先将案子上的面粉清扫干净;再用刮刀将案台上的面污、黏着物刮干净,然后用板刷或湿带手布清洗案台;最后,再用干净的带手布将案台擦拭干净。擦拭案台时,要注意不让污水流到地面上。

清理地面时,先要将地面扫净,倒掉垃圾,然后用湿墩布用倒退法擦拭地面。擦拭地面时,要注意擦拭案台、机械设备、储物柜的下面,不要留有死角。

带手布应先用洗涤剂洗净,再放入开水中煮 10min 左右,如果带手布有很多油污,可在开水中放适量碱,然后再放入清水中漂洗,最后拧干、晒干。

(2)面点设备用具的卫生。选购设备用具时,要选择食品加工制作专用的、构件材料不含毒性且耐腐蚀的设备用具。设备若被食品中的酸性或碱性成分腐蚀了,要及时处理,否则会影响食品的颜色、香气、风味和营养成分。

要保持烤炉和烤盘的卫生,随时清扫,每天可用食用油脂擦烤盘,以免生锈。烤炉按照正确的方法清扫。

冷藏室内严禁存放药品和杂物,以防污染食品或发生误食;长期冷藏的食品原料应定期检查其质量的变化,如肉是否腐败、脂肪是否酸败、原料是否霉变等;冷藏设备还要定期清洗和除霜、消毒,彻底消除有害微生物。

思考与练习

1. 面点制作常用哪些机械设备?
2. 炉灶、蒸灶、烤箱的特征及其功能是什么?
3. 案台分为几种?如何进行保养?
4. 面点制作常用的小工具有哪些?

第4章　西点制作基本操作手法

面点制作的基本操作手法是指西点成型的基本动作，它不仅能使成品拥有美丽的外观，且能丰富西点的品种。基本操作手法熟练与否，对于西点的成型、产品的质量有着重要的意义。西点制作中常用的基本操作手法有和、擀、卷、捏、揉、搓、切、割、抹、裱型等。

4.1　和　面

和面是将粉料与水或其他辅料掺和在一起揉成面团的过程，是整个面点制作中最初的一道工序，也是一个重要的环节。和面的好坏直接影响成品的质量，也关系到面点制作工艺能否顺利进行。

和面的具体方法可分为抄拌、调和和搅和三种手法。

1. 抄拌法

将面粉放入不锈钢盆中，中间掏一个坑，放入七八成的水，双手伸入盆中，从外向内、由下而上，反复抄拌，抄拌时用力要均匀，手不沾水，以粉推水，促使水、粉结合，待面粉成雪片状时，加入剩余的水，双手继续抄拌，直至面粉成为结实的块状时，再将面搓、揉成面团。达到缸光、面光、手光"三光"状态。这种和面手法，适用于大量的冷水面团和发酵面团。

2. 调和法

先将面粉放在案台上，围成中薄边厚的圆形，拨成环形面窝，再将水、鸡蛋、油脂、糖等物料倒入中间，双手五指张开，从外向内进行调和，待面成雪片后，掺适量的水，再搓揉成面团。

这也是冷水面、油水面的调和法，适合少量冷水面、烫面和油酥面的调制。调烫面面团时，手拿擀面杖等工具搅和，操作过程中要灵活，动作要快，不能让水分溢出。

要掌握好液体配料与面粉的比例。要根据面团性质的需要，选用面筋含量不同的面粉，采用不同的操作手法。动作要迅速、干净利落，面粉与配料混合均匀，不夹粉粒。

3. 搅和法

在盆内和面，中间掏坑，一手浇水，一手拿面杖搅和，边浇边搅，一般用于和烫面和蛋糊面。

和烫面时,开水要浇匀,搅和要快,使水面尽快混合均匀;和蛋糊面时,必须顺着一个方向搅。

4.2 擀 面

擀面是借助工具将面团展开,使之变为片状的操作手法,是将坯料放在工作台上,擀面棍置于坯料之上,用双手的中部摁住擀面棍,向前滚动的同时向下施力,将坯料擀成符合要求的厚度和形状。如擀清酥面,用水调面团包入油酥面团后,擀制时要用力适当,掌握平衡。清酥面的擀制是较难的工序,一般冬季擀制较易操作,夏季擀制较困难,擀的同时还要利用冰箱来调节面团的软硬。擀制好的成品起发高、层次分明、体轻个大,擀不好会造成跑油、层次混乱、身硬不酥。

擀制面团时应干净利落,用力均匀。擀制品要求平整、无断裂、表面光滑。

4.3 卷 面

卷是制作西点、面包的重要成型手法之一。需要卷制的西点品种较多,方法也不尽相同,有的品种要求熟制之后卷,有的要求在熟制之前卷。无论哪种方法都是从头到尾用手以滚动的方式,由小而大卷成。卷有单手卷和双手卷两种形式。

单手卷是用一只手拿着形如圆锥的模具(如清酥类的羊角酥),另一只手将面坯拿起,在模具上由小头向大头轻轻卷起,双手的配合一致,把面条卷在模具上,卷至层次均匀。

双手卷(如蛋糕卷)是将蛋糕薄坯置于工作台上,涂抹上配料,双手向前推动卷起成型,卷制不能有空心,粗细要均匀一致。

被卷的坯料不宜放置过久,否则卷制的产品无法卷结实。用力要均匀,双手配合要协调一致。

4.4 捏 面

用五指配合将制品原料粘在一起,做成各种栩栩如生的实物形态的操作称为捏。捏是一种有较高艺术性的操作手法,西点制作中常以细腻的杏仁膏为原料,捏成各种水果状(如梨、香蕉、葡萄及寿桃等)和小动物状(如猪、狗、兔等)。

由于制品原料不同,捏制的成品有实心和包馅两种类型。实心的为小型制品,其原料全部由杏仁膏构成,可根据需要点缀颜色,有的还要浇一部分巧克力;

包馅的一般为较大型的制品,它用蛋糕坯与蜂蜜调成团后,做出所需的形状,然后用杏仁膏包上一层。

捏是一种艺术性强、操作比较复杂的手法,用这种手法可以捏糖花、面人、寿桃,以及各种形态逼真的花鸟、瓜果、飞禽走兽等。例如,捏一朵马司板原料的月季花或玫瑰花,其操作手法是:先把马司板分成若干小份,滚圆后放在保鲜纸或塑料中,用拇指搓成各种花瓣,然后将大小不一的花瓣捏为一体,即可形成一朵漂亮的月季花状面点。捏不只限于手工成型,还可以借助工具成型,如镊子、剪刀等。

在捏制时,用力要均匀,面皮不能破损;制品封口时不能留痕迹,要美观,形态要真实、完整。

4.5 揉 面

揉面主要用于制作面包制品,目的是使面团中的淀粉膨润黏结,气泡消失,蛋白质均匀分布,从而产生有弹性的面筋网络,增加面团的劲力。揉匀、揉透的面团,内部结构均匀,外表光润爽滑,否则影响质量。揉面可分为单手揉和双手揉两种。

4.5.1 单手揉

单手揉适用于较小的面团,其方法是先将较大的面团分成小份,置于工作台上,再将五指合拢,手掌扣住面坯,朝着一个方向旋转揉动,面团在手掌间自然滚动的同时被挤压,使面坯紧凑、光滑圆润,内部气体消失,面团底部中间呈旋涡状,收口向下。这样揉成的面坯再放置到烤盘上进行烘烤。

4.5.2 双手揉

双手揉适用于较大的面团,其方法是用一只手压住面坯的一端,另一只手压住面坯的另一端,用力向外推揉,再向内卷起,双手配合,反复揉搓,使面坯光滑圆润;待收口集中变小时,最后压紧,收口向下放置到烤盘上进行烘烤。

揉面时用力轻重要适当,要用"浮力",俗称"揉得活"。特别是发酵蓬松的面团更不能死揉,否则会影响成品的膨松度。揉面的动作要利落,面要揉匀、揉透、揉出光泽。

4.6 搓 面

搓是将揉好的面团改变成长条状,或将面粉与油脂融合在一起的操作手法。

搓面团时先将揉好的面团改变成长条状，双手的手掌基部摁在面条上，双手同时施力，来回地揉搓，边推边搓，前后滚动数次后面条向两侧延伸，成为粗细均匀的圆形长条。

油脂与面粉混合在一起搓时，手掌向前施力，使面粉和油脂均匀地混合在一起，但不宜过多搓揉，以防形成面筋网络，影响成品质量。

搓制时双手动作要协调，用力要均匀；要用手掌的基部，按实推搓。搓面的时间不宜过长，用力不宜过大，以免断裂；搓条要紧，粗细均匀，条面圆滑，以不使其表面破裂为佳。

4.7 切 面

切是借助工具将制品（半成品或成品）分离成型的一种方法，分为直刀切、推拉切、斜刀切等，其中，以直刀切、推拉切为主。不同性质的制品，应运用不同的切法，以提高制品的质量。

1. 直刀切

直刀切是把刀垂直放在要切的制品上面，向下施力使之分离的切法。

2. 推拉切

推拉切是刀与制品处于垂直状态，在向下压的同时前后推拉，反复数次后将制品切断的切法。如切酥脆类、绵软类的制品都采用此种方法，目的是保证制品的形态完整。

3. 斜刀切

斜刀切是将刀面与案台边沿成45°角，用推拉的手法将制品切断的切法。这种方法在制作特殊形状的面点时使用。

直刀切是用刀笔直向下切，切时刀不前推，也不后拉，着力点在刀的中部。

推拉切是在刀由上往下压的同时前推后拉，互相配合，力度应根据制品的质地而定。

斜刀切一定要掌握好刀的角度，用力要均匀一致。在切制成品时，应保证制品形态完整，要切直、切匀。

4.8 割 面

割是在被加工的坯料表面划裂口，但并不切断的造型方法。制作某些品种的面包时常采用割面的方法，目的是使制品烘烤后，表面因膨胀而呈现爆裂的效果。为使有些制品坯料在进行烘烤后更加美观，需先在坯料上割出一些造型美观的花纹,然后经烘烤,花纹处掀起,成熟后填入馅料,以丰富制品的造型和口味。

割的具体方法是:右手拿刀,左手扶稳坯料,在坯料表面快速划出花纹即可。还有一种方法是分割面坯,即将面坯料搓成长条,左手扶面,右手拿刮刀,将面坯分割。

割裂制品的刀具锋刃要快,以免破坏制品的外观。根据制品的工艺要求,确定割裂口的深度。割的动作要准确,用力不宜过大、过猛。

4.9 抹

抹是将调好的糊状原料用工具平铺均匀,使制品平整光滑的操作方法。如制作蛋卷时就会采用抹的方法,不仅要把蛋面糊均匀地平抹在烤盘上,制品成熟后还要将果酱、打发的鲜奶油等抹在制品的表面再进行卷制。抹也是对蛋糕做进一步装饰的基础,蛋糕在装饰之前需先将所用的抹料(如打发的鲜奶油或各种果酱等)均匀平整地抹在蛋糕表面上,为成品的造型和美化创造有利的条件。

在抹制时,刀具掌握要平稳,用力要均匀。并正确掌握抹刀的角度,保证制品光滑平整。

4.10 裱 型

裱型又称挤,是对西点制品进行美化、再加工的过程。通过这一过程可以增加制品的风味特点,达到美化外观、丰富品种的目的。裱型可分为布袋挤法和纸卷挤法两种。

4.10.1 布袋挤法

先将挤花袋装入裱花嘴,用左手虎口抵住挤花袋的中间,翻开袋口,用右手将所挤材料(如奶油、果酱等)装入袋中(切忌装得过满,装半袋为宜),装好后即将挤花袋翻回原状,同时把口袋卷紧,袋内空气自然被挤出,使挤花袋结实硬挺。挤时右手虎口捏住挤袋上部,同时掌握花袋,左手轻扶挤花袋,并以45°角对着蛋糕表面,此时原料经由裱花嘴和操作者的手法动作,自然挤出形成花纹。

4.10.2 纸卷挤法

将纸剪成三角形,卷成一头小、一头大的喇叭形圆锥筒,然后装入原料,用右手的拇指、食指和中指攥住纸卷的上口用力挤出即可。

在卷制时,操作姿势要正确,双手配合要默契,动作要灵活,只有这样才能挤出自然美观的花纹。用力要均匀,装入的物料要软硬适中,捏住口袋上部的手要捏紧。图案纹路要清晰,线条要流畅,大小、厚薄要均匀一致。

思考与练习

1. 面点制作的基本操作手法有哪些?
2. 什么是"和"?具体的方法有哪几种?
3. 擀面时有哪些注意事项?
4. 西点制作中"卷"的常用手法有哪些?
5. 制作蛋糕类品种时如何掌握"抹"的手法?

第 5 章　蛋糕制作工艺

蛋糕是以鸡蛋、砂糖、面粉为主料,配以油脂、膨松剂、乳化剂等,根据材料的特性,利用搅拌等工艺制作成的一类具有不同风味及形态的西点食品。成品具有浓郁的蛋香味,质地绵软、有弹性,造型多样,风味独特。随着各种新材料、新设备及新工艺的运用,蛋糕制作也不断推陈出新,品种、口味、造型等更加丰富多彩。

蛋糕的种类很多,从行业及教学上可将其分为乳沫蛋糕、戚风蛋糕和重油蛋糕三大类。

5.1　蛋糕制作的原料及工具

5.1.1　制作蛋糕的主要原料

1. 鸡蛋(图 5-1)

鸡蛋是西点制作的重要配料之一,鸡蛋要使用新鲜鸡蛋,便于蛋清和蛋黄的分离。另外,鸡蛋提前放置于冰箱内冷藏,确保鸡蛋白具有一定的胶黏性,使用时一般需要先将鸡蛋恢复至室温。本书使用的鸡蛋均为中等大小的鸡蛋。一个中等大小的鸡蛋中约含 20g 蛋黄和 30g 蛋白。蛋白与蛋黄对蛋糕产生的影响各不相同,蛋黄可以赋予蛋糕醇香的味道,并且蛋黄中的卵磷脂可以使蛋糕内瓤质地细密、整体润湿柔软、形体完美。

图 5-1　鸡蛋

图 5-2　白砂糖

2. 白砂糖(图 5-2)

白砂糖是从甘蔗或甜菜根部提取、精制而成的产品,是食糖中质量最好的一种。其颗粒为结晶状,大小均匀,颜色洁白,甜味纯正,是制作蛋糕的主要原料。选料时应尽量选择颗粒较小的白砂糖。白砂糖溶解度很大,在 0℃时其饱和溶液含糖(溶解度)64.13%,溶解度随温度升高而增大。在 100℃时其溶解度为 82.

97%。精度越高的白砂糖,吸湿性越小。

3. 小麦粉(图 5-3)

小麦粉(也称面粉)是制造面包、饼干、糕点等焙烤食品最基本的原材料。面粉的性质对于蛋糕等焙烤食品的加工工艺和产品品质有着决定性的影响。从小麦粉的面筋性能上可将其分为强力、中力、薄力粉等。硬质小麦磨成的面粉称为强力粉(也称高筋粉),中间质小麦磨成的面粉称为中力粉(也称中筋粉),软质小麦磨成的面粉称为薄力粉(也称低筋粉)。一般来说,面粉的筋力不同,用途也不同。

(1)低筋粉。面粉中蛋白质含量决定了筋度。一般使用蛋糕粉或者蛋白质含量低于7%的低筋面粉,若面粉的筋度较高,则会直接影响蛋糕的口感和观赏效果。低筋粉常用来制作口感柔软、组织疏松的蛋糕和饼干等。

(2)高筋面粉。通常蛋白质含量在11.5%以上的面粉称为高筋面粉,因其筋度高,故常被用来制作口感筋道的糕点,室温密封干燥保存,不能阳光直射。

图 5-3 面粉　　　　　　图 5-4 黄油

4. 黄油(图 5-4)

黄油又称乳脂、白托油,是将牛奶中的稀奶油和脱脂乳分离后,使稀奶油成熟并经搅拌而成。黄油和奶油的最大区别在于成分,黄油的脂肪含量较高,优质黄油色泽浅黄,质地均匀、细腻、切面无水分渗出,气味芬芳,是制作蛋糕、面包、饼干等最常用的油脂。本章所用的均为无盐黄油。

5. 牛奶(图 5-5)

牛奶在烘焙中可以替代水,并且起到柔软组织、改善口感的作用。根据乳脂含量,牛奶可以分为全脂、低脂及脱脂牛奶三种。本章所用的均为全脂牛奶。

图 5-5 牛奶　　　　　　图 5-6 蛋糕油

6. 蛋糕油（图 5-6）

蛋糕油又称蛋糕乳化剂或蛋糕起泡剂，它在海绵蛋糕的制作中起着重要的作用。蛋糕油的最优配方为分子蒸馏单甘酯 14％、蔗糖脂肪酸酯 9％、山梨醇 10％，蛋糕油适宜的添加量为每 100g 面粉中添加 20g。

7. 泡打粉（图 5-7）

泡打粉又称发泡粉或发酵粉，是一种复合膨松剂，主要添加于蛋糕或者饼干面糊中。泡打粉在保存时应该避免受潮，以免失效。

图 5-7　泡打粉

图 5-8　可可粉

8. 可可粉（图 5-8）

可可粉由天然可可豆加工而成，不含糖，易结块，使用时需过筛，主要用于改善饼干、蛋糕等的口感。

9. 塔塔粉（图 5-9）

塔塔粉学名酒石酸氢钾，是一种酸性的白色粉末，属于食品添加剂类，可以在制作蛋糕时帮助蛋白打发，中和蛋白的碱性（蛋白的碱性很强）。蛋储存得愈久，蛋白的碱性就愈强。用大量蛋白制作的食物都有碱味且色带黄。加了塔塔粉不但可中和碱味，而且可使颜色变白。

图 5-9　塔塔粉

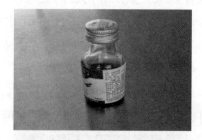
图 5-10　香草精

10. 香草精（图 5-10）

香草精是一种从香草中提炼出的食用香精，常用于去除糕点类的蛋腥味或者制作香草口味的糕点。其用量不宜过多。

11. 鲜柠檬（图 5-11）

鲜柠檬主要起到祛腥解腻、中和酸碱度的作用。在打发蛋清时加入，可以增加蛋清的稳定性。

图 5-11　鲜柠檬

图 5-12　食用盐

12. 食用盐（图 5-12）

食用盐是决定蛋糕风味的重要原料，起着调味的作用。

5.1.2　制作蛋糕的工具

1. 打蛋盆（图 5-13）

打蛋一般用不锈钢盆，大小合适即可。

图 5-13　打蛋盆

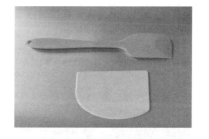
图 5-14　橡胶刮板

2. 橡胶刮板（图 5-14）

橡胶刮板用于刮面糊。

3. 手动打蛋器（图 5-15）

手动打蛋器用于搅拌液体，常用于搅拌鸡蛋液和黄油。

图 5-15　手动打蛋器

图 5-16　电动搅拌器

4. 电动搅拌器（图 5-16）

打发少量奶油、蛋液或者蛋白时，用电动搅拌器更为方便快速。

5. 圆形模具（图 5-17）

海绵蛋糕常用此模，不过做海绵蛋糕时要在底部铺纸才能方便脱模。戚风蛋糕不用铺纸，因为戚风蛋糕就是要让面糊沿着模具向上发，才能烤出绵软的戚风坯。

图 5-17　圆形模具

图 5-18　中空圆形模具

6. 中空圆形模具（图 5-18）

这种中间空心的模具适合烤戚风蛋糕及马芬蛋糕，因为火力均匀，所以不会在中间产生夹生现象。蛋糕容易烤透，色泽也均匀好看。

7. 电磁炉（图 5-19）

电磁炉是加热工具，在煮牛奶或者溶化黄油时使用。

图 5-19　电磁炉

图 5-20　网筛

8. 网筛（图 5-20）

网筛用来把颗粒较粗的粉类筛细，使制作的蛋糕口感更好。

9. 量杯（图 5-21）

量杯用来称量材料，更为方便快捷。

图 5-21　量杯

图 5-22　电子秤

10. 电子秤(图 5-22)

电子秤可以精准地称量材料,最好使用可以精确到克的电子秤。

5.2 乳沫蛋糕制作工艺

乳沫蛋糕的主要原料为鸡蛋,它充分利用鸡蛋中强韧和变性的蛋白质,在面糊搅拌和焙烤过程中使蛋糕体积膨大。根据使用鸡蛋的成分又可分为两类:一是海绵类,这类蛋糕使用全蛋或蛋黄与全蛋混合来形成蛋糕的基本组织和膨大体积(如海绵蛋糕等);二是蛋白类,这类蛋糕(如天使蛋糕)全部靠蛋白来形成蛋糕的基本组织、膨大其体积。

乳沫类蛋糕与面糊类蛋糕最大的区别是它不使用任何固体油脂。但为了使蛋糕松软、降低蛋糕的韧性,在海绵蛋糕中可酌量添加流质的油脂。

5.2.1 全蛋类蛋糕(海绵蛋糕)

全蛋类蛋糕因其结构膨松,多孔绵软,类似海绵状,故又称海绵蛋糕。制作海绵蛋糕的主要原料为鸡蛋、砂糖、面粉、蛋糕油和液体油,还可添加各种水果、干果、咸甜馅、油脂、可可粉等不同配料,制作出不同风味和档次的蛋糕,以适应不同消费者的需要。

全蛋类蛋糕主要品种有柠檬蛋糕、巧克力蛋糕、瑞士卷、三明治蛋糕、拿破仑蛋糕、乳酪天使蛋糕、杏香天使蛋糕等。

实例一 海绵蛋糕

一、目标与要求

1. 掌握海绵蛋糕的操作步骤;
2. 掌握鸡蛋和糖打发到何种程度方可添加其他原料。

二、海绵蛋糕的制作方法

(一)制作原料

鸡蛋 300g、低筋粉 110g、细砂糖 60g、牛奶 50g、玉米油 50g、食盐 2g、柠檬汁 5滴、蛋糕油 15g、水 40g。

(二)制作工具

盆、台式打蛋器、八寸模具、烤箱、刮板等。

(三)制作工艺流程

制作海绵蛋糕一般采用直接拌打法和添加蛋糕油(乳化发泡剂)拌打法两种

方法。直接拌打法是传统的蛋糕制作方法,制作成本低,蛋糕香味浓郁,适合制作松脆型蛋糕。添加蛋糕油拌打法制作方便快捷,发泡力强,气泡细密,蛋泡稳定,不受气温、时间及油脂的影响,成品具有不易干、保鲜期长、绵软等特点,适合大批量生产。添加蛋糕油拌打法的缺点是糕体较白、蛋香味相对较差,如添加太多蛋糕油则糕体易爆,现在多采用此方法制作海绵类蛋糕。

海绵蛋糕制作的工艺流程为:

蛋糖搅拌→加入混合粉拌均匀→加入蛋糕油搅拌→加入其余材料→装盘→烘烤。

(四)操作步骤

1. 准备好所需的原料。

2. 将鸡蛋、细砂糖和食盐(也可加入部分水),倒入台式打蛋器中,慢速搅拌至糖溶解,再换中速。打成湿性打发,然后加入过筛面粉、搅拌均匀。

3. 加入蛋糕油继续搅拌,改用快速搅打,至浆料充分起发,再改用中速,加入水、牛奶拌匀,最后加入玉米油慢速拌匀。

4. 将打发好的蛋糕糊倒入八寸模具中,轻震一下,排气。

5. 烤箱需提前预热,一般用中火烘烤(上火 180℃,下火 190℃),烘烤 30～35min(视蛋糕的厚薄和是否有模具),出炉。

6. 晾凉,待用。

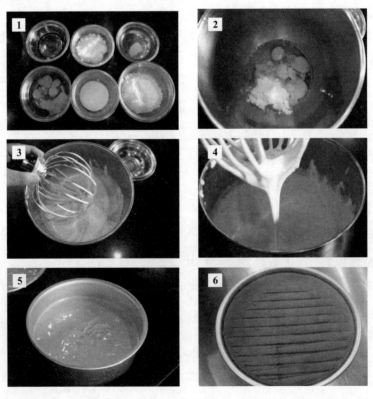

(五)注意事项

1. 搅拌面糊时,要轻,不要太快,以防蛋清泄掉。
2. 面粉搅拌至没有干粉,与所有的液体混合均匀。
3. 要先加牛奶再加油,防止水油分离。

(六)产品特点

蛋香浓郁、结构绵软、油脂轻、有弹性、糕体轻浮、口感清香。

(七)作业与要求

蛋糕糊打发至何种程度为最佳?

实例二 瑞士卷

瑞士卷是用面粉、蛋液、白糖拌成面糊,熟制,晾凉后,抹上奶油,卷成筒而成。色泽金黄偏红,质松软,呈海绵状,蛋糖香味浓郁。据传此卷从瑞士传来,故称瑞士卷。

一、目标与要求

1. 掌握瑞士卷的卷法技巧。
2. 掌握"抹""锯切"的方法。

二、瑞士蛋卷的制作方法

(一)制作原料

鸡蛋 400g、细砂糖 160g、低筋面粉 140g、泡打粉 4g、奶香粉 2g、精盐 2g、蛋糕油 16g、鲜牛奶 32g、清水 40g、色拉油 100g、打发鲜奶油 200g。

(二)制作工具

打蛋盆、手动打蛋器、电子秤、网筛、吸油纸、刮板、刀、裱花袋、竹篮等。

(三)工艺流程

将鸡蛋、糖、盐打至融化→加入混合粉拌匀→加入蛋糕油并打至原体积的3倍→加入低筋粉、奶香粉等粉类物质→加入鲜牛奶、清水、色拉油→装盘→烘烤→切件成品。

(四)操作步骤

1. 在烤盘内铺上白纸,涂上一薄层花生油备用,将高筋面粉、低筋面粉、泡打粉和奶香粉过网筛,合成混合粉,备用。
2. 将蛋液、细砂糖、精盐倒入搅拌桶拌打至糖融化,加入混合粉、奶香粉搅拌至没有粉粒,加入蛋糕油快速打至原体积的3倍,再加入鲜牛奶、清水,中速拌匀,最后加入色拉油慢速拌匀成蛋糕面糊。
3. 将面糊倒入烤盘内,抹平。

4. 取两个小容器各装入50g面糊，分别加入草莓、香芋色香油调制均匀，用裱花袋挤上草莓面糊线、香芋面糊线，用竹签在表面画出柳叶状花纹。送入烤炉用上火210℃、下火160℃烘烤约20min至熟，出炉，稍晾，反铺在不锈钢网上散热。

5. 待晾凉后分切成两大块，把切开的蛋糕铺在白纸上，抹上打发的鲜奶油，卷成筒状，每条再切成等份即成。

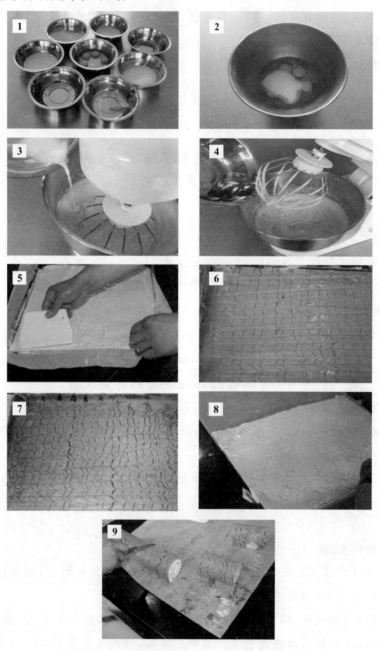

(五)注意事项

1. 烤箱一定要提前升温,然后赶快打蛋清(立而不倒)。
2. 打蛋缸与抽子一定要干净。
3. 鲜牛奶、清水一定要分次加入,色拉油要最后放,慢速拌匀即可。
4. 蛋糕油不能加太多,否则制成品质地松散,卷时易爆裂。
5. 蛋糕冷却后才可造型,卷时注意用力均匀,以卷一圈半为宜。

(六)成品特点

卷筒状、面色金黄、内浅黄、气孔细密均匀、绵软有弹性、蛋香醇厚。

(七)作业与要求

常见的蛋糕卷有哪些口味和装饰方法?

5.2.2 蛋白类蛋糕

蛋白类蛋糕又称天使蛋糕,曾流行于美国,由于配方中不用全蛋,只用蛋白,成品蛋糕糕体雪白,似白色天使,故又名天使蛋糕。

天使蛋糕的面糊主要是利用蛋白的搅打充气特性来调制的。天使蛋糕品质的好坏受搅拌影响很大,面糊调制时主要有三个步骤:①将蛋白放入搅拌机中,中速(120 r/min)搅打至湿性发泡阶段;②加入 2/3 的糖、盐、塔塔粉、果汁等继续用中速搅打至湿性发泡阶段;③将面粉与剩余的糖一起过筛,用慢速搅拌加入,拌匀即可。

天使蛋糕的品种有白天使蛋糕、彩色蛋糕、柠檬天使蛋糕、橘子天使蛋糕等。

实例三 牛奶天使蛋糕

一、教学目标与要求

1. 掌握蛋清与糖的打发程度。
2. 掌握好烘烤时间与温度。

二、牛奶天使蛋糕的制作方法

(一)制作原料

鸡蛋 10 个、水 40g、低筋面粉 260g、液态酥油 70g、塔塔粉 5g、牛奶 200g、泡打粉 7g、白砂糖 130g、盐 2g、鲜草莓少许。

(二)制作工具

不锈钢盆、刮板、手动打蛋器、电动打蛋器、烤箱。

(三)制作工艺流程

配料→牛奶、液态酥油、糖搅化→加入混合粉搅拌→蛋清、糖、盐湿性打发至

3倍体积→加水、油搅拌→慢速拌成面糊→装盘→烘烤。

(四)操作步骤

1. 按量称好所需原料。

2. 将液态酥油、牛奶、砂糖混合,并搅拌至糖溶化,再加入低筋面粉、泡打粉搅拌均匀待用。

3. 拿一个洁净的打蛋缸将蛋清、砂糖、盐、塔塔粉一起加入,打至湿性发泡,体积约为原体积的3倍。

4. 将打好的蛋清与面糊一起用橡皮刮刀搅拌均匀,拌匀后立即放入模具,入炉烘烤,不要放在外面时间过长。

5. 一定要使用活底带锥子的模具,烘烤时上火180℃、下火160℃,烘烤25～30min。

6. 出炉后倒扣过来放置,自然放凉。

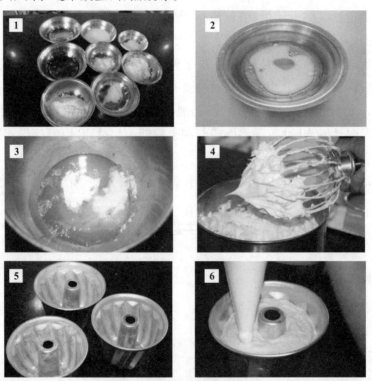

7. 将奶油打发,草莓切成两半,进行装饰即可。

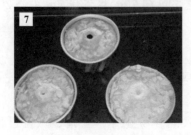

(五)注意事项

1. 烤炉一定要提前升温。

2. 打蛋缸与抽子一定要干净。

3. 蛋清中不可有蛋黄和油。

4. 打发蛋清与面糊抄底搅拌,用最短的时间、最少的搅拌次数搅拌。

(六)成品特色

造型可爱、香甜可口。

(七)作业与要求

制作类似的蛋糕。

5.3 戚风蛋糕制作工艺

戚风是英文"chiffon"的译音,该词原是法文,意思是"拌制的馅料像打发蛋白般绵软"。戚风蛋糕的出现至少已有三四十年的历史,由于风味独特,自20世纪90年代初进入国内市场便迅速流行起来。

戚风蛋糕使用的改良的海绵做法是一个美国厨师发明的,除了加入蛋、面粉和糖之外,还加了植物油和水(增加组织湿度,使口感蓬松湿润)。戚风面糊因为比较湿,烘烤时会攀着烤模壁往上爬升,如果面糊中央不升高,蛋糕就会扁塌,组织发硬,没有孔隙。

戚风蛋糕的面糊综合了面糊类蛋糕和乳沫类蛋糕的面糊,两者分别用各自原来的方法调制,再混合在一起,适合制作鲜奶油蛋糕和冰淇淋蛋糕(戚风蛋糕水分含量高,组织较弱,在低温下不会失去原有的品质)。

戚风蛋糕的主要品种有:黄金蛋糕、年轮蛋糕卷、威莱斯蛋糕、千层蛋糕、毛巾卷、虎皮蛋糕、木纹蛋糕、意大利芝士蛋糕等。

实例一　戚风蛋糕坯

一、教学目标与要求

1. 掌握戚风蛋糕面糊搅拌时采用的分蛋法。

2. 掌握戚风蛋糕的翻拌方式。

二、戚风蛋糕坯的制作方法(8寸)

(一)制作原料

鸡蛋5个、玉米油50g、水50g、低筋面粉80g、玉米淀粉20g、白砂糖40g、柠檬汁3滴、塔塔粉5g、盐1g。

(二)制作工具

盆、网筛、手动打蛋器、电动打蛋器、刮板、模具、网架、烤箱。

(三)工艺流程

戚风蛋糕面糊的搅拌采用分蛋法,即将蛋白面糊和蛋黄面糊分别搅拌起发,再将蛋黄面糊拌入蛋白面糊或蛋糕面糊。

①蛋黄、糖、油搅拌→加入混合粉搅拌→蛋黄面糊;

②蛋清、糖、塔塔粉、盐搅拌成3倍蛋白面糊→混合拌成蛋白面糊;

③蛋黄面糊和蛋白面糊混合均匀装盘→烘烤。

(四)操作步骤

1. 准备好所需要的原料,面粉过筛,将蛋清与蛋黄分离;

2. 将水、油、糖放在一个盆里,把糖搅化;

3. 倒入低筋面粉、玉米淀粉、塔塔粉,搅拌均匀;

4. 分两次加入蛋黄,每次搅拌时都要均匀,呈现出无粉末状态,备用;

5. 在蛋清中加入糖、柠檬汁、盐,用电动打蛋器先低速搅打,然后换高速搅打,至拿起打蛋头时呈公鸡尾状即可;

6. 先用1/3的蛋白糊与全部的蛋黄糊拌匀,再倒入剩下的蛋白糊一起拌匀,每次都要沿顺时针方向翻拌均匀;

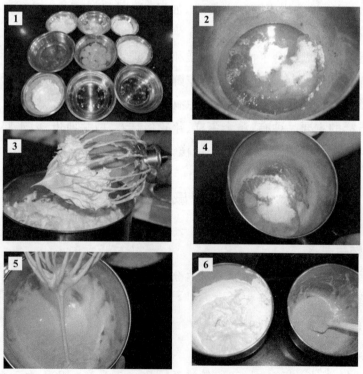

7. 倒入八寸模具中,表面抹平,放入烤箱前需先振一下,排气;

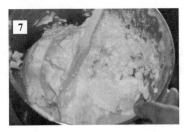 

8. 提前预热烤箱,上下180℃,烘烤30min左右;

9. 戚风蛋糕出炉后,模具盛装的则要立起来放(或倒扣在晾网上),以防收缩。

(五)注意事项

1. 蛋黄、油、糖搅拌时一定要搅拌至糖融化;

2. 烤炉一定提前升温,然后赶快打蛋清(立而不倒);

3. 打蛋缸与抽子一定要干净;

4. 蛋清中不可有蛋黄和油;

5. 出炉后,倒扣放模具,晾凉后脱模;

6. 海绵蛋糕是全蛋,戚风蛋糕是分蛋;

7. 打发蛋清的同时预热烤箱。

(六)成品特色

质地柔软,含水量高,口感滋润嫩爽,结构绵软,有弹性,组织细密均匀,存放不易干,风味突出。

(七)作业要求

掌握制作戚风蛋糕面糊采用的翻拌方法。

实例二　元宝蛋糕

一、教学目标与要求

1. 掌握蛋白打发的程度;

2. 掌握元宝蛋糕的操作步骤。

二、海苔肉松小贝的制作方法

（一）制作原料

1. 蛋清300g、糖90g、塔塔粉3g、盐2g、柠檬汁3滴；

2. 蛋黄180g、牛奶80g、油80g、糖30g、低筋面粉200g、泡打粉5g、小麦淀粉10g；

3. 肉松适量、沙拉酱适量。

（二）制作工具

盆、手动打蛋器、电动打蛋器、橡胶刮刀、吸油纸、烤箱、裱花袋等。

（三）工艺流程

1. 将牛奶、糖、油搅拌均匀至糖融化→筛入粉类，分次加入蛋黄，搅拌均匀，备用（称为蛋黄糊）；

2. 蛋清、盐、塔塔粉打至冒泡，糖分三次加入，打发至干性发泡（蛋白霜）；

3. 蛋黄糊加1/3蛋白霜翻拌均匀→加入剩下的部分，翻拌均匀→装入裱花袋→挤半圆球状入模具→烘烤→晾凉→每个刷上沙拉酱→放上肉松→摆盘。

（四）操作步骤

1. 准备好所需要的原料；

2. 加入过筛低筋面粉、小麦淀粉和泡打粉，搅拌均匀，分两次加入蛋黄，按顺时针方向搅拌均匀，至无颗粒状；

3. 将蛋清、糖、塔塔粉、盐放入电动打蛋器中，糖分两次加入，至有鱼眼状后加入剩下的糖，先低速搅打，后高速搅打，至原体积的三倍大，挑起不弯曲为最佳状态；

4. 先用1/3的蛋白糊与全部的蛋黄糊拌匀，再倒入剩下的蛋白糊拌匀，每次都要沿顺时针方向翻拌均匀，将拌好的糊倒入裱花袋中，挤成圆形；

5. 将烤箱提前预热，上火210℃，下火180℃，烘烤20min左右；

6. 将烤好的坯子取出，晾凉；

7. 将卡仕达酱和肉松分别放入两个盆里，在圆坯上刷一层卡仕达酱，粘上肉松；

8. 将两边收紧，呈元宝形状，摆盘即可。

(五)注意事项

1. 烤箱一定要提前预热好；

2. 挤好肉松小贝糊后立马放入烤箱,避免塌陷；

3. 将蛋白糊打至干性发泡。

(六)成品特色

鲜甜细腻、圆圆滚滚、老少皆宜。

(七)作业与要求

肉松小贝坯出烤箱后变扁、无立体感,为什么?

5.4 重油蛋糕制作工艺

重油蛋糕是原料配方中有较多油脂成分的蛋糕,其主要原料有黄牛油、糖、蛋、面粉等。它用固体油脂在搅拌时拌入空气,使油脂发白呈轻浮状,配合蛋的起发使糕体受热后膨胀、松发。重油蛋糕的变化较多,可加入馅料、果仁、水果等,还可以调色,从而制作出各种风味的蛋糕。

5.4.1 重油蛋糕的产品特点

重油蛋糕油香浓郁、质地酥散、结构紧密细致、润泽、保质期长。

5.4.2 重油蛋糕的主要品种

重油蛋糕的主要品种有哈士蛋糕、马芬蛋糕、紫菜重油蛋糕、果仁蛋糕、雪芳重油蛋糕、哈雷蛋糕、蜂巢蛋糕、脆皮瓜仁蛋糕、南瓜蛋糕等。

5.4.3 重油蛋糕的浆料制作方法

1. 糖、油拌合法

先将糖、油搅打起发成蓬松的绒毛状，再分次加入蛋液及水拌匀，最后加入混合粉轻拌即可。其制作工艺流程是：

油、糖（或蛋糕油）搅拌→分次加入蛋、水搅拌→加入混合粉搅拌→转盘（模具）烘烤。

2. 后加油拌合法

与拌打海绵蛋糕面糊的方法相同，先将糖、蛋、粉搅拌均匀，再加入蛋糕油打至起发，最后加入已熔化的油脂拌和，但打蛋糕面糊时只需打至六至八成起发即可。

5.4.4 重油蛋糕制作的工艺流程

糖、蛋、粉搅拌→加蛋糕油搅拌→加油脂搅拌→装盘→烘烤。

实例一 黄油蛋糕

一、教学目标与要求

掌握黄油在蛋糕中的作用。

二、黄油蛋糕的制作方法

（一）制作原料

黄油 200g、白砂糖 200g、鸡蛋 200g、低筋面粉 200g、蜂蜜少许。

（二）制作工具

盆、搅拌器、模具、裱花袋。

（三）工艺流程

备好原料→将黄油、糖、盐搅打至黄油发白→加入鸡蛋继续搅打→加入低筋面粉继续搅打→倒入蛋糕模具→烘烤→成形→脱模→摆盘。

（四）操作步骤

1. 用刷子在蛋糕模具上刷一层软化的黄油，之后掸上一层薄薄的面粉备用；
2. 将称量好的软化黄油和糖放入搅拌机中打发至黄油发白、蓬松、顺滑的状态；

3. 将鸡蛋分4次加入搅拌桶中,继续打发,直至混合均匀,分次放入筛好的面粉,用慢速搅拌均匀即可,每一次加入蛋液后都要充分搅打均匀,用刮刀将边缘整理干净,搅打好的黄油糊蓬松饱满;

4. 加入面粉继续搅打均匀;

5. 将搅拌好的面糊放入蛋糕模具7~8分满,放入已经预热至上下温度均为180℃的烤箱中30min,烤至表面呈金黄色,内部成熟;

6. 将烤成熟的蛋糕脱模、冷却后置于盘中。

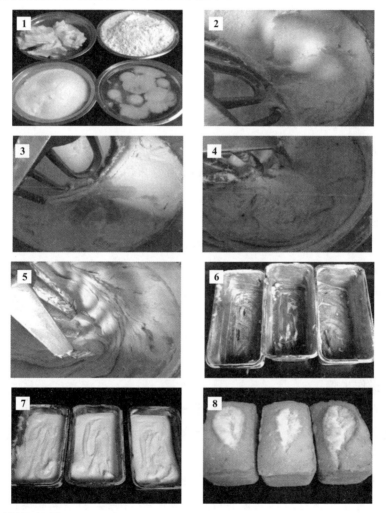

(五)注意事项

1. 淡味黄油要提前从冷藏室拿出来,室温自然软化;

2. 鸡蛋也需要提前拿出来回温到常温状态;

3. 选用烘焙专用细砂糖或糖粉;

4. 低筋面粉要过筛;

5. 烤箱的温度和时间要根据自己的烤箱来调节;

6. 在中间划一道线,有助于隆起呈破裂状。

(六)成品特色

内部结构扎实细腻、浓郁奶香、口感润泽。

(七)作业与要求

黄油蛋糕中黄油能否换成其他液态油?

实例二　布朗尼蛋糕

一、教学目标与要求

1. 掌握布朗尼蛋糕的操作步骤;
2. 掌握布朗尼蛋糕中巧克力融化的程度。

二、布朗尼蛋糕的制作方法

(一)制作原料

黄油250g、黑巧克力125g、砂糖300g、鸡蛋200g、低筋粉175g、泡打粉2.5g、核桃仁100g、奶油100g、盐2g。

(二)制作工具

盆、电磁炉、手动打蛋器、电动打蛋器、方形模具、裱花袋。

(三)工艺流程

①备好所需原料→黄油隔水加热融化→加入巧克力搅拌均匀;

②加入砂糖、鸡蛋,拌匀。

③将①+②搅拌均匀→加入低筋面粉→加入核桃仁拌匀→入模具→烘烤、成形→冷却、装饰。

(四)操作步骤

1. 分别称好所需的原料,将烤箱预热到指定温度,铺好烤盘,备用;
2. 黄油隔热水加热融化,将黑巧克力切碎,倒入黄油中,用手动打蛋器搅拌均匀,液体完全融化;
3. 先将砂糖和鸡蛋拌匀,再加到融化的黄油巧克力中,并搅拌均匀;
4. 把低筋粉和泡打粉加到黄油巧克力液体中,用手动打蛋器搅匀;

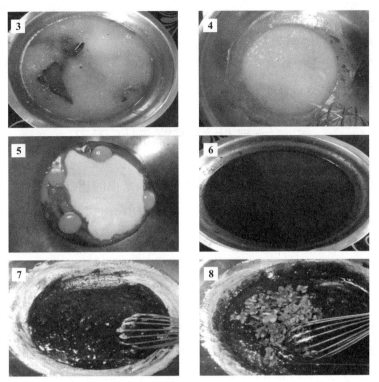

5. 将核桃仁加进黄油巧克力液体中搅匀,倒进备好的烤盘,用刮刀抹平。放入预热好的烤箱中,上下火为180℃,烤18~20min。将烤成熟的蛋糕脱模、冷却后置于盘中;

6. 挤上奶油花、摆上巧克力花朵进行装饰。

(五)注意事项

1. 面糊倒入模具中,一定要端起模具振几下,排气,否则会出现大气孔,影响外观;

2. 烤好的布朗尼蛋糕,表面是干脆的,里面是湿软的,放保鲜袋一段时间回潮会更好吃;

3. 巧克力颜色较深,需要掌握好烘烤温度;

4. 巧克力的可可含量越高,味道越好,也越苦,所以糖的用量也要适当增加才能保证口感不苦且香醇迷人。

(六)成品特色

浓郁的巧克力味,质地较厚实。

(七)作业与要求

布朗尼蛋糕中巧克力能否换成可可粉?

5.5 其他类蛋糕制作工艺

蛋糕除了乳沫蛋糕、戚风蛋糕和重油蛋糕外,常见的还有艺术类蛋糕,如欧式奶油裱花蛋糕、慕斯蛋糕、巧克力蛋糕、韩式豆沙裱花蛋糕、翻糖蛋糕等。

5.5.1 艺术蛋糕的制作方法和工艺流程

艺术蛋糕是在制作好的蛋糕坯基础上进行艺术装饰加工后得到的蛋糕,又称装饰蛋糕。它在西方已有很长的历史,是蛋糕制作的最高境界,如德国的"黑森林"、奥地利的"萨其尔托"等蛋糕都闻名于西方。艺术蛋糕多为传统喜庆节日、婚礼、寿宴、开业庆典等场合制作。我国很早就已有装饰蛋糕,但其发展是在改革开放之后,特别是20世纪90年代后期,随着不同装饰材料的引进和技术的更新,以及装饰手法、美术工艺水平的提高,装饰蛋糕千姿百态、琳琅满目,极具艺术特色。

1. 制作奶油裱花蛋糕的主要原料

(1)巧克力件:市售的成品巧克力件。

(2)果粒果酱:口感酸甜,用天然水果制作出的果酱。

(3)巧克力块:有黑色的、白色的和彩色的三种,常用的是白色巧克力块和黑色巧克力块两种。

(4)巧克力沙司:用来淋面的巧克力专用酱,也可自己调制(甘那休)。

(5)食用色素:有粉状和液体状的两种。液体状食用色素又分为水性色素、油性色素及水油两用色素三种。

(6)果膏:颜色有多种,口味也有多种,常用的有白色透明果膏(荔枝味)、黑色果膏(巧克力味)两种,其他颜色都可以用白色来调。

(7)喷粉:用天然水果及蔬菜磨成的粉,一般有七种颜色。常用的有红色喷粉、黄色喷粉和蓝色喷粉三种。

(8)鲜奶油:有植脂鲜奶油、乳脂鲜奶油和动物脂鲜奶油三种,常用的是植脂鲜奶油。

(9)巧克力酱:用来淋蛋糕的巧克力酱,常用在慕斯小蛋糕上,有多种颜色。

(10)米托:糯米做的花托,有大小两种规格,没有甜度。可以在蛋糕上面做奶油花,连同米托一起放在蛋糕面上。

2. 主要工具

(1) 巧克力融化双层锅:融化少量巧克力时用。

(2) 底板:用于托住做好的蛋糕再转移至蛋糕盒。除了金色底板之外,还有银色底板。

(3) 搅拌机:有手提式搅拌机和卧式搅拌机两种。家庭多用手提式搅拌机,专业人士多用卧式搅拌机。选购时要选择可变速、搅打球间距密的那种。

(4) 长锯齿刀:用来锯蛋糕坯或是切面片、切慕斯块,大型蛋糕在抹面时也会用到。

(5) 花嘴:有套装也有散卖的,材质有塑料和钢质两种,钢质花嘴用得较多。

(6) 裱花棒:做花卉蛋糕的专用工具。

(7) 小粉筛:把粉末装在里面,用来筛小蛋糕或蛋糕上的细节处。

(8) 压模(套装):可以用来压饼干、巧克力,也可以用来喷色,常用的有心形、方形、圆形、五角星形四种。

(9) 水果刀:用来切水果的刀,要选前面是尖头的那种。

(10) 万能蛋糕刮片:刮片为圆弧形,用来刮蛋糕的纹路,刮片可弯曲。

(11) 塑料刮片:方形,齿纹有很多种,常用的就是图中这种,多用来刮圆形的蛋糕。

(12) 抹刀:由刀刃、刀面、刀尖、刀柄组成。拿抹刀时手要向前拿,小拇指勾住刀柄,其他四个手指控制刀的角度。

(13) 铲刀:用来铲平巧克力的专用工具,有大小两种。

(14) 裱花袋:有布的和塑料的两种,塑料的为一次性的,布制的可重复使用。

5.5.2 奶油裱花蛋糕

制作裱花蛋糕的鲜奶油分为三类:植脂奶油(塑性好)、动物脂奶油(又名淡奶油,塑性差)、乳脂奶油(口感、塑性均可)。在这三种鲜奶油中,植脂奶油价格最低,乳脂奶油价格稍高,动物脂奶油价格最高。乳脂奶油与动物脂奶油差不多,但塑性比动物脂奶油要好些(既有塑性又有口感)。现在市面上常用的是植脂奶油和乳脂奶油两种。

1. 植脂奶油打法技巧

(1) 从冰箱冷冻室里拿出来的植脂鲜奶油需提前1天放在冷藏室里解冻,解冻至鲜奶油一半退冰后,将其直接倒入桶中(如果是夏天,鲜奶油桶要事先放冰箱里冷藏,这样做能打出质量较高的鲜奶油来。也可以用冰水泡桶,让桶降温)。

(2) 将鲜奶油先用电动打蛋器快速打发,打到鲜奶油有明显的浪花状出来时,开始用慢速消泡一下(时间不要长,以免回稀)。搅打鲜奶油的搅拌球最好选钢条间距密的,这样打出来的鲜奶油由于充气均匀、进气量少,才会有细腻的组织。如果打好的植脂奶油在使用一段时间后出现回软状态,此时只要再放入机器上搅打一下即可(夏天则需要加入新的带冰的奶油再打)。

(3)若搅拌球顶部的鲜奶油尖峰状弯曲弧度较大,则说明打发不到位,用这种奶油很难抹面,且顶部放东西时易塌陷变形。

(4)若搅拌球顶部的鲜奶油尖峰呈直立状,则表明打发到位,这样的奶油就能用来抹面挤花了。但如果打得太过(连尖都带不出来),鲜奶油就会有很多气泡,抹面时会显得很粗糙。

2. 动物脂奶油打发的三种程度

(1)湿性发泡:打发过软,奶油的鸡尾弯曲大,如果将之倒放,奶油会流动。

(2)干性发泡:奶油呈较直立的鸡尾状,将搅打球倒立时不会移动,这种奶油适合挤卡通动物、抹简单的面、挤由单层花瓣构成的花。

(3)中干性发泡:球尖的奶油直立不下滑、奶油光泽弱即为中干性发打,适合抹面、挤花、做卡通,但此鲜奶油组织粗糙不细腻,没有光泽。

3. 鲜奶油的调色

(1)粉色调发:在打发好的鲜奶油中滴入红色与黄色食用色素,将食用色素与鲜奶油搅拌均匀。

(2)紫色调发:在打发好的鲜奶油中滴入红色与蓝色食用色素。

4. 奶油蛋糕基本抹面技法

(1)将蛋糕坯均匀等切成三份。

(2)在第一层上先抹上鲜奶油,鲜奶油的量不宜多,以正好覆盖蛋糕坯为宜。

(3)在抹好奶油的第二层蛋糕上放上水果丁(最好是新鲜的含水量少的水果),然后再抹上一层鲜奶油,使水果牢固地固定在蛋糕坯上。

(4)用少许鲜奶油把蛋糕坯先涂满,这样做的目的是防止蛋糕屑被带起来。

(5)把鲜奶油装入裱花袋中,由下向上均匀地挤上一圈厚约2cm的鲜奶油。挤时要注意线条与线条之间不能有空隙,也不能用奶油反复地在同一个地方挤线条,必须均匀地挤上奶油,这是抹出一个好看面的关键。

(6)选一个塑料刮片,长度以从蛋糕顶部中心处到蛋糕底部的弧长为准,宽度以7cm为好(大概是从人的手指尖到手掌中心处的长度)。

(7)拿刮片的正确手法是刮片与蛋糕面呈35°角,用虎口夹住刮片,大拇指在四个手指的下面与无名指在一起,小拇指与无名指控制蛋糕的侧面。由于蛋糕的侧面是垂直的,所以刮片也要保持垂直。

5. 注意事项

搅打鲜奶油的搅拌球最好选用钢条间距密的,这样打出来的鲜奶油由于充气均匀才会有细腻的组织。奶油在使用一段时间后就会出现回软的状态,此时只要再放入机器搅打一下即可。

实例一 非洲菊

一、教学目标与要求

1. 掌握花瓣的拔法;
2. 掌握拔花瓣时的力度控制。

二、非洲菊的制作方法

(一)制作原料

白色植物奶油、粉色植物奶油、色粉。

(二)制作工具

裱花袋、米托。

(三)工艺流程

米托底部挤满并挤一个圆球→拔出花瓣→喷黄色喷粉→挤出花蕊→成型。

(四)操作步骤

1. 用白色奶油在裱花米托底部挤满奶油,再挤出一个圆球;
2. 用黄色奶油在花瓣中间由粗到细地拔出花瓣;

3. 用相同的方法在第一圈上面挤出第二圈花瓣;
4. 在花瓣表面喷上黄色喷粉;

5. 在花瓣中间用黄色奶油由粗至细挤出花蕊部分。

(五)注意事项

1. 拔花瓣时保持花瓣是由粗到细的过程；

2. 注意花瓣间层次要分明；

3. 喷色时颜色不宜过深。

(六)成品特色

花色鲜艳、美观,花瓣层次分明。

(七)作业与要求

加强花瓣制作方法的练习。

实例二　欧式樱桃派奶油裱花蛋糕

一、教学目标与要求

掌握刮片与抹面角度的控制。

二、欧式奶油裱花蛋糕的制作方法

(一)制作原料

八寸原味蛋糕坯一个、植物奶油400g、白色巧克力圈一个、樱桃派一罐、杏仁片少许。

(二)制作工具

刮片、裱花袋、裱花嘴、裱花转台等。

(三)工艺流程

圆形蛋糕坯一个,刮出纹路→插杏仁片→挤奶油球→摆放巧克力圈→摆放樱桃果酱→成型。

(四)操作步骤

1. 选抹好奶油的圆形蛋糕坯一个,在四周用铁刮板刮出纹路；

2. 在蛋糕坯四周最底部倾斜45°插上杏仁片；

3. 在蛋糕坯四周边缘用圆花嘴挤出奶油球；
4. 奶油球要求大小形状一致，间隔空隙一致；

5. 在奶油球表面放一片白色巧克力圆圈装饰；
6. 在蛋糕中部摆放一层樱桃派果馅装饰。

（五）注意事项

1. 注意刮片的力度控制；
2. 挤圆球时要保持大小一致。

（六）成品特色

造型简单大方、口感细腻。

（七）作业与要求

制作其他同款奶油裱花蛋糕。

实例三　草莓奶油裱花蛋糕

一、教学目标与要求

掌握条形花边的技法。

二、草莓奶油蛋糕的制作方法

(一)制作原料

八寸原味蛋糕坯一个、植物奶油400g、草莓9个、巧克力碎少许、透明果膏适量、花生碎适量。

(二)制作工具

裱花嘴、裱花袋、裱花转盘、抹刀等。

(三)工艺流程

挤条形状花边→粘花生碎→挤奶油堆→摆草莓→撒巧克力碎、糖粉→成型

(四)操作步骤

1. 准备好一个抹好奶油的蛋糕坯,用圆形花嘴在蛋糕周围挤出条状形花边;
2. 在蛋糕周围底部沾上花生碎;

3. 在蛋糕表面周围挤出奶油堆;
4. 在奶油堆空隙处摆上新鲜草莓;

5. 在草莓表面淋上水晶光亮膏;
6. 在蛋糕中间部分撒上巧克力碎,再在表面撒上糖粉即可。

(五)注意事项

1. 挤条形花边时注意控制力度,不要挤断;
2. 蛋糕坯表面要抹平整;

3. 奶油堆间隔要均匀;

4. 为了提亮和护色,水果上要挤果膏;

5. 鲜奶油打得过软或装饰不当,都会导致蛋糕变形或塌陷。

(六)成品特色

造型别致、美观大方、口味香甜。

(七)作业与要求

练习不同蛋糕花边的制作。

5.5.3 慕斯蛋糕

慕斯蛋糕最早出现在美食之都法国巴黎。最初蛋糕师在奶油中加入起稳定作用,以及改善结构、口感和风味的各种辅料,使蛋糕的外形、色泽和结构变化丰富,口味更加自然、纯正。慕斯蛋糕在冷冻后食用其味无穷,是蛋糕中的极品。慕斯蛋糕符合人们追求精致时尚,崇尚自然健康的生活理念,满足人们不断对蛋糕提出的新要求,给了蛋糕师更大的创造空间,使之可以通过慕斯蛋糕的制作展示他们的生活悟性和艺术灵感。在西点世界杯比赛上,慕斯蛋糕的比赛竞争历来十分激烈,其水准可以反映蛋糕师的真正功力和世界蛋糕发展的趋势。1996年,美国十大西点师之一 Eric Perez 带领美国国家队参加在法国里昂举行的西点世界杯大赛,获得银牌。也因此,Eric Perez 于1997年被特邀为美国总统克林顿的夫人希拉里庆祝50岁生日制作慕斯蛋糕,并受邀在白宫现场展示技艺,这成为当时轰动烘焙界的新闻。

慕斯是指用明胶粉(啫喱粉)与鲜奶油为主料制作而成的奶油果冻品种,配以各种果汁,加糖、奶、蛋黄、蛋白、香精和水调成。慕斯蛋糕属于冷食蛋糕,特别适合夏令季节食用。

慕斯蛋糕的品种主要有:草莓慕斯、提拉米苏、巧克力慕斯、酸奶慕斯、咖啡慕斯、奶酪慕斯等。

1. 制作慕斯蛋糕的主要原料及其作用

(1)牛奶。牛奶是慕斯的主要水分来源,营养价值很高,含有丰富的蛋白质、乳糖、矿物质等成分,能让慕斯的口感爽口好吃,也可促使慕斯质地更细致润滑。用水来代替牛奶虽然可行,但在风味、口感上远不如牛奶来得恰到好处,特别是用水做出来的慕斯,内部会存在大量的冰晶,也就是我们所说的冰碴子,会影响整个慕斯的口感和口味。

(2)吉利丁。吉力丁是动物胶的一种,动物胶

图5-23 吉利丁片

还包括明胶、鱼胶。吉力丁具有强大的吸水特性和凝固功能。慕斯体内并没有面粉或其他淀粉来凝固材料,而是依靠吉力丁的吸水特性来凝结成型。吉力丁按外观分为片状、粉状、颗粒状三种类型。吉力丁是一种干性材料,在使用前必须浸泡于3～5倍的水中,使干性的胶质软化成糊状。如果不浸泡则会出现溶化不均匀的现象,容易有颗粒粘在盆边。同时需要注意,泡吉利丁片的水温必须低于28℃,这是因为如果温度超过28℃,吉利丁片就会开始慢慢融化。

(3)糖。糖在慕斯中起赋予甜味、弹性、光泽和保温的作用,这些效果是衡量慕斯制作成功与否的前提,所以糖在制作慕斯的材料中是必不可少的。

甜味:糖是甜点最基本的甜味来源,市场中有很多无糖食品,不使用蔗糖,而用木糖醇等甜味剂代替。

弹性:糖可以分解成葡萄糖和果糖,可使慕斯更为细致柔软,同时更富有布丁状的良好弹性。

保湿度:糖的吸湿性很强,使慕斯体内的水分不至于很快流失掉。因此,在一定范围内,糖的用量越多,慕斯的保质期越长,稳定性也就越好,但应控制糖的用量。

(4)盐。盐在慕斯里的作用主要是降低甜度,缓解甜度带给人们的甜腻感。

(5)蛋黄。蛋黄是慕斯制作的主要材料之一。蛋黄具有较好的凝聚力和乳化作用,有利于促成慕斯体的稳定,并能调节吉利丁带来的过于弹性的口感。蛋黄这种独特的中和作用来自蛋黄中的卵磷脂。

(6)鲜奶油。鲜奶油是一种油脂含量很高的乳制品,具有浓郁的乳香味,一方面可以填充慕斯使其体积膨大,使慕斯具有良好的弹性特质,另一方面可以使慕斯口感更加芬芳爽口。

(7)酒。酒可以使慕斯更具风味,不仅可以掩盖吉利丁和鸡蛋的腥味,还可以提香。当然不同口味的酒风味不同,常用的酒有薄荷利口酒、咖啡酒(图5-23)、朗姆酒等。

图 5-23　咖啡酒

2. 制作慕斯蛋糕的主要工具

电磁炉、双层锅、橡胶刮刀、裱花袋。

3. 制作慕斯蛋糕的基本流程

备料→搅拌→注模→冷冻→脱模→装饰。

实例四　提拉米苏慕斯蛋糕

提拉米苏(tiramisu)是一种带咖啡酒味儿的意大利甜点，以马斯卡彭芝士作为主要材料，再以手指饼干取代传统甜点的海绵蛋糕，加入咖啡、可可粉等其他材料，吃到嘴里香、滑、甜、腻，柔和中带有质感的变化，而不是单纯的甜味。

在意大利文里提拉米苏的意思是"马上把我带走"，意指吃了此等美味，就会幸福得飘飘然，宛如进入仙境。

一、教学目标与要求

1. 掌握手指饼干的制作方法；
2. 掌握蛋黄糊中加入糖水时的温度。

二、提拉米苏慕斯蛋糕的制作方法

（一）制作原料

手指饼干制作原料：黄油 120g、绵白糖 120g、鸡蛋 2 个、高筋面粉 30g、低筋面粉 90g、奶粉 5g、糖粉少许。

慕斯制作原料：奶油芝士 300g、咖啡酒 20g、淡奶油 300g、吉利丁片 15g、水 70g、糖 140g、蛋黄 80g。

装饰原料：可可粉少许。

（二）制作工具

8 寸慕斯圈一个、盆、手动打蛋器、电动打蛋器、电磁炉、抹刀、吸油纸等。

（三）工艺流程

备料→制作手指饼干→鸡蛋、糖打发至黏稠状→糖、水加热倒入其中→吉利丁片隔水融化加入其中→芝士加糖打发均匀→将蛋黄糊倒入其中，搅拌均匀→淡奶油打发至出现纹路→两者搅拌均匀→取模具→铺一层沾咖啡酒的手指饼干→倒 1/2 的慕斯糊→放冰箱冷藏→脱模→撒可可粉。

（四）操作步骤

1. 备好所需的原料；

2. 将黄油和绵白糖混合打发;
3. 分次加入鸡蛋搅拌均匀;

4. 加入高筋面粉、低筋面粉和奶粉,搅拌均匀,装入裱花袋;
5. 挤在铺有吸油纸的烤盘上,上火200℃、下火150℃,烤20min左右至表面金黄即可;
6. 在蛋黄中加糖,搅打至发白成黏稠状,将水、细砂糖一起倒入锅里加热煮成糖水,冷却至沸腾,关火。随后把糖水缓缓倒入蛋黄中,并继续搅拌,直至蛋黄糊和手心温度接近;
7. 吉利丁片凉水泡发,隔水加热融化成吉利丁液,把吉利丁液和蛋黄糊混合搅拌均匀,待用;

8. 另取一个容器装入芝士,用打蛋器搅拌到顺滑无颗粒状,打好后与蛋黄糊混合均匀,加入咖啡酒再次搅拌均匀(奶酪糊);

9. 将淡奶油打发至6~7成,与(奶酪糊)混合在一起,搅拌均匀,倒入准备好

的慕斯圈内约 1cm 厚；

10. 取一个手指饼干，在咖啡酒中轻蘸一下，让手指饼干粘满咖啡酒，铺在慕斯糊上面，摆放整齐倒入剩下的一半慕斯糊；

11. 放入冰箱，冷冻 4h 或者过夜。等慕斯糊凝固以后，脱模，再用筛网淋上防潮可可粉，将手指饼干涂上打发好的淡奶油贴在上面装饰。

(五)注意事项

1. 手指饼干要大小一致；
2. 糖水倒入鸡蛋黄中的速度要慢，否则水温太热会变成一盆蛋花汤；
3. 可可粉一定要使用防潮可可粉。

(六)成品特色

香滑甜腻、柔和中带有质感、略微苦涩。

(七)作业与要求

用戚风蛋糕或海绵蛋糕替换手指饼干制作一款提拉米苏。

思考与练习

1. 烘烤海绵蛋糕或戚风蛋糕时，中间起鼓或凹陷的原因是什么？
2. 使用水果装饰蛋糕时，为什么要在水果上挤果膏？
3. 可否将慕斯中使用的淡奶油换成植脂奶油，为什么？

第6章 面包制作工艺

6.1 面包的概念及分类

6.1.1 面包的概念

面包是焙烤食品中历史最悠久、消费量最多、品种繁多的一大类食品。在欧美等许多国家,面包是人们的主食。英语中将面包称为 bread,是食物、粮食的同义词。葡萄牙语的面包为 pan,有粮食的意思。可见面包在一些国家是生活中不可缺少的食品。面包在我国被称作方便食品。

面包是以面粉、盐、酵母或膨松剂为基本原料,加水调制成面团,再经过酵母发酵、整形、成型、烘烤等工序制成的膨松食品,是西餐中的主食。

6.1.2 面包的分类

面包的品种繁多,按面包本身的质感和风味特点,可分为软质面包、硬质面包、起酥面包和风味面包。

1. 软质面包(soft bread)

软质面包具有组织松软、体积膨大、质地细腻、富有弹性等特性。常用的软质面包有吐司面包、花式面包、包馅面包、餐桌面包、甜面包等。

(1)吐司面包(toast)。吐司面包又称方面包、方包,在带盖的长方体型箱(听子)中烤成,是生产量最大的主食面包之一,常切成片状出售,形状为长方体,断面近似正方形,气泡细小、均匀,口感轻柔、湿润。

(2)花式面包(variety roll)。花式面包主要有干酪面包(cheese roll)、不倒翁餐包(cottage roll)、指形餐包(finger roll)、牛乳面包(milk roll)、葡萄干面包(raisin roll)、葱花面包卷(onion roll)、火腿面包卷(ham roll)、辫子面包(plait bread)、牛角面包(croissant)等。这种面包的辅料配比基本与餐桌面包相同,只是加入了一些农产品、畜产品和海产品。

(3)餐桌用面包(table roll)。餐桌用面包也称餐包,包括小圆面包(dinner roll)、牛油面包(butter roll)、热狗(hotdog roll)、汉堡包(hamburger)和小甜面包(bum)。

软式面包的特点是表皮比较薄,讲求式样漂亮,组织细腻、柔软,有圆形、圆柱形、海螺形、菱形、圆盘形等。这种面包比听型面包含糖多一些(6%～12%),油脂也稍多(8%～14%),其中高级品的奶油、蛋、乳酪含量也相当多。整形制作工艺多用滚圆、辊轧后卷成柱的方法,因此多称为 roll。而且,使用面粉的面筋比听型面包低一些,因此比听型面包更为柔软,并且有甜味。

2. 硬质面包(hard roll)

硬质面包是一种内部组织水分少,结构紧密、结实的面包。它以质地较硬、经久耐嚼、纯香浓郁为特点,深受消费者的喜爱。硬质面包也称欧洲式面包和大陆式传统面包,主要有法式面包(French bread)、维也纳面包(Vienna bread)、意大利面包(Italian bread)和德国面包(German bread)等。

硬质面包的特点是配方比较简单,几乎只有面粉、水、酵母和盐四种,只是在制作程序和形式上稍有不同,因此式样、组织和表皮性质不同,形成了不同的硬质面包。欧美等面食国家和地区约有 2/3 以各种面包为主食,其中硬质面包又占了一半以上。硬质面包的本身结构与软质面包无异,面坯调制的方法也与软质面包基本相同。硬质面包的保存期限较软质面包长。

3. 酥质包(danish bread)

酥质包又称起酥面包或松质面包,指有层次的质地松酥的面包。这种面包的代表是丹麦面包。丹麦面包质松可口,风味绝佳,营养丰富,深得人们的喜爱。

起酥面包是由两块不同质地的面团组成的,一块是用面粉、水、砂糖、鸡蛋、酵母、少量油脂和精盐调制而成的水面团;另一块是用油脂加少量面粉结合而成的油面叠或压叠形成的面团(有些不放面粉,直接使用专用片状油脂);将两者反复折叠或压叠形成一块面团,面团制品烘烤后有明显的层次。起酥面包具有层次分明的内部结构,口味松软香甜。

4. 其他面包

主要品种有油炸面包类(doughnuts)、速制面包(quick bread)、蒸面包等。这些面包多用化学疏松剂膨胀,面团很柔软甚至是糨糊状(hin batter、drop batter 和 soft dough),一般配料较丰富,成品虚而轻,组织孔洞大而薄,如松饼(muffins)。

6.2 面包的制作工艺和发酵方法

6.2.1 面包的工艺原理

面包制品的特性主要是由面包基本原料的特性决定的。

1. 面粉的作用

面粉是由蛋白质、碳水化合物、灰分和酶等成分组成的,在面包发酵过程中起主要作用的是蛋白质和碳水化合物。

2. 蛋白质的作用

面粉中的蛋白质主要由麦胶蛋白、麦谷蛋白、麦清蛋白、麦球蛋白等组成,其中麦谷蛋白和麦胶蛋白能吸水膨胀形成面筋质,此面筋质将作为体积的骨架,能承受面团发酵过程中二氧化碳气体的膨胀,并能阻止气体的溢出,提高面团的持气能力,是面包制品形成膨胀、松软特点的重要条件。

3. 碳水化合物的作用

面粉中的碳水化合物大部分是以淀粉的形式存在的,充塞于面筋网络组织的空隙内,其中所含的淀粉酶在适宜的条件下,能将淀粉转化为麦芽糖,进而继续转化为葡萄糖,供给酵母发酵所需要的能量,面团中淀粉的转化对酵母的生长具有重要作用。

4. 酵母的作用

酵母是一种生物膨松剂,当面团加入酵母后,酵母在水的作用下溶解,并吸收面团中的养分生长繁殖,产生二氧化碳气体等物质,使面团体积膨大,形成松软、蜂窝状的组织结构。酵母对面包的膨发效果起着决定性的作用,要准确掌握用量。一般情况,鲜酵母的用量为面粉用量的3%～4%,干酵母的用量为0.8%～2%。

5. 水的作用

水是面包生产的重要原料,它可以使面粉中的蛋白质吸水后形成面筋网络,也可以使面粉中的淀粉受热糊化,还可以促进淀粉酶对淀粉的分解,产生转化糖,为酵母繁殖提供营养。

6. 盐的作用

盐可以增加面团中面筋质的密度,增强弹性,提高面筋的筋力。如果面团中缺少盐,醒发后面团会有塌陷现象。盐可以调节发酵速度,没有盐的面团虽然发酵速度快,但是发酵后面团结构极不稳定,不过盐量多会影响酵母的活力,使发酵速度减慢,所以要掌握好盐的用量,一般选择面粉用量的1%～2.2%。

综上所述,面包面团以面粉、水、盐、酵母为基本用料,紧密相关、缺一不可。由于它们的相互作用才使面团发酵,形成膨胀、松软的特点。但其他辅料,如糖、鸡蛋、奶粉、油脂和添加剂等,对面包制品也有影响,它们不仅能改善面包风味,提高营养价值,而且对发酵也起到一定的辅助作用。例如,糖是酵母能量的来源,适量加入,能促进面坯的发酵,缩短发酵时间;糖的吸湿性能使面包松软,保质期延长。又如油脂,对面团能起到润滑作用,使面包组织均匀、细腻、光滑,并有增大体积的效果。蛋和奶也能改善面团的组织结构,增强面筋强度,提高面筋的持气性和发酵耐力,使面团更有张力。

6.2.2 面包的发酵方法

1. 直接发酵法（straight process）

直接发酵法也称一次发酵法，是将所有的面包原料依次混合调制成面团进入发酵制作程序的方法。直接发酵法的优点是：操作简单、发酵时间短、口感、风味较好，节约设备、人力、空间；缺点是：面团的机械耐性差、发酵耐性差，成品品质受原材料、操作误差影响较大，面包老化较快。

2. 中种发酵法（sponge process）

中种发酵法也称二次发酵法，是美国19世纪20年代开发成功的面包制作方法。首先将面粉的一部分（55%～100%）、全部或者大部分酵母、酵母营养物等品质改良剂、酶制剂、全部或部分的起酥油和全部或大部分的水调制成"中种面团"发酵，然后再加入其余原辅材料，进行主面团调粉，再进行发酵、成型等加工工序。

中种发酵的优点：面团发酵充分，面筋伸展性好，有利于大量、自动化机械操作（机械耐性好）；比直接发酵的产品体积大、组织细腻、表皮柔软，有独特芳香风味，老化慢。

中种发酵的缺点：使用机械、劳动力、空间较多，发酵时间长，香味和水分挥发较多。

3. 液种面团法（preferment and dough method）

液种面团法（也称水种法）是把除小麦粉以外的原料（或加少量面粉）与全部或一部分的酵母作成液态酵母（液种），进行预先发酵后，再加入小麦粉等剩余原料，调制成面团。以后的工艺可以采取直接发酵或中种发酵法。这种方法常在液种中加入缓冲剂，以稀释发酵中产生的酸，使 pH 在发酵后稳定在5.2左右。

由于在发酵过程中面筋熟成（gluten development）无法进行，所以，在调制面团时应进行补救（mechanical development）。

液种面团法的优点：液种面团法可大量制造并在冷库中保存，生产管理容易，适应性强，节约时间、劳动力、设备，产品柔软，老化较慢。

液种面团法的缺点：面包风味稍差，技术要求较高。

4. 其他方法

（1）酒种法。将酿酒（米酒、醪糟）的曲（starter）添加至面团，以产生和丰富面包的香味，多用于果子面包。由于酵母工业的进步和人们对微生物化学认识的深入，发酵已不仅仅只是膨发气体的来源，而且也成为风味物质的来源。人们把注意力越来越多地集中到后者。

（2）啤酒花种法。啤酒花种法是以啤酒花种（hops）为酵母发酵的方法。酒花引子的制法：将啤酒花（30份）加入沸水（1440份）煮40 min，过滤后加入面粉（200

份),在 45.6℃下放置 5~6 h,再加啤酒(72 份),在 26.7℃静置 24~48 h 熟成。还有类似的马铃薯种法,即煮马铃薯,加入啤酒花种汁(防腐),利用自然酵母、杂菌发酵,制成酵母发酵面包。

(3)酸面团法(sour dough process)。北欧、美国有些带酸味的传统面包常用此法(我国北方的馒头、锅盔、烧饼在农村的做法类似此法),即不仅利用酵母,而更多地利用乳酸菌、醋酸菌发酵。酸面团主要有两种:①大麦酸面团(rye sour);②小麦酸面团(wheat sour)。

(4)中面法(soaker and dough method)。中面粉又称浸渍法,将 10% 左右的面粉和酵母留出,把其余的材料全部调制成中面,在水中浸泡,再加入留下的材料,捏和成主面团发酵,再进行后面工序制作。这种方法主要解决面筋太硬的问题,经一段时间蛋白酶的作用,面筋伸展性变好。

(5)老面法。老面法是利用老面团为酵母发酵的方法。我国北方农村的馒头也常采用这种方法。

6.2.3 面包的制作工艺

以上所举面包的制法虽多,但目前最普遍、最大量、最基本的制作方法还是前两种,其工艺流程如图 6-1 所示。

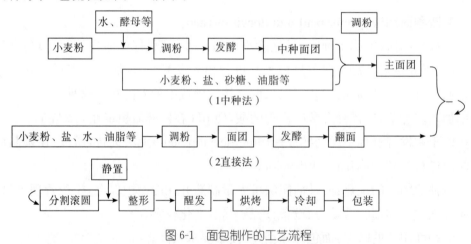

图 6-1 面包制作的工艺流程

6.3 面包面团调制

6.3.1 面包的配方

面包配方中的基本原料是面粉、酵母、水和食盐,辅料是砂糖、油脂、乳粉、改良剂,以及其他乳品、蛋、果仁等。制作面包的面粉与饼干不同,首先要求面筋量多、质好。所以一般采用高筋粉(强力粉)、粉心粉(准强力粉),硬式面包可用粉心粉和中筋粉,一般不能用低筋粉。高档面包制作都要选用特制粉。

6.3.2 面团的调制

面团的调制也称搅拌、和面捏合(mixing),是将原辅料按照配方用量,根据一定的投料顺序,调制成具有适宜加工性能面团的操作过程。它是影响面包质量的决定性因素之一。面包制作最重要的两个工序就是面团的调制和发酵。有人总结面包成功与否,面团的调制占到25%的责任,而发酵的好坏占70%的责任,其他操作工序只负担5%的影响。因此,面团调制是十分重要的工序。以下主要以直接发酵法和中种发酵法做听型面包为例,讨论面团的调制、发酵和其他加工工艺。

1. 调制的目的

(1)使各种原料充分分散和均匀混合。面团中各成分均匀地混合在一起,才能使各成分相互接触,并发生预期的反应,使不同配方产生不同性质的面团,在不同的面包中发挥其特有功能。

(2)加速面粉吸水而形成面筋。面粉遇水表面部分会被水润湿,形成一层胶韧的膜,该膜将阻止水的扩散。调粉时的搅拌,就是用机械的作用使面粉表面韧膜破坏,使水分很快向更多的面粉粒浸润,缩短面团形成的时间。

(3)促进面筋网络的形成。面筋的形成不仅需要吸水水化,还要揉捏,否则得不到良好性质的面筋。适当的搅拌、揉捏,可以使面筋充分接触空气,促进面筋发生氧化和其他复杂的生化反应,进一步扩展面筋,使面筋达到最佳的弹性和伸展性能。

(4)有利于酵母发酵。拌入空气有利于酵母发酵,以及为氧化和酵母活动提供氧气。

(5)使面团达到一定的吸水程度、pH和温度,提供适宜的养分供酵母利用,使酵母能够最大限度地发挥产气能力。

2. 投料与面团形成的原理

(1)原料的混合(blending)。面包的原料一般可以分为大量原料、少量辅料和微量添加剂。大量原料指小麦粉和水;少量辅料是酵母、砂糖、牛乳(乳粉)、食盐、油脂;微量添加剂为酵母营养物、酶制剂、维生素、改良剂等。以下分别讨论投料与混合的关系及投料方法。

①大量原料的混合。面粉和水的混合并不容易。面粉,尤其是强力粉,与水接触时,接触面会形成胶质的面筋膜。这些先形成的面筋膜阻止水向其他没有接触水的面粉浸透和接触,搅拌的机械作用就是不断地破断面筋的胶质膜,扩大水和新的面粉的接触。为了降低混合过程中水的表面张力,有些工厂采取了先把

1/3 或 1/2 的面粉和全部的水混合做成面糊,然后再加入其余的面粉完成混合的方法。调粉时水的温度、材料的配比和搅拌速度都会影响到面粉的吸水速度。水温低时面粉吸水速度快;水温高时面粉吸水速度慢;配方中柔性原料多时,会软化面筋,使吸水率减少;搅拌速度慢时面筋扩展也慢。

②少量辅料(除油脂外)及微量添加剂的混合。这些少量或微量材料,如果直接投入调粉机或分别投入调粉机,再把他们在面团中充分分散,均匀分布,则要花费较多的能量和时间。但如果在投入前,把它们先与加水量的一部分或大部分混合,那么不仅可以混合均匀,而且省力省时。另外,如果要添加乳粉,在称量后将乳粉与砂糖先拌和在一起,再投入水就不会产生结块现象。

③油脂的混合。油脂软化后直接与面粉接触会将面粉的一部分颗粒包住,形成一层油膜,所以油脂一定要在水化作用充分进行后,即面团形成后投入(卷起阶段到扩展阶段)。另外油脂的储藏温度比较低,如直接投入调粉机将呈硬块状,很难混合,所以要软化后再投入。

④酵母投入时应注意的问题。

A. 将鲜压榨酵母化入水中时,水量应在酵母量 5 倍以上,且水温要在 25℃左右,不能过高或过低;

B. 投入前,酵母不能与砂糖、食盐、乳粉等一起溶化于水中,尤其在水量少时浓食盐水与酵母接触会影响酵母的活力;

C. 投入前,酵母也不能与酵母营养剂及改良剂等混在一起。

(2)面粉的水化(hydration)。淀粉和面粉中的面筋性蛋白质在与水混合的同时,会将水分吸收到粒子内部,使自身胀润,这个过程称为水化作用。淀粉粒的形状近似球形,水化作用比较容易,而蛋白质由于表面积大且形状复杂,因此水化所需时间较长。

为了使水化能充分进行,应注意以下几点。

①水和面粉混合要均匀。

②面粉与水接触时水化要有一个过程,粒子越大,这一过程越长。发酵或静置的目的之一,就是使水化作用充分进行。

③高筋面粉水化较慢,低筋面粉水化较快。

④食盐有使面筋硬化、抑制水化作用进行的性质。所以,有的工艺流程中,为使水化迅速进行,在搅拌开始时先不加入盐,在调粉的后期再加入。糖类在使用量较多时,也有与盐相同的抑制水化效果。

⑤水化作用与 pH 有密切的关系。在 pH 为 4~7 的范围内,pH 越低,硬度越大,水化作用越快。因此速成法、连续面团法和浸渍法(中种法)中,为了加快面团的水化作用,常添加乳酸、磷酸氢钙等添加剂,以降低 pH,提高酸度。

⑥软化面筋的蛋白酶、胱氨酸之类的还原剂也可加快水化作用。

(3)面团调制时的温度控制。面团调制终了的温度对后面的发酵工序及其他工序有很大影响,尤其是大规模生产时,温度要求更严。例如中种面团的调制,要求终了温度在24.5℃,误差为±0.5℃。面团的温度在没有自动温控调粉机的情况下,主要靠加水的温度来调节,因为水在所有材料中不仅热容量大,而且容易加温和冷却。水的温度不仅与面团调制的温度有关,而且与调粉机的构造、速度(一般情况下,低速搅拌温升为3℃~5℃,中速搅拌温升为7℃~15℃,高速搅拌温升为10℃~15℃,手工搅拌温升为2℃~3℃)、室温、材料配合、粉质、面团的硬软和质量有关。

3. 面团调制的六个阶段

面团搅拌程度的判断,主要靠操作者的观察。为了观察准确,可将搅拌的过程分为六个阶段。

(1)原料混合阶段,又称初始阶段。这是搅拌的第一个阶段,所有配方中干性与湿性原料混合均匀后,成为一个既粗糙又潮湿的面团,用手触摸时面团较硬,无弹性和伸展性。面团呈泥状,容易撕下,说明水化作用只进行了一部分,而面筋还未形成。

(2)面筋形成阶段,又称卷起阶段。此时面团中的面筋已经开始形成,面团中的水分已全部被面粉均匀吸收。由于面筋网络的形成,将整个面团结合在一起,并产生强大的筋力。面团成为一体,绞附在搅拌钩的四周随之转动,搅拌缸上黏附的面团也被粘干净。此阶段的面团表面很湿,用手触摸时,仍会粘手,用手拉取面团时,无良好的伸展性,易致断裂,而面团性质仍硬,缺少弹性,相当于面团形成时间,水化已经完成,但是面筋结合只进行了部分。

(3)面筋扩展、结合阶段。面团表面已逐渐干燥,变得较为光滑,且有光泽,用手触摸时面团已具有弹性并较柔软,但用手拉取面团时,虽具有伸展性,但仍易断裂。这时面团的抗张力(弹性)并没到最大值,面筋的结合已达到一定程度,再搅拌,弹性渐减,伸展性加大。

(4)面筋完全完成阶段。面团在此阶段因面筋已达到充分扩展,变得柔软而具有良好的伸展性,搅拌钩在带动面团转动时,会不时发出"噼啪"的打击声和"嘶嘶"的黏缸声。此时面团的表面干燥而有光泽,细腻整洁而无粗糙感。用手拉取面团时,感到面团变得非常柔软,有良好的伸展性和弹性。此阶段为搅拌的最佳程度,可停机把面团从搅拌缸倒出,进行下一步的发酵工序。

一般来说,搅拌到适当程度的面团,可用双手将其拉展成一张像玻璃纸一样的薄膜,整个薄膜分布光滑均匀,无不整齐的痕迹。用手触摸面团表面感觉有黏性,但离开面团不会粘手,面团表面有用手按压的痕迹,但又很快消失。用手戳破薄膜,戳破薄膜的孔洞的边缘光滑无锯齿状。

(5)搅拌过度阶段。如果面团搅拌至完成阶段后,不予停止,而继续搅拌,则会再度出现含水的光泽,并开始黏附在缸的边侧,不再随搅拌钩的转动而剥离。面团停止搅拌时,向缸的四周流动,失去了良好的弹性,同时面团变得粘手而柔软。很明显,面筋已超过了搅拌的耐度开始断裂,面筋分子间的水分开始从接合键中漏出。面团搅拌到这种程度,对面包的品质就会有严重的影响。只有在使用强力粉时,立即停止搅拌还可补救,即在以后工序中延长发酵时间,以恢复面筋组织。

(6)破坏阶段。面筋的结合水大量漏出,面团表面变得非常湿润和粘手,搅拌停止后,面团向缸的四周流动,搅拌钩已无法再将面团卷起。面团用手拉取时,手掌中有丝丝的线状透明胶质。此种面团用来洗面筋时,已无面筋洗出,说明面筋蛋白质大部分已在酶的作用下被分解,对于面包制作已无法补救。

应当说明,面团经历的各个阶段之间并无十分明显的界限,要区分不同品种,掌握适宜的程度,需要有足够的经验才能做到应用自如。

4. 调粉操作与面包品质的关系

(1)搅拌不足。当面团搅拌不足时,因面筋还未充分地扩展,面团还未达到良好的伸展性和弹性,既不能较好地保存发酵中产生的二氧化碳气体,又没有良好的胀发性能,因此做出来的面包体积小,内部组织粗糙,色泽差。搅拌不足的面团,因性质较黏、较硬,所以整形操作也很困难。面团在经过分割机、整形机时往往会将表皮撕破,使烤好的面包外表不整齐。

(2)搅拌过度。若面团搅拌过度,形成了过于湿黏的性质,则在整形操作上会很困难。面团滚圆后,无法挺立,而向四周流散。用这种面团烤出的面包,同样因无法保存膨大的空气而使面包体积小,内部多大空洞,组织粗糙而多颗粒,品质极差。

6.4　面包面团的发酵与整形

发酵是继搅拌后面包生产中的第二个关键环节,对面包产品质量影响极大。面团在发酵期间,酵母利用面团中的营养物质大量繁殖,产生二氧化碳气体,促进面团体积膨胀,形成海绵状组织结构。通过发酵,面团的加工性能得到改善,变得柔软,容易延伸,便于机械操作和整形,面团的持气能力增强。面团发酵过程中,一系列的生物化学变化,积累了足够的化学芳香物质,使最终的产品具有发酵制品特有的优良风味和芳香感。

面团发酵,实质上是在各种酶的作用下,将各种双糖和多糖转化成单糖,再经酵母的作用转化成二氧化碳和其他发酵物质的过程。在面团发酵初期,面团内混入大量空气,氧气十分充足,酵母的生命活动也非常旺盛。这时,酵母进行有氧呼吸,将单糖彻底分解,并放出热量。随着发酵的进行,二氧化碳气体不断积累增多,面团中的氧气不断被消耗,直至有氧呼吸被酒精发酵代替。酵母的酒精发酵是面团发酵的主要形式。酵母在面团缺氧的情况下分解单糖产生二氧化碳、酒精。面团发酵过程中,除了酵母发酵,也伴随着其他发酵过程,如乳酸发酵、醋酸发酵、酪酸发酵等,使面团酸度增高。发酵过程中形成的酒精、有机酸、酯类、羰基化合物是面包发酵风味的重要来源。

6.4.1 面团发酵的基本作用

1. 面团发酵的目的

①在面团中积蓄发酵生成物,给面包带来浓郁的风味和芳香。
②使面团变得柔软而易于伸展,在烘烤时得到极薄的膜。
③促进面团的氧化,强化面团的持气能力(保留气体能力)。
④产生使面团膨胀的二氧化碳气体。
⑤有利于烘烤时产生上色反应。

2. 发酵作用(dough fermentation)

面包面团的发酵是酵母与面粉中的微生物进行各种物理和化学反应的过程,即在酵母分泌的转化酶(invertase)、麦芽糖酶(maltase)和酒化酶(alcoholase)等多种酶的作用下,将面团中的糖分解为酒精和二氧化碳,并产生各种糖、氨基酸、有机酸、酯类等,使面团具有芳香气味。

3. 熟成作用(ripening or maturating)

面团在发酵的同时也进行着一个熟成过程。面团的熟成是指经发酵过程的一系列变化,使面团的性质对于制作面包来说达到最佳状态。即不仅产生了大量二氧化碳气体和各类风味物质,而且经过一系列的生物化学变化,使面团的物理性质,如伸展性、保气性等,均达到最良好的状态。

6.4.2 面团发酵中的生物化学变化

1. 糖的变化

面团内所含的可溶性糖中有单糖、双糖,其中单糖主要是葡萄糖和果糖,双糖主要是蔗糖、麦芽糖和乳糖。葡萄糖、果糖之类的单糖可以直接被酵母分泌的酒化酶发酵,产生酒精和二氧化碳。产生的酒精有很少一部分留在面包中增添面包风味,而二氧化碳则使面包膨胀,这种发酵称为酒精发酵。

$$C_6H_{12}O_6 \rightarrow 2C_2H_5OH + 2CO_2 \uparrow + 100.8 \text{ kJ}$$

1g　　　　　0.5g　　249 mL

蔗糖属于双糖，不能在酿酶（酒化酶）作用下直接发酵，而一般是由酵母分泌的蔗糖转化酶（invertase）将蔗糖分解为葡萄糖和果糖后再进行酒精发酵。

$$C_{12}H_{22}O_{11} + H_2O \xrightarrow{\text{蔗糖转化酶}} C_6H_{12}O_6 + C_6H_{12}O_6$$
$$\text{蔗糖} \qquad\qquad\qquad \text{葡萄糖} \quad \text{果糖}$$

麦芽糖同样也是由酵母分泌的麦芽糖酶作用，先分解为两个葡萄糖分子，再进行酒精发酵。但是麦芽糖酶从酵母中分泌出来的时间比蔗糖转化酶迟，因而蔗糖转化酶的作用已在调粉时就相当程度地进行了。含糖多的甜面包在发酵终结时所含的蔗糖已有相当部分转化为转化糖，但麦芽糖的转化要在调粉几十分钟后才开始，尤其是在只有麦芽糖存在时，麦芽糖的转化更迟，稍添加些葡萄糖可促进这种反应。

$$C_{12}H_{22}O_{11} + H_2O \xrightarrow{\text{麦芽糖酶}} 2\,C_6H_{12}O_6$$
$$\text{麦芽糖} \quad \text{水} \qquad\qquad \text{葡萄糖}$$

乳糖因为不受酵母分泌的酶的作用，所以基本上就留在面团里。乳糖对烘烤时面团的上色反应是有好处的，但是面团中存在的微量乳酵菌可以使乳糖发酵，所以在长时间发酵后，乳糖有所减少。乳糖多存在于添加乳粉等乳制品的面团中。

在以上各种糖一起存在时，酵母对于这些糖类的发酵是有顺序的，例如葡萄糖和果糖同时存在时葡萄糖首先发酵，果糖则比葡萄糖发酵迟得多，当葡萄糖、果糖、蔗糖三者并存时，葡萄糖先发酵，蔗糖转化。蔗糖转化生成的葡萄糖，比原来就存在的果糖还要先发酵。因此当这三种糖共存时，随着发酵的进行，葡萄糖和蔗糖的量都减少，但果糖的浓度却有增大的倾向。当果糖的浓度到达一定程度时，也会受到活泼的酵母的作用而减少。麦芽糖与以上糖一起存在于面团中时，发酵最迟，常在发酵1h后才起作用。因而常作为维持发酵持续力的糖。

另外，残留（剩余）糖对面包的品质也有影响。面团发酵后经过分割、整形、醒发到入炉时，面团中剩余的糖称作残留糖（residual sugar）。当残留糖充分时，面包不仅烤色好，而且在炉内膨发大。面团中糖的消耗不仅在发酵工序，而且一直到进炉这一过程中都有发生，尤其当环境温度较高时，糖的消耗更快，因此为了不使残留糖过少，要注意发酵过程的温度管理，不使其太高。

2. 蛋白质的变化

在发酵过程中，面团中的面筋组织仍受到力的作用，这个力的作用来自发酵中酵母产生的二氧化碳气体。即这些气体在面筋组织中形成气泡并不断胀大，使得气泡间的面筋组织形成薄膜状，并不断伸展，产生相对运动。这相当于十分缓慢的搅拌作用，使面筋分子受到拉伸。在这一过程中，—SH与—S—S—也不断发生转换—结合—切断的作用。如果发酵时间合适,就能使面团的结合达到最高水平。相反,如果发酵过度,面团的面筋就到了被撕断的阶段。因此,在发酵过度时,可以发现面团网状组织变得脆弱,很易折断。

3. 生成酸的反应和面团酸度的影响

(1)生成酸的反应。面团发酵的同时还会产生各种有机酸使面团 pH 下降,这些反应称为酸发酵。酸发酵是由小麦粉中已有的,或从空气中落入的,或从乳制品中带来的乳酸菌、醋酸菌、酪酸菌等引起的。

①乳酸发酵:葡萄糖在乳酸菌的作用下产生乳酸,乳酸有一种增强食欲的酸味,乳酸菌不仅存在于面粉和空气中,也存在于酵母和乳制品中。

②醋酸发酵:酒精在醋酸菌的作用下产生醋酸(有刺鼻的酸味),醋酸菌来自面粉和空气。

③酪酸发酵:乳酸在酪酸菌的作用下产生酪酸(异臭、恶臭)。

发酵温度越高,糖分越多,乳酸发酵进行得越快;醋酸发酵在较高的温度、酒精及氧气的条件下,反应较快;酪酸发酵的条件是乳酸的积蓄、较高的温度和长时间发酵。普通正常的发酵面团中,产生一些乳酸和少量的醋酸,酪酸产生的量极微。但当发酵时间很长、水分较多时,这些酸发酵就会增多,尤其是当发酵温度高、长时间发酵时,会产生酪酸和异臭。

酸发酵产物中乳酸可以给面包带来好的风味,是必要的发酵,但高温、长时间发酵时,乳酸大量积蓄,使 pH 过度降低,不仅使面团物理性质恶化,而且会产生醋酸发酵和酪酸发酵带来的酸臭和异臭。

乳酸是一种比较强的酸,它在面团中产生比较多,所以对面团 pH 的降低有一定影响,而醋酸是较弱的酸,在一般情况下量比较少,所以对面团 pH 的影响比乳酸小。而当使用作为酵母营养物的铵盐(NH_4Cl)及面团改良剂磷酸氢钙($CaHPO_4$)时,将对面团的 pH 降低有较大影响,尤其是氯化铵,当铵分解出来被酵母利用后,剩下了盐酸($NH_4Cl \rightarrow HCl + NH_3$)。盐酸是强酸,对 pH 影响较大。

在快速发酵法等方法中,往往要添加乳酸、柠檬酸等有机酸。另外,在制作黑麦面包、全粒粉面包时,还要添加酸酵面,这些都是为了调整面团的酸度,增加面包风味。面团从调制到发酵完毕,pH 的变化可以用表 6-1 和表 6-2 来说明。

表 6-1　面团从调制到发酵完毕的 pH 变化(中种法)

中种法	中种(调粉始→发酵终了)	发酵始→终	主面团
A	6.0→5.2~5.4	5.8→5.5~5.2	5.8~5.6
B	6.0→4.9	5.5→4.5	5.6~5.0

面团从调制到发酵完毕的 pH 变化(直接法)。

表 6-2　面团从调制到发酵完毕的 pH 变化(直接法)

直接法	调粉始→发酵终了
	6.0→5.6~5.5

(2)pH 的改变和面团物理性质的变化。面团的 pH 对面团的物理性质,尤其是气体保持能力,有很大影响。科学家发现用面包体积反映的面团的气体保持能力与面团的 pH 有一定关系。

气体保持能力在 pH 为 5.5~5.0 时最好。当 pH 下降到 5.0 以下时,面团的保气能力急速下降,得到的面包胀发不良。有一种说法认为,这是因为面筋蛋白质的等电点在 pH 为 5.5~5.0 范围内,当偏离等电点时,面筋蛋白质就会使可离子化的基团离解。总而言之,在发酵管理上要绝对避免 pH 低于 5.0。

4. 面包的风味和脂肪酶的反应

发酵的目的之一是要得到具有浓郁香味的风味和物质。发酵风味的产生主要来自以下四类化学物质。

(1)酒精。酒精主要是酵母作用生成的乙醇。

(2)有机酸。有机酸以乳酸为主,还有少量醋酸、蚁酸、琥珀酸、酪酸等。

(3)酯(ester)。酯是上述有机酸与酒精反应得到的酯类化合物,是易挥发的芳香物质。

(4)羰基化合物类。羰基化合物主要是醛类(aldehydes)和酮类(ketones)化合物,所含种类繁多,主要由油脂类氧化分解而成,具有浓郁的香味,在面包的风味中有很重要的作用。尤其是近年来,许多研究已表明:羰基化合物类物质是面包风味最重要的物质。羰基化合物只有在采用中种法、直接发酵法等一些长时间发酵的面包制作法时才能得到,而且得到的这些风味物质多具有好的持久性。快速发酵法等短时间发酵的方法就很难得到这些风味物质。之所以能形成羰基化合物,是因为面粉中原有油脂或加入的起酥油、奶油、植物油等油脂中的不饱和脂肪酸,在小麦粉中少量的脂肪酶和空气中氧气的作用下,先被氧化成氧化物,然后在酵母分泌的酶的作用下,生成多种复杂的醛类、酮类化合物。

6.4.3　影响面团气体保持能力的因素

要得到好的面包必须有两个条件:一个是直到进烤炉,面团中的发酵都要保持旺盛地产生二氧化碳的能力;另一个是面团必须变得不使气体逸散,即形成有良好的伸展性、弹性和可以持久地包住气泡的结实的膜。影响面团气体保持能力,即胀发性的因素如下。

1. 面粉

小麦粉蛋白质的量和质,也称强力度,是气体保持能力的决定因素。另外,制粉前的新陈程度及制粉后的新陈程度也与气体保持能力有密切关系,不管是太新还是太陈,气体保持能力都会下降。

2. 调粉

当小麦粉的品质一定时,调粉于面团气体保持能力而言是关键因素,掌握好调粉的程度是得到理想面团的保证。

3. 加水量

一般加水越多,面筋水化和结合作用越容易进行,气体保持能力也越好,但要是超过了一定限度,加水过多,面团的膜的强度变得过于软弱,气体保持能力就会下降。同时,较软的面团(加水多的面团)易受酶的分解作用,所以气体保持能力很难持久。相反,硬面团的气体保持能力维持时间较长。

4. 面团的温度

面团的温度无论在调粉时还是在发酵过程中都对面团的气体保持能力有很大影响。因为在这两个过程中,温度都影响着面团的水化、结合反应和面团的软硬。尤其是在发酵过程中,温度高会使面团中酶的作用加剧,使气体保持能力不能长时间持续,因此当长时间发酵时,必须保持较低的温度。

5. 面团的 pH

当面团的 pH 为 5.5 时,气体保持能力最合适。随着发酵进行,当 pH 降到 5.0 以下时,气体保持能力会急速恶化。所以,从稳定性角度考虑,发酵开始时 pH 高则面团稳定性大,pH 低则稳定性低。

6. 面粉的氧化程度

面粉的氧化程度是影响调粉后面团氧化程度的最重要因素,当长时间发酵时,空气中氧气的氧化作用影响变大。因为面团的氧化程度对面团的气体保持能力有决定性影响,所以最适当的氧化程度的面团具有最大的气体保持能力。这种状态维持得越久,发酵稳定性越好,而影响发酵稳定性的最重要因素就是面粉的质量。氧化程度低的面团,呈现潮湿、软弱的物理性质;而氧化过度的面团,则会失去韧性,如泥块一般易断裂。要经过较长时间发酵的面团,应使用氧化程度较低的面粉,因为发酵过程中氧化还会进行。

7. 酵母使用量

当酵母使用量多时,面团膜的薄化迅速进行,对于短时间发酵有利,可提高气体保持力。但对于长时间发酵,酵母使用量过多,则易产生过成熟现象,气体保持力的持久性(发酵耐性)会缩短。因此,如果进行长时间发酵,酵母的使用量应少一些。

8. 辅料

(1) 糖。糖类用量在 20% 以下可以提高气体保持力。当糖类用量超过 20% 时，气体保持力下降。从局部讲，糖可以抑制酵母发酵，似乎是增强了发酵耐性，但其实从总体上看，糖的大量存在使得酸的生成加剧，pH 下降变快，因此面团气体保持能力衰退得也快。

(2) 牛乳。牛乳可以提高面团的 pH，也就是有抑制 pH 下降的缓冲作用。但对于含有较多乳酸菌或多糖的面团，生成乳酸的速度迅速，在这种情况下，气体保持力的稳定性会下降。

(3) 蛋。蛋的 pH 高，不仅有酸的缓冲作用，还有乳化剂的作用。一般对面团稳定性有好的影响。

(4) 食盐。食盐有强化面筋、抑制酵母发酵的作用，另外还抑制所有酶类的活动。一定程度用量的增加，可使面团稳定性提高。

(5) 酶制剂。酶分解使面团变软弱，对面团稳定性有不良影响。其中蛋白酶影响较大，如果大量使用，会显著缩短发酵耐性。

6.4.4 影响气体产生能力的因素

1. 酵母的量和种类

酵母量越多，产生二氧化碳气体的量相对也就越多，但糖的消耗量也增加，所以持续性小、减退快。酵母量少时，气体产生量虽小，但持续时间长。由于酵母种类不同，同样的酵母量，同样的糖含量，发酵曲线的形状不同。有的很快达到峰值，然后又很快衰减；有的以一定速度、长时间稳定发酵；有的发酵开始时慢，发酵后期加快。因此，应根据发酵时间和其他工艺选择酵母的种类。因为直接法和中种法发酵时间只有 2~4h，故发酵期间酵母繁殖对发酵的影响不大。根据测定，对于 26.7℃ 的标准面团，酵母含量 1.67%，发酵 1~2h，酵母增加的数目仅为 0.003%，3~4h 增加 26%，4~6h 时增加数目降至 9%。但对于长时间发酵的方法，酵母的繁殖对发酵的影响不可忽视。

2. 温度的影响

温度对气体产生能力的影响最大。在 10℃ 以下，从外观上看几乎没有气体产生，35℃ 时气体的产生量达到极点，60℃~65℃ 时酿酶被分解，发酵作用停止。因此，10℃~35℃ 是发酵管理最重要的温度范围，在这一范围内温度每变动 5℃，气体产生速度的改变相当于 25℃ 时气体产生能力的 25%~40%。一般面团发酵时的温度为 25℃~28℃。

3. 酵母的预处理

一般在使用压榨酵母或干酵母时，最初混合于面团时发酵力很弱，要经过一个活化期,气体产生能力才会增加。为了缩短活化时间,可用30℃的稀糖水溶液将酵母化开,培养10~40min,有时还可加入少量面粉(5%~30%)以提高发酵能力。在进行酵母前培养时,除糖外如能加入铵盐、氨基酸、少量的面粉,对增强发酵力效果更好,一般配方为糖3%、氯化铵(或氨基酸)0.1%、小麦粉5%(对水的百分含量),加水量为调粉时添加水量的部分。

4. 翻面的影响

翻面(punching)也称掀粉,即当发酵到一定程度时,将发酵槽四周的面团向内翻压,不仅放跑面团中的气体,而且使各部分互相掺和。一般采用中种法时不用翻面,到第二次调粉时再翻面。但对于直接发酵法,当发酵到一定程度时需要翻面,否则面团变得易脆裂,保气性差。翻面的作用主要有:

①使面团温度均匀,发酵均匀;

②混入新鲜空气,降低面团内CO_2的浓度,因为CO_2在面团内浓度太大会抑制发酵;

③促进面团面筋的结合和扩展,增加面筋对气体的保持力,这是翻面最重要的作用。

影响气体产生能力的因素还有糖、食盐、pH、酵母营养物、淀粉酶等。

6.4.5 面团成熟

面团发酵时,经过一系列复杂的变化,达到制作面包的最佳状态,称作成熟。调制好的面团,经过适当时间的发酵,蛋白质和淀粉的水化作用已经完成,面筋的结合扩展已经充分,薄膜状组织的伸展性也达到一定程度,氧化也进行到适当地步,使面团具有最大的气体保持力和最佳风味条件。还未达到这一目标的状态,称为不熟(young dough),如果超过了这一时期则称为过熟(old dough),这两种状态的气体保持力都较弱。在实际的面包制作中,发酵面团是否成熟是决定成品品质的关键,面团的成熟度与成品品质的关系如下。

(1)成熟的面团。成品皮质薄,表皮颜色鲜亮,皮中有许多气泡并有一定脆性。内部组织细腻,气膜薄而洁白,柔软而有浓郁香味,总体胀发大。

(2)未熟的面团。成品皮部颜色浓而暗,膜厚,使用强力粉时,皮的韧性较大,表面平滑有裂缝,没有气泡。如果烘烤时间稍短,胀发明显不良,组织不够细腻,有时也发白,但膜厚,网孔组织不均匀。如果未成熟程度大,则内相灰暗,香味平淡。

(3)过熟的面团成品。皮部颜色比较淡,表面褶皱较多,胀发不良。内部组织虽然膜比较薄但不均匀,分布着一些大的气泡,呈现没有光彩的白色或灰色,有令人不快的酸臭或异臭等气味。

因此，准确判断发酵面团是否成熟十分重要。利用成品的好坏来判断面团发酵是否成熟往往是必要的，也比较好掌握，直接观察发酵面团来判断其成熟度则要难一些。直接观察面团发酵是否成熟的要点如下。

1. 成熟面团的特征

面团有适当的弹性和柔软的伸展性，由无数细微而具有很薄的膜的气泡组成，表面比较干燥。通常是扯开面团观察组织的气泡大小、多少、膜、网的薄厚，并且闻从扯开的组织中放出的气体的气味。若有略带酸味的酒香，则好；如酸味太大，则可能过熟。未熟面团扯开观察时，气泡分布很粗，网状组织也很粗，面团表面比成熟面团潮湿发黏。未熟面团成形后，继续醒发足够时间仍可得到发大的成品，但是面包组织粗，膜厚，很难达到成熟面团那样细腻、松软的程度。过熟的面团则很难补救。

2. 最后醒发时的观察

最后醒发阶段，较容易判断面团是否处于成熟状态。处于成熟状态的面团在醒发时需要时间最短，即在短时间内便会胀发到入炉时需要的体积，而未熟和过熟的面团达到同样胀发体积则要花更长时间。

6.4.6 发酵管理

面团的理想发酵时间都有一个范围，而不是一个点。在这个时间范围内，面团的气体保持力保持一定水平，这个范围称为面团的发酵弹性或发酵耐力（fermentation tolerance），即发酵的稳定性。发酵耐力大，酵母的产气量和面团的气体保留量都比较大，且能保持适当的平衡。显然，发酵耐力越大，操作越容易。发酵耐力同发酵一样受许多因素的影响，糖、油等辅料含量高的面团发酵较慢，但发酵耐力大；而配料较少的面团发酵快，但耐力小。

1. 发酵操作

发酵必须控制适当的温度及湿度，以利于酵母在面团内发酵。一般理想的发酵温度为27℃，相对湿度为75%。温度太低会降低发酵速度，温度太高则易引起野生发酵（wild fermentation）。湿度的控制亦非常重要，如果发酵室内的相对湿度低于70%，面团表面由于水分蒸发，干燥而结皮，不但影响发酵，同时使产品品质不均匀。

中种面团发酵的开始温度为23℃～26℃，2%酵母于正常环境下，3～4.5h即可完成发酵。中种面团发酵后的最大体积为原来的4～5倍，然后面团开始收缩下陷，这种现象常作为发酵时间的推算依据：中种面团胀到最大的时间为总发酵时间的66%～75%。面粉越陈，面团胀到最大需要的时间越长，总发酵时间越长。发酵完成后进行主面团调粉，然后再经第二阶段的发酵，称为延续发酵（floor time),一般延续发酵时间为 20～45 min。如果在室温下发酵,则应视面团、环境温度把握发酵时间。

直接法的面团要比中种面团的温度高,为 25℃～27℃,温度高可促进发酵速度。直接法的面团已将所有配方材料加入,如乳粉、盐对于酵母的发酵有抑制作用,因此直接法的面团的发酵要比中种面团慢,发酵时间要更长。但如果将中种面团的发酵时间及主面团延续发酵时间加起来,则中种法的发酵时间比直接法长。

直接法与中种法不同,发酵到一定程度时需要翻面,将一部分 CO_2 放出,减少面团体积。翻面不可过于激烈,只需将四周的面拉向中间即可,否则易使已熟成的面团变得易脆。

直接法的发酵时间由第一次翻面时间决定。将手指稍微沾水,插入面团,再将手指迅速抽出,当面团被手指插入的手指印无法恢复原状,同时有点收缩时,即为第一次翻面的时间,约为总发酵时间的 60%。第二次翻面时间为从开始发酵到第一次翻面时间的一半。以上计算只是一般方法,并不适用每一种情况,应依照面粉的性质决定发酵时间。陈旧面粉的面团翻面的次数不可太多,为了缩短发酵时间,一次翻面即可;而对于面筋强、蛋白质含量高或出粉率比较高的面粉制作的面团,第一次翻面时间应缩短,同时翻面次数需要增加。

2. 整形

发酵后的面团在烘烤前要进行整形工序。整形工序包括:分割、滚圆(搓圆)、中间发酵(静置)、成型、装盘等。在烘烤前,还要进行一次最后发酵工序(成型)。因此,整形处于基本发酵与最后发酵这两个在定温、定湿条件下进行的发酵工序之间。但在这期间,面团的发酵并没有停止,为了在整形期间不使面团温度过低(尤其是冬季)或表面干燥,最好安装上空调设备,尤其是硬式面包在最后发酵之前,操作时间较长,更需要控制好温湿度。一般理想温度条件为 25℃～28℃,相对湿度为 65%～70%。温度不当会给面包品质带来较大影响。

(1)分割(dividing)。

①分割的要求。分割就是将发酵好的面团按成品面包要求切块、称量,以备整形。面团发酵时间终了后要立刻分割,此工序的发酵时间终了并非整个发酵时间终了,实际上发酵仍然继续进行,甚至有继续增加的趋势。因此,如果分割时间过长,前面分割的面团与最后分割的面团在性质上将会产生大的差距。为了最大限度减少长时间分割引起前后面团发酵程度差异的不良影响,要加快分割速度。

手工分割虽效率低,劳动强度大,但有以下优点:面团受损伤较小,在炉内胀发大,较弱的面粉也能做出好的面包。机器分割虽效率高,但比用手分割对面团组织的破坏要严重。机器分割一般都是采用吸引、推压、切断等方式作用于面团,所以面筋组织受损伤大。与受损伤程度有关的因素为小麦粉的强度、面团的制法、面团的硬度（加水量）、搅拌程度、发酵程度、分割构造及其调节等。因此，机器分割的面团要比用手分割的面团新鲜些，发酵时间不可太长。为了减少机器分割引起的损害，面粉筋度要高，面团要柔软，让面团能自由流到分割室内。

②机械分割。机械分割的缺点主要有面团损伤和质量不均匀。为此，要求调粉操作使面团在调粉时充分结合扩展，具有柔软的伸展性，另外在发酵时要保证不能发酵过度。分割机本身的调整是解决质量不均一的重要方法。

（2）滚圆。分割出来的面团，要用手或用特殊的滚圈机器滚成圆形。目的是：

①使所分割的面团外围再形成一层皮膜，以防失去新生气体，同时使面团膨胀。不管是用手还是用机器分割出来的面团，都已失去一部分由发酵而产生的二氧化碳，使面团的柔软性降低，因而直接用分割出的面团整形比较困难。为此，整形前需要使面团重新发酵得到 CO_2，使面团恢复柔软性。若分割的面团不加以滚圆，由于切面孔洞的存在，再发酵产生的 CO_2 仍会失去。

②使分割的面团有光滑的表皮，在后续操作过程中不会发黏，烤出的面包表皮光滑好看。

（3）中间发酵。中间发酵也称静置，国外称为 short proof、first proof、overhead proof 或 bench 等。proof 在面包加工中是发面的意思，指滚圆到整形之间的发酵和整形到进烤炉之间的发酵。前者时间较短，所以也称短发酵（short proof）、中间发酵或工作台静置（bench），后者则称为最终发酵（final proof）、醒发、末次发酵或成型。中间发酵有三个目的。

①中间发酵不仅仅是为了发酵，而是因为面团经分割、滚圆等加工后，不仅失去了内部气体，而且产生了所谓加工硬化现象（work hardening），也就是内部组织处于紧张状态。通过一段时间的静置，可以使面团得到休息，面团的紧张状态松弛，从而有利于下一步的整形操作。这一工艺目的与饼干、蛋糕等不发酵食品的面团静置相同。

②在前步操作中面团内部失去了部分气体，在中间发酵过程中可以使气体得到一些恢复，以此来使面筋组织重新形成规整的构造，并使接下来的整形工序容易进行。

③使面块形成一层不粘整形压辊的薄皮。在进行中间发酵时，将面团放在发酵箱内发酵，这种发酵箱称为中间发酵箱。大规模工厂生产时，滚圆后的面团随连续传动带进入机器内的中间发酵室进行发酵。理想的中间发酵箱湿度应为 70%～75%，温度以 26℃～29℃为宜。湿度过低易使面团表面结皮，面包烤好后组织内产生深洞；湿度过高会表皮发黏，在整形时必须大量撒粉，致使面包内部组织不良。温度太高会使发酵太快，面团老化快，使面团的气体保持性差。尤其温

度高、湿度大时,影响严重。温度太低则发酵慢,需要延长中间发酵时间。

(4)成型。经过中间发酵后,将面团整成一定的形状,再放入烤盘内。成型操作必须注意以下两点。

①控制面团性质。要求面团柔软、有延展性、表面不能发黏。影响面团性质的因素包括所用的材料、面团搅拌和发酵情况等,如新麦磨成的新鲜面粉、面团配方中使用麦芽粉(酶制剂)过多或中间发酵箱内湿度太大都会使面团发黏。

②调整整形机。一般要使轧辊尽量靠近,只要不撕破面团即可。这样可使面团内细胞分布均匀,烤出的面包内部组织均匀、整齐。若滚轴调整太紧,面团易被撕破,会发生粘辊现象,使操作困难。还有一种情况,即面团经滚轴压平后,两端厚,中间薄,卷好后呈哑铃状,切开这种面团可发现内部的气泡大小和分布并不均匀。另外,比较严重的问题是轧辊的第一道如果调得太松,则无法使面团内的气体压出,使面包颗粒粗,内部有大洞。假如调得太开,则面团无法卷到一定的圈数,一般正确的圈数为2.5圈。轧辊距离应随品种个别调整。一般来说,面团质量小,第一道轧辊间隙要调整小一些,便于面团中的气体压出。软的面团比硬的面团第二道轧辊的间隙要大些。轧辊距离是否调得适当,要看压平面团表面是否光滑,如果表面太粗糙,则表示调得太紧。

成型与其他操作相同,应尽量减少撒粉。撒粉太多会使内部组织产生深洞,表皮颜色不均匀。撒粉多用高筋面粉或淀粉,以面团的1%为宜。

(5)装盘。成型的面团有的经过最终发酵后直接烘烤,例如圆面包;有的只是在入炉前用锋利的小刀划出几道口子,如欧式硬面包;有的则要放入烤盘或烤模中烘烤,现以听型面包为例讲述装盘的操作要领。

成型的面包应立即放入烤模内。大部分工厂面团由整形机整形,再由人工操作装入烤模内。先进的大规模生产工厂装盘已由机械操作。正确的装盘操作必须注意以下几点。

①在整形机成型后,必须装置精确磅秤,核对每一个面团的质量。

②装烤模时必须将面团的卷缝处向下,防止面团在最后发酵或焙烤时裂开。同时,要尽量使装入面团前的烤模温度与室温相同,太热或太冷会使最后发酵不良。

③烤模装面团前,必须经适当的处理,即每一次装烤模时涂油(一般用猪油比较好)或用一种涂剂 silicone(氟化烷基硅氧烷聚合物)进行相对永久性的处理。涂剂处理不仅方便,省去了每次使用都需涂油的麻烦及涂油的损耗,最重要的是卫生,减少了面包黏附油污的可能性。

④烤模的体积与面团质量的比对面包品质也有影响。根据经验,如制作不带盖的吐司面包,烤模的体积与面团质量之比应为 $3.35 \sim 3.47 \, m^3/g$。方包组织要

细密,烤模的体积与面团质量之比应为 3.47 m³/g;若要颗粒比较粗些,则烤模的体积与面团质量之比为 4.06 m³/g。

3. 最终发酵

最终发酵也称最末发酵、醒发或成型,这是入炉前很重要工艺,因为经过一系列复杂操作的面团,如在最后这一阶段失败,将前功尽弃,可见最终发酵的重要性。

(1)最终发酵的目的。经过成型的面团,几乎已失去了面团应有的充气性质,面团经成型时的辊轧、卷压等工序,大部分气体已被压出,同时面筋失去原有的柔软而变得脆硬和发黏,如立即送入炉内烘烤,则烘烤的面包体积小,组织颗粒非常粗糙,同时顶上或侧面会出现空洞和边裂现象。为得到形态好、组织好的面包,必须使成型好的面团重新再产生气体,使面筋柔软,增加面筋伸展性和成熟度。

(2)操作条件。最终发酵一般都是在发酵室进行。发酵室要求温度高,湿度大,常以蒸气来维持其温度,所以称为蒸气室。蒸气室内温度为30℃～50℃(普通38℃),相对湿度为83%～90%(普通85%)。也有要求更特殊温度的面包,例如丹麦式面包、欧洲硬式面包、牛角酥的最后发酵是在23℃～32℃的较低温度下进行的。其理由有的是因为低温可以溶存较多的二氧化碳,有利于炉内胀发;有的是油脂裹入太多,温度过高怕油脂熔化而流失。最后发酵时间要根据酵母用量、发酵温度、面团成熟度、面团的柔软性和成型时的跑气程度而定,一般为30～60min。对于同一种面包来说,最后发酵时间应是越短越好,时间越短做出的面包组织越良好。

(3)最终发酵程度的判断。

①一般最后发酵结束时,面团的体积应是成品大小的80%,其余20%留在炉内胀发。但在实际操作过程中,对于在烤炉内胀发大的面团,醒发时可以体积小一些(60%～75%),对于在烤炉内胀发小的面团,则醒发终止时体积要大一些(85%～90%)。对于方包,由于烤模带盖,所以好掌握,一般醒发到80%就行,但对于听型面包和非听型面包就要凭经验判断。一般听型面包都是用面团顶部离听型上缘的距离来判断的。

②用成型面团的胀发程度来判断,要求胀发到装盘时的3～4倍。

③根据外形、透明度和触感判断。发酵开始时,面团不透明、发硬。随着膨胀,面团变柔软,由于气泡膜的胀大和变薄,使人观察到表面有半透明的感觉。最后,随时用手指轻摸面团表面,感到面团越来越有一种膨胀起来的轻柔感。根据经验利用以上感觉判断最佳发酵时期。

(4)影响最终发酵的因素。

①面团的品种。面包品种不同,要求最终发酵的胀发程度也不同。一般体积大

的面包,要求在最终发酵时胀发得大一些,对欧式面包,希望在炉内胀发大些,得到特有的裂缝,所以在最终发酵时不能胀发过大;反之对于液种法、连续法做的面团,一般要求在最后发酵时多醒发一些。像葡萄干面包,面团中含有较重的葡萄干,胀发过大,会使气泡在葡萄干的重压下变得太大,所以需要发酵程度小一些。

②面粉的强度。强力粉的面团由于弹性较大,如果在最终发酵中没有产生较多气体或面团成熟不够,在烘烤时将难以胀发,所以要求醒发时间长一些。而对于面筋强度弱的面粉,若醒发时间过长,面筋气泡膜会胀破而塌陷。

③面团成熟度。面团在发酵过程中如果达到最佳成熟状态,那么采用最短的最终发酵时间即可;如果面团在发酵工艺中未成熟,则需要经过长时间的最终发酵弥补。但对于发酵过度的面团,最终发酵无法弥补。

④烤炉温度和形式的影响。一般烤炉温度越低,面团在炉中胀发越大;温度越高,炉内胀发越小。因此,对于前者,最终发酵时间可以短一些,对于后者应该长一些。有的烤炉,尤其是顶部、两侧辐射热很强的烤炉,面包在炉内的胀发较小;而炉内没有特别高温区,以炉内的高温气流来烘烤的炉子,面团在炉内胀发较大。在前一种炉中,最终发酵要求时间长一些,胀发大一些;而在后一种炉中,则最终发酵时间要短一些。

(5)最终发酵的注意事项。

①发酵室的温度和相对湿度。温度过高会引起面团温度不均匀,内部组织粗糙,成品产生酸味或其他不快气味,保存性不良。温度过低,则发酵时间延长,组织粗糙。湿度如果低于要求,面团表面会形成干硬的皮而失去弹性,不仅阻止胀发而且会引起上面或侧面裂口现象,而且影响色泽。湿度过大,面团表皮会形成气泡,且韧性增大,一般辅料较丰富、油脂多的面团即使在正常相对湿度(85%～90%)下也会使皮部韧性增加,所以要保持在60%～70%的较低相对湿度。另外,成熟过度的面团,相对湿度太高会使表皮糖化过度而发脆。

②发酵时间。过度的最后发酵会使面包表皮白、颗粒粗、组织不良、味道不好(发酸),向上胀发虽大但侧面较弱(听型),体积也会比正常产品大。而不足的最后发酵,则使成品体积小,表皮颜色过深。发酵时间还要根据烘烤机的速度调节。

6.5 面包的烘烤与冷却

6.5.1 面包的烘烤

1. 烘烤的基本方法

(1)烘烤炉内的温度控制。对于各种各样的面包,很难统一地规定烘烤温度和烘烤时间。实际操作中,往往是根据经验总结各种烘烤条件。即使是同一种面包,有时既可采取低温长时间烘烤的方法,也可以采取高温短时间加热的方法。较典型的有:①始终保持一定温度的烘烤法;②初期低温,中期、后期用标准温度;③初期高温,中期、后期采用标准温度烘烤等多种多样的烘烤面包的方法。

(2)炉内水蒸气的调节。一些现代化的、适应性高的烘烤炉,一般在面包烘烤时都要向炉内喷入不同程度的水蒸气,其目的有以下四点。

①帮助炉内面包的胀发,即增加面包的烘烤弹性。
②促进表面生成多量的糊精,使表面具有理想的光泽。
③防止表皮过早硬化而被胀裂。
④搅动炉内热气的对流,有助于热量的传播。

其中前三点,软化表面、有利胀发、增加表面光泽的作用意义最大。

向炉内喷的水蒸气,要求是湿蒸气,压力为 24.5kPa,温度为 104℃,从烤炉的顶部以 1~2m/s 的速度喷向下方。其目的就是要使刚进炉的较低温度(32℃左右)的面包坯遇蒸气后,迅速形成表面冷凝水,否则没有效果。对于隧道式平炉,一般需要不断喷入水蒸气,而对于托盘式炉,水蒸气密度大,当开始喷一些蒸气后,大量面包坯源源不断送入,此时从面包坯蒸发的水蒸气便可代替人为喷入的水蒸气。

2. 烘烤中的反应

(1)面包烘烤温度曲线。炉内面包烘烤时的变化称为烘烤反应。面包在炉内被加热时,从表面到内部的温度逐渐上升,而烘烤炉中面包各部分的温度变化曲线被称为烘烤曲线。对于主食面包,炉的适宜温度为 215℃~230℃。将 190℃~210℃称为低热炉,将 240℃~260℃称为高热炉。面包内部的各层温度,直到烘烤结束时都不超过 100℃,其中面包中心部分的温度最低。而面包表皮的温度很快超过 100℃,外表面的温度有时可达到 180℃。由此可知,当用高热炉烘烤面包时,内部温度虽然上升快,但表面温升更快,在内部还未到达成熟时,表面已经有了较深的烤色,容易产生内生外焦的现象。相反,当用低热炉烘烤时,在面包内部已充分烤熟时,往往表面颜色还比较浅,且总的水分蒸发量大。而在用适热炉烘烤时,面包内部完全转熟正好与外表形成最理想的烤色相一致。

一般可利用面包中心的烘烤温度曲线来判断烤熟所需的时间。当中心达到100℃时,并不意味着面包烤熟。中心必须在100℃维持8～12 min,才能使淀粉糊化完全完成。一般来说,面包越小,中心达到100℃所需时间就越短,烤熟所需时间也就越短。而原辅料中糖油比高的品种,如黄油甜松饼、蛋糕,因表面很容易上色,所以要求较低的温度长时间烘烤。表6-3为形态大小不同的焙烤食品的烘烤条件对比。

表6-3 各类焙烤食品的烘烤条件对比

焙烤食品	烘烤时间/min	炉温/℃	大小	中心温度上升所需时间/min			
				80℃	90℃	95℃	99℃～100℃
饼干	15	232	直径5cm	5	6	7	9～15
松饼	25	204	45cm型杯	10	12	13	16～25
蛋糕	30	185	(20×3.4)cm	7.5	20	23	28～30
面包	32	232	0.45kg(1lb)	19	20	23	28～30

(2)烘烤中的反应。

①烘烤过程。面包在烘烤中外观和内部组织的变化可以归纳为三个阶段:炉内膨胀,也称焙烤弹性;糊化;表皮形成和上色。

A. 炉内膨胀。炉内膨胀是由于受热而引起的膨胀。面团内有无数个发酵产生的小的密闭气孔,由于受热,气压升高而膨胀。促进膨胀的物理作用还有面团温度升高时释放出的溶解在液相内的气体,以及低沸点的液体(酒精)在面团温度超过它的沸点时蒸发而变成气体。这些气体增加了气泡内气体的压力,使气孔膨胀。除了上面三种纯物理影响外,另外还受酵母同化作用的影响,即温度影响酵母发酵,影响二氧化碳和酒精的产生量。温度越高,发酵反应越快,一直到大约60℃酵母被破坏为止。到此时,酵母所产生的二氧化碳足够使面团膨胀。同时由于温度升高,面团内的淀粉酶活力增加,促进酵母发酵,使面团软化,增加了面包的焙烤弹性。一般炉内膨胀占焙烤时间的1/4～1/3,体积增大约1/3。

B. 糊化。随着面团温度上升,以淀粉糊化为主的面团由类似液体向固体变化,即所谓固体化。当面团在发酵阶段时,面筋是面团的骨架,而淀粉就像附于骨架的肉。但在焙烤时,面筋有软化和液化的趋势,不再构成骨架。烘烤(55℃～60℃)时,淀粉首先糊化,糊化的淀粉从面筋中夺取水分,使面筋在水分少的状态固化,而淀粉膨润到原体积的几倍并固定在面筋的网状结构内,成了此时面包的骨架。因此,面团焙烤时的体积由淀粉维持,此时面团的性质及炉内膨胀受淀粉糊化程度影响较大。淀粉的糊化程度,受液化酶在发酵和烘烤的最初阶段的影响。液化酶适当作用于面团，能使淀粉达到适当流变性，作为面包骨架使面团膨胀良好。如淀粉酶不足，会使淀粉的糊化作用不足，生成的淀粉胶体太干硬，限制面团的膨胀，结果使面包的体积和组织都不理想。相反，如果淀粉酶太多，淀粉会被糊化过度，因此降低淀粉的胶体性质，使它无法承担气体膨胀的压力。小气孔会破裂而形成大气孔，发酵所产生的气体会漏出，损失面包体积。同时，糊精的颜色比淀粉深，所以面包内部颜色也会受到影响。

除淀粉的糊化作用以外，温度上升还改变了面筋的网状结构。面团温度最初上升时就有液化面筋的反应，这些面筋最主要的作用是构成面团骨架，使淀粉糊化时作为支架用，但起始温度上升使这一作用失去。淀粉要糊化必须吸收更多的水，因此淀粉糊化时就吸收面筋所持有的水。面筋凝固时温度为74℃，从74℃以后一直到烤完为止这一段时间内凝固作用比较少。

科学家Garmatz对好面包内部组织的定义为：气孔小、气孔壁薄、气孔微长型、大小一致，没有大洞，用手指尖触摸时感到松软光滑。

C. 表皮形成和上色。烘烤期间酒精在78℃大量蒸发，水分在98℃～100℃大量蒸发，约占面团总量10%的水分被蒸发掉。这种蒸发作用对于内部温度的平均化、淀粉和面筋的胶化具有较大的促进作用。由于温升不同，因此表层水分比内部水分蒸发快得多，所以当内部水分为37%～40%时，外层水分已在20%以下，最表层甚至在10%以下。因内部还有大量水分，所以温度维持在100℃以下时，外层温度可达130℃以上，最外表层可达150℃～200℃。于是面团中各种成分发生化学反应，使表皮上色。并且由于表面和内部温度和水分差别的增大，逐渐形成了一个较干燥的外层结构（称蒸发层或干燥层），最终形成了棕褐色的胶硬的外壳——面包皮。

②烘烤反应。以上为烘烤反应的大体情况，其中变化可以分为物理变化和化学变化两部分。

A. 烘烤中的物理变化：面团表面形成薄膜（36℃）；面团内部所溶解的二氧化碳逸出（40℃）；面团内气体热膨胀（100℃）；酒精蒸发（78℃～90℃）；水分蒸发（95℃～100℃）。

B. 烘烤中的化学变化：酵母继续发酵（60℃）；二氧化碳继续生成（65℃）；淀粉的糊化（56℃～100℃）；面筋凝固（75℃～120℃）；褐色化反应（150℃）；焦糖化褐变反应（190℃～220℃）；糊精变化（190℃～260℃）。后三种对成品的色泽、香味影响较大。

褐色化反应（美拉德反应）：烘烤时由于面团中尚有一部分剩余糖和氨基酸（由蛋白酶分解面团中的蛋白质而得到）存在，当表层温度超过150℃时，这些物质便发生一系列反应生成褐色的复杂化合物——类黑素。这些物质不仅是面包上色的重要物质,而且也是产生面包香味的重要成分。有许多科学家将氨基酸和还原精进行各种配合使之发生美拉德反应,证实了面包的烤香与美拉德反应的生成物醛类有着密切关系。

焦糖化褐变反应:这种反应的温度比美拉德反应高,一般产生两类物质,即糖的脱水产物——焦糖和裂解产物——挥发性的醛、酮类物质。前者对面包的色泽有一定影响,后者则可增加面包风味。因为焦糖化反应要在很高的温度下才能进行,所以面包的色泽和香味主要是美拉德反应的结果。

糊精变化:面包的外表由于烘烤开始的水凝固和后来的升温会生成多量的糊精状物质,这些糊精状物质在高温下凝固,不仅使面包色泽光润,而且也是面包香味的成分之一。

表皮最重要的反应是褐变,而其中主要是美拉德反应。此反应从150℃开始,在200℃以上,乃至240℃～250℃时,生成物成为黑色的不溶性的苦味物质,此时即是烤焦了。美拉德反应在糖量和氨基酸的量为一定比例时,其生成物使面包的色泽和香味达到最佳状态。

(3)烘烤条件。不同的产品焙烤时需要的温度及相对湿度不同,一般面包的适用温度为190℃～232℃。特殊产品如硬式面包,需要湿度较大的烤炉,因此需要在烤炉内喷入蒸气增加烤炉湿度。一般焙烤时间依温度高低而定,温度高焙烤时间短,反之则长。所以焙烤必须考虑三个因素:温度、相对湿度及时间。

0.45 kg白面包焙烤温度为218.3℃,时间为30 min。在焙烤最初阶段可喷入蒸汽3～4 min。比较大的面包焙烤温度约低数度,焙烤时间稍微延长。一般,最初烤的面包在焙烤初期需要外面提供蒸汽,以增加湿度,后面烤的面包由于之前烤的面包在焙烤时有水分蒸发,不需再人为喷入蒸汽。太多的蒸气会使面包表皮韧性增强。裸麦面包及硬式餐包焙烤温度较高,约为230℃,同时通入的蒸气要多,以使此种产品产生光滑的表皮。一般而言,配料丰富的面团需要低温长时间的焙烤,配料少的面团需高温短时间的焙烤。糖及乳粉对热比较敏感,很快且明显地产生棕色。假如面团内有较多的糖及乳粉,高温焙烤易使面包内部未烤熟前,表皮已有太深的颜色。同样原理,发酵不足的面团含有较多的剩余糖,亦需要在较低温度下烤制。配料少的面团则相反,只有一小部分的糖和乳粉,很难因为糖的焦化得到充分的表皮颜色,故必须利用高温,使淀粉在高温作用下形成着色的焦糊精。而如果在普通的温度下焙烤,要烤到理想的表皮颜色,焙烤时间必须延长,但这样会使产品太干,品质不良。同样,发酵太久的老面团,由于面团内的糖等因发酵而用尽,与配料少的面团烘烤条件相同。

6.5.2 面包的冷却

1. 面包冷却的目的

刚出炉的面包如果不经冷却直接包装,将会出现以下问题。

(1)刚出炉的面包温度很高,其中心温度在98℃左右,而且皮硬瓤软没有弹性,经不起压力,如马上进行包装容易因受挤压而变形。

(2)刚出炉的面包还散发着大量热蒸汽,如放入袋中蒸汽会在袋壁处因冷却变为水滴,造成霉菌生长的良好条件。

(3)由于表面先冷却,内部蒸汽也会在表皮凝聚,使表皮软化,变形起皱。

(4)一些面包烤完后还要进行切片操作,因刚烤好的面包表皮高温低湿,硬而脆,内部组织过于柔软而易变形,若不经冷却,切片操作会十分困难。

为解决以上问题,在面包进行包装或进行后续深加工工序前(如三明治),要进行冷却。冷却过程可以使外层水分增加而有所软化,使内层水分进一步蒸发和冷却而变得具有一定硬度。

2. 面包冷却的方法

为了生产计划顺利进行,面包必须加速冷却。一般面包冷却至中心温度32℃时,切片包装最为理想。冷却操作要注意的问题是控制水分的蒸发损失。美国法律规定面包内水分不能超过38%。一些面包厂缺少面包出炉后的冷却设备,让其自然冷却。但因季节的变动,大气的温度及湿度皆会发生变化,因此利用焙烤进行调整。

可认为面包出炉后每一部分的温度都很均匀,但水分分布并不均匀。外表皮水分只有15%左右,而面包内部的水分为42%左右。因此面包出炉后,水分从中心向表皮扩散。由于水分的重新分布,表皮由干且脆的情况变软。

面包冷却时,如大气的空气太干燥,面包蒸发太多的水分,会使面包表皮裂开、面包变硬、品质不良。如相对湿度太大,蒸汽压小,面包表皮没有适当的蒸发,甚至于冷却再长亦不能使水分蒸散,结果面包好像没有烤熟,切片、包装都因软而困难。

面包由于体积大而冷却比饼干慢得多,如自然冷却,一般圆面包冷却至室温要花 2h 以上,500g 以上大面包甚至要花 3～6h。为了加速面包的冷却,目前有三种常见的方法。

(1)最简单的方法是在密闭的冷却室内,出炉面包从最顶上进入,并沿螺旋而下的传送带依次慢慢下行,一直到下部出口,切片包装。在冷却室上面有一个空气出口,最顶上的排气口将面包的热带走,新鲜空气由底部吸入使面包冷却。这种方法一般可使冷却时间减少到 2～2.5 h,但不能有效控制面包的水分流失。

(2) 有空气调节设备的冷却。面包在适当调节的温度及湿度下，约在 90 min 内可冷却完毕。空气调节冷却设备主要有箱式、架车式和旋转输送带式的冷却设备等。

(3) 真空冷却。此种方法是现在最新式的，冷却时间只需 32 min。面包真空冷却设备包括两个主要部分。先在已控制好温度及湿度的密闭隧道内使面包预冷，时间约为 28 min；第二阶段为真空部分，面包进入真空阶段的内部温度约为 57℃，面包经过此减压阶段，水分蒸发很快，因而带走大量潜热。在适当的条件下，能使面包在极短时间内冷却，而不受季节的影响，但此方法设备成本较高。

6.6 面包的老化与控制

6.6.1 面包老化

老化就是面包经烘烤离开烤炉后，由本来松软及湿润的制品（或松脆的产品）发生变化，表皮由脆变得坚韧，味道变得平淡而失去刚出炉的香味，英语称为 staling，也就是失去其新鲜时的味道，变得陈旧的意思。面包、蛋糕等其他焙烤食品也都有老化的问题。美国将面包的老化称为 staleness。从前无论什么面包经过 12h 后，都会发生明显的老化，现在经研究人员一百多年的努力，先进的技术可使面包保存数日或更久而不失去原有的性质。因为面包老化造成的损失较大，所以解决面包老化的问题是面包制造工艺中的一个重大课题。

6.6.2 老化现象的理解

老化一般可分为面包皮的老化和面包心部组织（或称面包瓤）的老化。

1. 面包皮的老化

面包皮老化的表现是：新鲜的面包皮比较干燥、酥脆，有浓郁的香味，老化后变得韧而柔软，香味消失，并散发令人不快的气味，味道变得带点苦味。一般认为面包皮的老化是由于面包瓤的水分移动造成的，但气味的变化原因目前尚不明确。一般来说，包装及大气湿度高都会促进表皮老化。

2. 面包瓤的老化

新鲜面包瓤非常柔软，富有弹性并散发着面包香味，随着老化的进行，面包瓤变得硬而脆，如再放置会更加脆弱、易碎，香味也减退甚至变味。

面包的老化中，瓤的老化最重要。其过程可以看成三种独立的变化分别以不同速度进行：①香味消失；②水分移动达到平衡状态；③淀粉的变化。

对于面包老化的分析也可以从外观、性状的变化来分析,如面包瓤变硬、韧性减少而脆性增大,以及由于水分蒸发而变得干燥和内质的变化等,这些都是由于:①可溶性淀粉减少(与新鲜淀粉相比相差 2.5%);②在水中的膨润性减少(例如新鲜面包的瓤在水中放置一定时间可膨润 52%,而同样条件下老化面包只有 34%);③无序的 α 化淀粉变为结晶化的 β 淀粉等。

6.6.3 面包老化的测定

面包老化的测定是长期以来许多研究人员用各种方法试图解决的问题。测定的着眼点主要是淀粉的物理化学变化。

(1)可溶性淀粉量的变化。观察 10 h 以内可溶性淀粉减少量的变化。

(2)面包瓤膨润性质的变化。例如,将 10g 面包瓤粉碎到能通过 30 目的筛眼大小。将这些面包屑放入量筒中并加水至 250 mL,加入少量的甲苯,然后比较 24 h 后的膨润体积。新鲜面包比老化面包膨润体积大。

(3)面包瓤淀粉结晶(X 射线衍射情况)的变化。

(4)面包瓤不透明度的变化。老化的面包不透明度增加。

(5)淀粉酶作用速度的差异。这种方法的原理是将面包瓤破碎后,放入一定量恒温的水中,并加入定量的 α-淀粉酶,95% 以上的糊化淀粉会很快被分解糖化,但老化成为声淀粉后,α-淀粉酶的作用便会减小,糖化度会减少到 80%、60%、50%,当糖化度降到 50% 左右时,面包老化会更明显。

(6)面包组织脆弱性的变化。其原理为利用面包瓤老化后会发硬变脆弱的性质,将面包瓤切成一定大小的小方块,然后与金属球一起放在筛上振动,测定振动一定时间后通过一定筛孔的面包屑的量来判断面包的老化度。

(7)面包瓤物理性能的变化。这种测定主要有两种方法:测定面包瓤的柔软性和硬度。前种方法是在面包瓤的平面用一定面积的平面压头垂直加一定质量载荷,以压头陷入面包内的深度来表示面包的柔软度;后者是测定将面包瓤压下一定深度(厘米或厚度的几分之几)时所要的力。测定时,一般将面包切成 12~13mm 的片,然后加载。由于面包烘烤工序及组织不均匀的影响,往往即使是同一块面包,面包片之间差别也相当大。因此,取样要求多一些(几片到几十片)。这是一种使用最广泛的测定方法。

(8)利用粉质仪测定。将面包瓤掺入面团中,利用粉质仪测定其黏稠度。

6.6.4 面包老化的控制方法

焙烤食品多数属于保存困难的食品,而其中老化问题是最致命的问题之一。人们为了防止老化,延长面包类食品的商品寿命,已进行了一个世纪以上的不懈努力。目前总结出以下几种延迟老化的方法。

(1)加热和保温。保持了一定水分的面包再加热时还可以新鲜化,这是由于已经老化的β淀粉,如没有失去水分,再加热时还可以重新糊化变成α淀粉,使面包呈现新鲜时的状态。因为淀粉的糊化温度为60℃,只要将面包保存在60℃~90℃的环境中即可防止淀粉的老化。据实验表明,这种方法可使面包保存新鲜36~48h。但在这样的温度下容易产生因细菌的繁殖而发霉和在高温下香气挥发的问题。因此有人把面包保存在30℃、相对湿度为80%的环境中,这一技术已经在实际中收到明显效果。不过,要求在面包制成后从包装到仓库、运输、商店这一系列环节都要保持上述条件。

(2)冷冻。冷冻是防止食品品质退化最有效的方法,对面包也一样。冷冻储藏必须在-18℃以下。因为-7℃~20℃是老化最快的温度区域,所以在冷却时要使面包迅速通过这一温度区域,一般采用-45℃~-35℃冷风强制冷却的方法。据称,冷冻法可使面包的新鲜度保持两个星期。1940年,这一技术开始商业化应用。将大量面包冷冻后储存在冷库中,必要时取出解冻后贩卖。但冷冻提高了技术难度,同时要求从制作到贩卖店的一系列冷冻链。

(3)包装。包装虽不能防止淀粉老化,但可以保持面包的卫生、水分和风味,减少芳香的散失,在一定程度上保持了面包的柔软,因此也可以说延长了面包的商品寿命,抑制了面包老化。另外,包装前面包的冷却速度对包装后面包的老化速度也有一定影响。

(4)原辅料的影响。

A.面粉。许多实验已经证明,高筋面粉比中筋面粉做出的面包老化慢、保存性好。这是因为面粉面筋量多,能缓冲淀粉分子的互相结合,防止淀粉的退化(β化),延迟了面包的老化时间。同时,面筋可当作水分的水库,改变面包的水化能力。

B.辅料。黑麦的添加可以延迟面包的老化,当添加量为3%以上时,其效果便明显。另外,糖类、乳制品、蛋(尤其是蛋黄)、油脂类的添加都对延迟老化有积极作用。这些辅料中以牛乳的效果最为显著,例如加入20%脱脂乳粉的面包,可以保持一个星期不老化。糖延迟老化的作用,主要是由于它的吸湿性保持了水分。据研究,单糖比双糖的保水(保软)性更强,因此有工厂多使用转化糖。油脂类的作用是油脂膜阻止了面包组织中水分的移动。与糖类似,被用来加强面包水分保持力的添加物还有糊精、α淀粉(末粉)、大豆粉、α化马铃薯粉、阿拉伯树胶、刺槐豆、藻酸盐类等高分子化合物。这些物质都具有超过本身质量2倍的吸水能力,具有阻止水分蒸发干燥、延迟老化的作用。

C.乳化剂。天然的卵磷脂、单甘油酸酯、硬脂酰乳酸钙(CSL)、SSL(Sodium

Stearoyl-2-Latylate)、蔗糖脂肪酸酯等都有防止老化的作用。这是因为这些乳化剂使油脂在面包中分散均匀而阻止水分的移动。其中，单甘油酸酯、CSL 和 SSL 可以使油脂形成极薄的膜而裹住膨润后的淀粉，阻止当淀粉结晶时排出的水分向面筋或外部移动，对面包的硬化有显著的抑制效果，因此也被称作软化剂。

D. 酶的添加。一般在面包制作时，为了补充 α-淀粉酶的不足，常添加大麦芽粉或 a-淀粉酶，添加量为 $0.2\%\sim0.4\%$。由于液化酶加入后，在面团发酵和烘烤初期可以使一部分淀粉分解为糊精，从而改变了淀粉结构，起到延迟淀粉老化的作用。此外，适量加入某些木聚糖酶等可以延缓面包的老化。

(5) 面团的处理。各种老化延迟剂虽有一定效果，但也会带来副作用。提高面包保存性最重要、最好的条件是优质的面粉和正确的面团处理操作，这是使面包寿命延长的最基本方法。

A. 面团的吸水量。老化的主要影响因素之一便是水分的减少，为了使面包保持一定水分，从面团调制上讲，就是增加和面时的加水量。一些研究结果表明：调粉时制作更柔软的面团是防止老化的对策。但是这种办法也是有限度的，加水过多面团过软，会降低面包本身的质量，而且不易烤熟，中间部分常出现夹生现象。

B. 发酵方法。众所周知，中种法制作的面包比直接发酵法制作的面包老化要慢一些。一些研究人员用压缩机实验的方法也证明了这一点。

C. 调粉方法。调粉时适当的高速搅拌可以改善面包的保存性能。高速搅拌与低速搅拌得到的面团的膜的伸展性不同，高速搅拌得到的面团的膜比较薄，面包的膜也薄，因此比较柔软，市场寿命也就长。

D. 发酵程度。最佳的发酵程度对面包的保存性效果显著。未成熟的发酵，面包硬化较快，过熟的发酵使面包容易干燥。关于发酵管理影响寿命的问题，有许多说法。一种有代表性的说法为：发酵时尽量采取低温（22℃～26℃），根据面筋力的大小尽量增加发酵时间（增加翻面次数），对于抑制老化有效。但另一种说法认为与温度无关，发酵到最佳程度是最重要的。还有一种说法认为：向面团中加入 3% 的酸酵面有抑制老化的效果。

6.7 酵种及面包制作实例

实例一 汤种的制作

一、制作原料(表 6-4)

表 6-4 汤种配方

面包粉	砂糖	95℃热水
100g	5g	200g

二、制作方法

将 95℃热糖水倒入面包粉中快速搅拌均匀,包上保鲜膜,放入冰箱冷藏,隔夜使用。

实例二 法式酵种

一、制作原料(表 6-5)

表 6-5 法式酵种配方

面包粉	盐	酵母	水
100g	2g	2g	80g

二、制作方法

将所有原料搅拌均匀,室温(约 26℃)醒发 2h,包上保鲜膜,放入冰箱冷藏,隔夜使用。

实例三　波兰酵种

一、制作原料(表 6-6)

表 6-6　波兰酵种配方

面包粉	酵母	水
500g	1.5g	530g

二、制作方法

将所有原料搅拌均匀,包上保鲜膜,室温醒发,隔夜使用。

实例四　天然酵母葡萄种

一、制作原料(表 6-7)

表 6-7　天然酵母葡萄种配方

葡萄干	糖	蜂蜜	凉开水 30℃
50g	5g	1g	150g

二、制作方法(表 6-8)

1. 将所使用的玻璃瓶放在开水里煮一下消毒,拿出晾凉。

2. 把配方原料放入玻璃瓶中至玻璃瓶的七八分满,并摇晃几下,放在 26℃左右的环境中一天。

3. 从第 2 天开始每天早晚都打开瓶盖,再充分摇晃。如此养种 4~7 天。

4. 葡萄种养好后,用筛子过滤出葡萄液,第 1 天为 100g 葡萄液加 100g 小麦粉搅拌均匀,密封,置于 27℃左右的环境中,发酵 24h 左右,体积约为原来的 2~3 倍大。

第 4 天后即为水果鲁邦种。

第 6 章　面包制作工艺

表 6-8　天然酵母葡萄种的制作

酵母种第 1 天	上午 8:00	做元种	葡萄液 100g 小麦粉 100g	27℃发酵箱里放 12h
酵母种第 2 天	上午 8:00	第一酵种	元种 200g 小麦粉 200g 30℃水 100g	27℃发酵箱里放 24h
酵母种第 3 天	上午 8:00	第二酵种	第一酵种 500g 小麦粉 500g 30℃ 水 500g	27℃发酵箱里放 24h

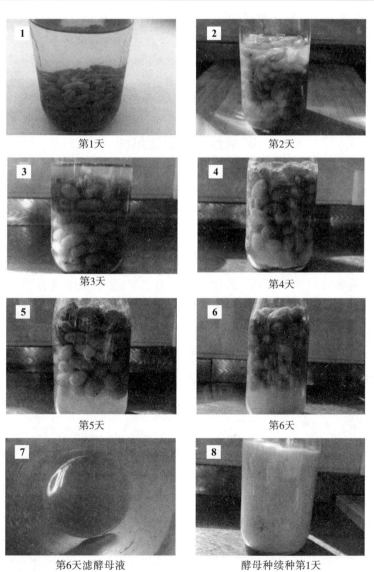

第1天　　　　　　　　　第2天

第3天　　　　　　　　　第4天

第5天　　　　　　　　　第6天

第6天滤酵母液　　　　　酵母种续种第1天

酵母种续种第2天

酵母种续种第3天

三、注意事项

1. 开水杀菌消毒后避免再次污染。
2. 每天开盖换气后要拧紧盖子防止空气中的细菌污染。
3. 如条件允许,将器皿放在26℃~27℃恒温箱里保证发酵的温度。
4. 每一步操作都要注意卫生,防止被污染。

四、作业与要求

利用不同的水果制作鲜酵母,根据产气情况判断最佳使用水果。

实例五　全麦鲁邦种

鲁邦种是以乳酸菌为主体的发酵种,含有少量酵母菌,几乎不含其他菌种,所以非常稳定。它源自欧洲,从法国传过来。主要用来做欧包、硬系面包(法棍、乡村面包)。

鲁邦种一般使用小麦粉、黑麦粉、水(需要时亦允许使用盐)制作而成。鲁邦种是在非实验室环境中培养的,其内部含有自然环境中多种混合的微生物,其中对面团影响较为明显的是酵母菌、乳酸菌和醋酸菌。这些微生物群落产生乳酸、醋酸等有机酸。维持适当的酸度可以抑制杂菌繁殖,提高面包的抗老化性与保存性,给面团带来适当的酸味与特殊的芳香。

在法国,鲁邦面包的法律定义非常严格:①必须是天然鲁邦酸种发酵的面团;②鲁邦酸种只能由全麦或黑麦制作;③鲁邦酸种制作和面包制作过程中不允许使用化学添加剂。

鲁邦种的pH=3.7(pH值很低),尝起来发酸。除了作为发酵种,它还是天然的添加剂和防腐剂(因为pH值低,细菌不能生存,有抑菌作用),可以软化面筋。

一、教学目标与要求

掌握天然鲁邦种的制作方法与鉴别方法。

二、天然鲁邦种的制作方法

(一)制作工具

玻璃器皿、搅拌棒、不锈钢马兜。

(二)烘焙原料(表6-9)

表6-9 天然鲁邦种的制作方法

第1天	上午8:00	做元种	裸麦粉 100g（全麦粉） 30℃水 120g	27℃发酵箱里放24h
第2天	上午8:00	第一酵种	元种 200g 小麦粉 200g 30℃水 200g	27℃发酵箱里放24h
第3天	上午8:00	第二酵种	第一酵种 600g 小麦粉 600g 30℃水 600g	27℃发酵箱里放24h
第4天	上午8:00	最终酵种	第二酵种 1800g 小麦粉 1800g 30℃水 1800g	27℃发酵箱里放24h
第5天	上午8:00	做好天然酵母，合计84小时	10℃冷藏保存	
第6天	上午8:00	可以使用的天然酵母		

(三)制作方法

1.将所用玻璃器皿及搅拌工具用热水煮一下消毒,把全麦粉100g、麦芽2g、30℃水120g混合均匀,在27℃发酵箱里放24h。此为第1天所用原料,一共222g。

2.第2天往器皿里加入小麦粉200g和30℃水200g,混合均匀,在27℃发酵箱里放24h。

依此类推,第6天可以使用。鲁邦种pH=3.7最佳。

第1天

第2天

第3天

第4天

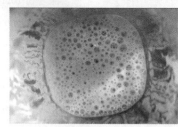
第5天，pH=3.7

（四）注意事项

1. 开水杀菌消毒后避免再次污染。
2. 每天开盖换气后要拧紧盖子，防止空气中的细菌污染。
3. 条件允许时，器皿应放在26℃～27℃恒温箱里以保证发酵的温度。
4. 每一步操作都要注意卫生，防止被污染。

（五）作业与要求

思考配方添加量的不同与产气的效果。

实例六　方口吐司

一、教学目标与要求

1. 掌握面团搅拌的方法；
2. 掌握面团醒发程度的判断方法。

二、方口吐司的制作方法

（一）制作工具

吐司盒、和面机、电子秤、烤箱、醒发箱、不锈钢盆。

（二）烘焙原料（表6-10）

表6-10　方口吐司配方

原料	重量	原料	重量
面包粉	1200g	牛奶	110g
砂糖	180g	奶粉	80g

续表

原料	重量	原料	重量
酵母	20g	水	350g
鸡蛋	150g	盐	16g
淡奶油	120g	黄油	100g

(三)制作流程

称量→面粉过筛→面团搅拌→第一次醒发→称量→揉圆→静置→整形→入模→二次醒发→烘烤→脱模晾凉。

(四)制作方法

1. 把高筋粉、奶粉倒入不锈钢盆中,糖放在一边,酵母放在另一边,慢速搅拌均匀,然后分次加入液体配料,慢速搅拌,直至搅拌成团。加入盐快速搅拌3~5 min至面筋初步扩展,加入黄油,先慢后快,搅拌至面筋扩展(出膜),把膜戳破,戳破的边缘光滑无锯齿。

2. 案板撒上面粉,把面团分成250g面团,揉成类似馒头状的小球,铺上保鲜膜,盖好,在常温(26℃左右)下静止20 min。

3. 把球形面团擀成长条,卷起静置10 min,再擀成长条,卷起,放入吐司模具。在450g的吐司模具中放入两个卷好的面团,压平,盖上盖子。

4. 放入醒发箱,醒发40 min,温度设为33℃~38℃,湿度设为75%,发酵至90%即可;

5. 烘烤45 min,上下火均为180℃。

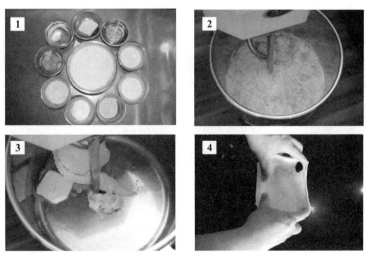

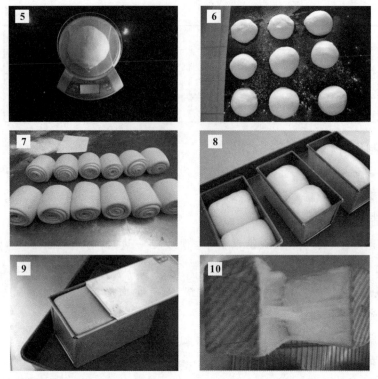

(五)注意事项

1. 冬天用20℃左右的温水,夏天用15℃左右的水,搅拌好的面团温度在26℃以下。

2. 面团搅拌的时间因重量及速度而定,面团质量越大,搅拌时间越长。

3. 面团整形好后放入吐司盒要按压平整,以保证底部醒发好后形状完整。

4. 出炉后立马脱模,晾凉包装冷藏备用。

(六)成品特色

表面金黄,外脆里嫩,质地柔软,内部出现拉丝状纹理,口感香甜,绵软。

(七)作业要求

练习吐司的制作。

实例七 墨西哥蜜豆面包

一、教学目标与要求

1. 掌握面团搅拌及成型的方法;
2. 掌握包馅的方法及揉圆的方法。

二、墨西哥蜜豆面包的制作方法

(一)制作工具

和面机、电子秤、烤箱、醒发箱、不锈钢盆、裱花袋、剪刀。

(二)烘焙原料(表 6-11、表 6-12)

表 6-11　墨西哥蜜豆面包面团配方

原料	重量	原料	重量
面包粉	1250g	奶粉	50g
砂糖	250g	水	450g
酵母	15g	盐	15g
鸡蛋	150g	黄油	125g
淡奶油	120g	熟蜜豆	适量

表 6-12　墨西哥酱配方

原料	重量	原料	重量
黄油	100g	鸡蛋	100g
糖粉	100g	低筋粉	90g

(三)制作流程

称量→面粉过筛→面团搅拌→第一次醒发→称量→揉圆→静置→包馅整形→二次醒发→表面装饰酱→烘烤。

(四)制作方法

1. 把高筋粉、奶粉倒入缸中,糖放在一边,酵母放在另一边,慢速搅拌均匀,然后分次加入液体配料,慢速搅拌,直至搅拌成团。加入盐,快速搅拌 3~5min 至面筋初步扩展,加入黄油,先慢后快搅拌至面筋扩展(出膜),把膜戳破,戳破的边缘光滑无锯齿。

2. 在案板上撒上面粉,面团揉圆,盖上保鲜膜,常温(26℃左右)下醒发 30~40 min。

3. 分割,揉圆。把面团分割成长条,切割(60g 每个),揉圆,静置 10 min,包入蜜豆,再揉圆。

4. 第二次醒发,放入醒发箱,醒发 30 min 左右,温度为 33℃~38℃,湿度为 75%,醒发到 3 倍大即会表面光亮湿润。

5. 在醒发的同时,制作墨西哥酱,把黄油软化,加入糖粉搅拌均匀,加入鸡蛋拌匀,最后加入低粉拌匀,放入裱花袋备用。

6. 面团醒发好后拿出,在表面挤上墨西哥酱,在表面划圈即可(可撒少许核桃仁)。
7. 烘烤。上火190℃/下火180℃,时间20 min,烤至表面金黄即可。

(五)注意事项

1. 搅拌速度先慢后快。

2. 制作形状大小一致。

3. 面团醒发好,挤酱装饰时要均匀。

4. 烤制时人不要离开。

(六)成品特色

表面颜色金黄;口感外层酥脆,内部绵软;馅料香甜。

(七)作业要求

练习墨西哥面包的制作。

实例八 肉松面包

一、教学目标与要求

1. 掌握面团搅拌的方法。

2. 掌握面包的成型技法。

二、肉松面包的制作方法

(一)制作工具

和面机、电子秤、烤箱、醒发箱、不锈钢盆、刻模、西餐刀。

(二)烘焙原料(表6-13)

表6-13 肉松面包面团配方

原料	重量	原料	重量
面包粉	1000g	水	400g
砂糖	200g	盐	15g
酵母	25g	黄油	200g
鸡蛋	200g		

(三)制作流程

称量→面粉过筛→面团搅拌→第一次醒发→称量→揉圆→静置→包馅整形→二次醒发→表面装饰酱→烘烤。

（四）制作方法

1. 把高筋粉倒入不锈钢盆中，将糖放在一边，酵母放在另一边，慢速搅拌均匀，然后分次加入液体配料，慢速搅拌，直至搅拌成团。加入盐，快速搅拌 3～5min 至面筋初步扩展，加入黄油，先慢后快搅拌至面筋扩展（出膜），把膜戳破，戳破的边缘光滑无锯齿。

2. 在案板上撒上面粉，把面团揉圆，包上保鲜膜在常温（26℃左右）下，静置 20～30 min。

3. 自制肉松酱。将鲜香葱和火腿切碎，加沙拉酱，混合搅拌成肉松酱。

4. 分割，揉圆。把面团分割成长条，切割（每个 50g），然后揉圆，静置 10 min，光面朝下，做好以下造型。

造型1：擀开（不擀落），光面朝下，用手慢慢拨，结扣朝里，窝起来（图17）；

造型2：擀开，光面朝下，拉刀，再卷起来，系个扣，围绕火腿缠绕 3 圈（先压一头，缠 3 圈，头尾相缠后藏入，图21）；

造型3：擀平，包入香肠，用剪刀剪 6 刀，分别切断，盘成花瓣状（图23）。

5. 烤盘喷油，放入醒发箱，醒发 40 min，温度为 36℃～38℃，湿度为 60%～80%。

6. 醒发好后，表面刷上蛋液，刷均匀，放点肉松酱、洋葱碎、火腿碎、芝麻，或者火腿片、肉松、沙拉酱。

7. 烘烤 12 min，200℃/190℃。烘焙出来，挤上沙拉酱，撒上生菜和火腿肠。

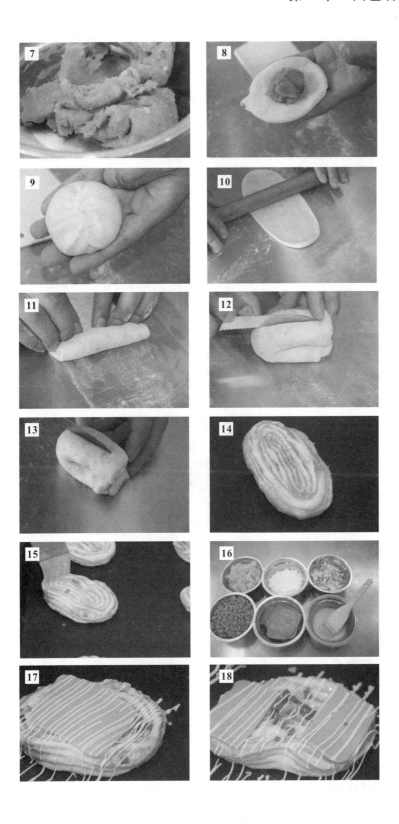

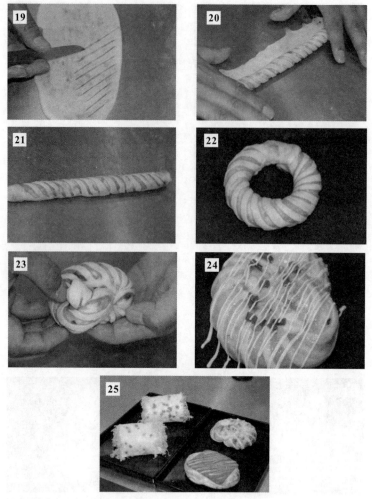

(五)注意事项

1. 面团造型划口时不要划破。

2. 烘烤时烘烤的颜色。

(六)成品特色

口感松软,复合口味的调理面包。

(七)作业要求

练习肉松面包的制作。

实例九 甜甜圈

一、教学目标与要求

1. 掌握面团搅拌及成型的方法。

2. 掌握面团炸制的火候。

二、甜甜圈的制作方法

(一)制作工具

和面机、电子秤、烤箱、不锈钢盆。

(二)烘焙原料(表6-14)

表6-14 甜甜圈面团配方

原料	重量	原料	重量
面包粉	900g	蜂蜜	30g
低筋粉	100g	牛奶	150g
砂糖	150g	水	340g
酵母	20g	盐	12g
鸡蛋	200g	黄油	150g

(三)制作流程

称量→面粉过筛→面团搅拌→第一次醒发→称量→揉圆→静置→整形→二次醒发→炸制→晾凉装饰。

(四)制作方法

1. 把高筋粉、低筋粉、改良剂倒入不锈钢盆中,糖放在一边,酵母放在另一边,慢速搅拌均匀,分次加入液体配料,慢速搅拌,直至搅拌成团。加入盐,快速搅拌3～5min至面筋初步扩展,加入黄油,先慢后快,搅拌至面筋扩展(出膜),把膜戳破,戳破的边缘光滑无锯齿。

2. 第1次醒发。在案板上撒上面粉,把面团揉制成团,盖上保鲜膜,常温醒发(26℃左右),时间约40min,中间翻面。

3. 成型方法。

成型方法1:分割,揉圆。把面团分割成长条,切割(每个60g),揉圆,静置10min,把球形面团擀成正方形面片,卷成长条,一头按扁,后结成圆圈。

成型方法2:把第1次醒发好的面团擀成约1cm厚,用甜甜圈模具压模制成甜甜圈生面坯。

4. 放入醒发箱,醒发30min,温度为33℃～38℃,湿度为75%,醒发到3倍大,表面光亮湿润即可。

5. 油炸。油温约为150℃,两面炸约3min,两面金黄即可。

6. 装饰。

①糖粉装饰;

②巧克力装饰;

③卡仕达酱水果装饰。

180 西式面点工艺学

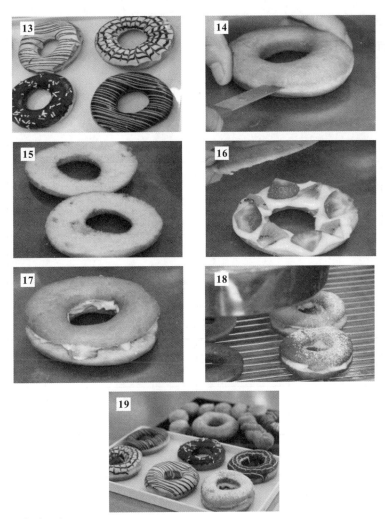

(五)注意事项

1. 搅拌速度先慢后快。

2. 制作形状大小一致。

3. 炸制时油温不宜过高。

(六)成品特色

表面颜色金黄,口感酥脆,内部绵软香甜。

(七)作业要求

变换不同造型甜甜圈装饰。

实例十　丹麦面包

一、教学目标与要求

1. 掌握酥质面包面团的搅拌方法。

2.掌握酥质面包开酥方法的制作及面包造型技术。

二、丹麦面包的制作方法

(一)制作工具

和面机、电子秤、烤箱、醒发箱、不锈钢盆、刻模、西餐刀。

(二)烘焙原料(表6-15、表6-16)

表6-15　丹麦面包面团配方

原料	重量	原料	重量
面包粉	750g	黄油	40g
低筋粉	320g	牛奶	250g
酵母	20g	砂糖	120g
水	450g	鸡蛋	2个
盐	15g	包入黄油片	500g

表6-16　苹果酱配方

原料	重量	原料	重量
苹果丁	300g	黄油	15g
砂糖	30g	葡萄干(泡水)	30g
蜂蜜	10g		

(三)制作流程

称量→面粉过筛→面团搅拌→冷冻→包油→开酥→静置→整形包馅→醒发→表面装饰→烘烤。

(四)制作方法

1.把面包粉、低筋粉倒入不锈钢盆中,糖放在一边,酵母放在另一边,慢速搅拌均匀,然后分次加入液体部分,慢速搅拌,直至搅拌成团。加入盐拌匀,先慢后快搅拌3~5 min,至面筋初步扩展,加入40g黄油,先慢后快搅拌至面筋扩展(出膜),把膜戳破,戳破的边缘光滑无锯齿。

2.在案板上撒上面粉,面团揉圆,盖上保鲜膜,放入冰箱冷冻,冷冻至面团稍硬,约20~30 min。

3.制作苹果馅料。平底锅加热放入黄油和糖,待糖融化后放入苹果丁,炒制成熟后,加入葡萄干和蜂蜜拌匀,即可。

4.拿出面团擀制成长方形,面积为黄油片的3倍,把黄油片放在中间,用面片完全包裹住,然后放入冷冻冰箱,冷冻10 min。拿出,擀成原来的3~4倍大,对折4次。再放入冰箱冷冻10 min。

5.拿出面团,先擀制成原来的3~4倍,再对折4次。放入冰箱冷冻约

20 min。

6. 拿出面团,擀至 2mm 厚,根据要求制作出圆形和长三角形。圆形面片中间放入苹果馅料,两片合在一起,压合在一起,长三角形卷成牛角形状,常温醒发,醒发至原来的 3~4 倍。

7. 醒发好后刷蛋液,进入烤箱烘烤,上下火均为 180℃,烘烤 20 min,至表面金黄。

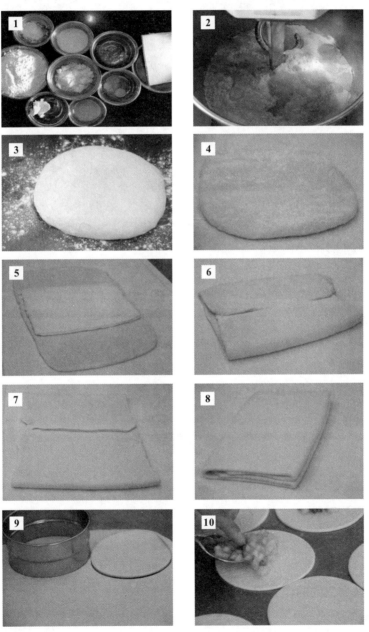

(五)注意事项

1. 面团搅拌不要太大劲。

2. 包油开酥时面团温度和片油软硬要一致,尽量不要漏油。

(六)成品特色

表面颜色金黄,口感外层酥脆。

(七)作业要求

练习丹麦面包的制作。

实例十一　软欧牛角面包

一、教学目标与要求

1. 掌握软欧牛角面包面团搅拌的方法。

2. 掌握软欧牛角面包造型的制作方法。

二、软欧牛角面包的制作方法

(一)制作工具

和面机、电子秤、烤箱、醒发箱、不锈钢盆、裱花袋、剪刀。

(二)烘焙原料(表6-17～表6-19)

表6-17 软欧牛角面团配方

原料	重量	原料	重量
面包粉	500g	黄油	28g
砂糖	58g	法式酵种	100g
酵母	12g	汤种	70g
水	316g	盐	5g

表6-18 抹茶装饰配方

原料	重量	原料	重量
黄油	50g	鸡蛋	1个
砂糖	50g	抹茶粉	4g
低筋粉	50g		

表6-19 乳酪馅配方

原料	重量	原料	重量
奶油芝士	150g	奶粉	25g
砂糖	30g	粟粉	10g

(三)制作流程

称量→面粉过筛→面团搅拌→第一次醒发→称量→揉圆→静置→包馅整形→二次醒发→表面装饰酱→烘烤。

(四)制作方法

1.把高筋粉倒入不锈钢盆中,糖放在一边,酵母放在另一边,慢速搅拌均匀,然后分次加入水,慢速搅拌,直至搅拌成团。加入盐拌匀,再加入烫面和法式酵种先慢后快搅拌约3~5 min至面筋初步扩展,加入黄油,先慢后快搅拌至面筋扩展(出膜),把膜戳破,戳破的边缘光滑无锯齿。

2.在案板上撒上面粉,面团揉圆,盖上保鲜膜,常温(26℃左右)下醒发30~40 min。

3.在醒发的同时,拌匀奶酪酱,放入裱花袋,备用(奶酪酱所有原料拌匀即可)。

4.分割,揉圆。把面团分割成长条,切割,每个200g,然后揉圆,静置10 min,再整形成椭圆形,静置10 min。

5.把面团拍平,挤入奶酪馅料,卷成长条,弯成牛角形状,放入烤盘醒发。

6.第二次醒发,放入醒发箱,醒发30 min,温度为33℃~38℃,湿度为75%,醒发到3倍大,即可表面光亮湿润。

7.在醒发的同时,制作抹茶酱,把黄油软化,加入糖粉,搅拌均匀,加入鸡蛋拌匀，最后加入粉料拌匀，放入裱花袋备用。

8. 面团醒发好后拿出，在表面刷蛋液并挤上抹茶酱。

9. 烘烤。上火230℃，下火220℃，烘烤20 min，至表面金黄。

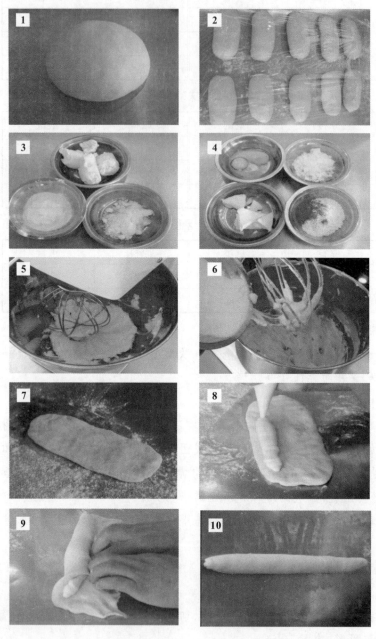

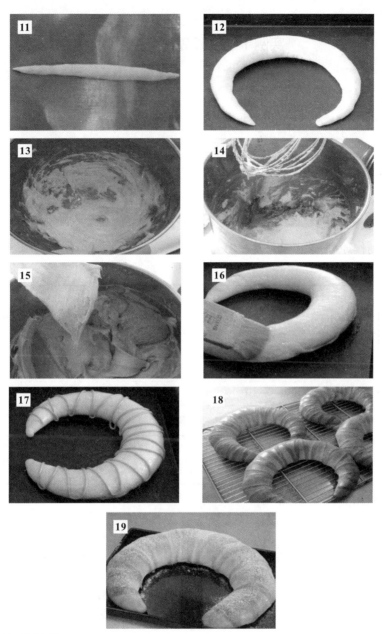

(五)注意事项

1. 包馅料时要挤制均匀,避免露馅。
2. 烤制温度较高,烘烤时不要离人,注意观察。

(六)成品特色

表面颜色金黄,口感外层酥脆,内部绵软,馅料香甜。

(七)作业要求

练习软欧牛角面包的制作。

实例十二　蔓越莓乳酪面包

一、教学目标与要求

1. 掌握蔓越莓乳酪面包面团搅拌及成型的方法。
2. 掌握蔓越莓乳酪面包面团的造型技术。

二、蔓越莓乳酪面包的制作方法

(一)制作工具

和面机、电子秤、烤箱、醒发箱、不锈钢盆、马兜、打蛋器、烤盘等。

(二)制作原料(表6-20、表6-21)

表6-20　蔓越莓面包配方

原料	重量	原料	重量
面包粉	1000g	水	700g
砂糖	50g	盐	12g
酵母	12g	黄油	50g
法式酵种	150g	蔓越莓	150g

表6-21　乳酪馅料配方

原料	重量	原料	重量
奶油奶酪	200g	糖粉	100g

(三)制作流程

称量→面粉过筛→面团搅拌→第一次醒发→称量→揉圆→静置→整形→填馅料→二次醒发→表面撒粉→烘烤。

(四)制作方法

1. 将面粉、砂糖、酵母慢速搅拌均匀,下入法式酵种,水慢速搅拌均匀,快速搅拌至扩展阶段,下入盐、黄油,慢速搅拌均匀,快速搅拌面团至完全扩展。

2. 下入蔓越莓干,慢速搅拌均匀,面团整理光滑,基础发酵50 min(中间翻面)。

3. 将面团分割成每个220g,整理揉圆,松弛30 min。

4. 馅料的制作,将奶油奶酪打发,拌入糖粉,装入裱花袋。

5. 将面团擀开,抹馅料30g,将面团均匀卷起成棍形,将卷好的面团打一字花结,将整理好的面团放在烤盘上,最后发酵50 min(常温醒发),在面团表面撒面粉进行装饰。

6. 烘烤。上火230℃,下火200℃,蒸汽2 s,烘烤15 min。

第 6 章　面包制作工艺

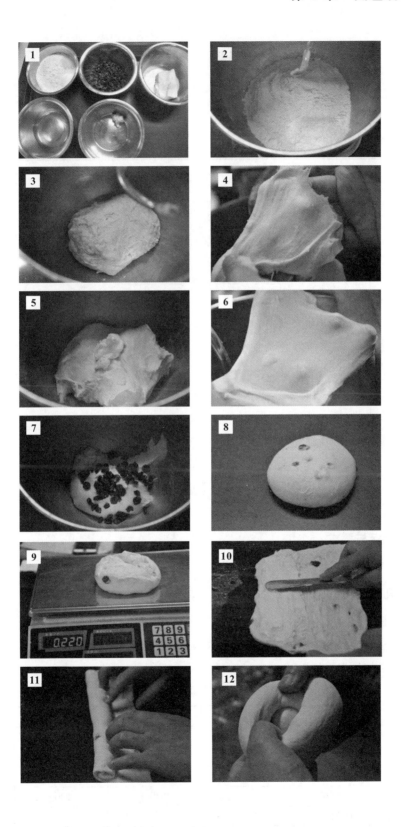

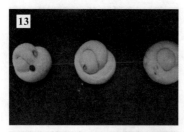

（五）注意事项

1. 面团整形揉圆时果料尽量揉在里面。
2. 注意烘烤时表面颜色的变化。

（六）成品特色

蔓越莓干的酸甜和奶酪馅的浓郁香醇赋予面包特殊的口感和嚼劲。

（七）作业要求

练习蔓越莓乳酪面包的制作。

实例十三　芒果乳酪面包

一、教学目标与要求

掌握芒果乳酪面包面团搅拌及成型的方法。

二、芒果乳酪面包的制作方法

（一）制作工具

和面机、电子秤、烤箱、醒发箱、不锈钢盆、马兜、打蛋器、烤盘等。

（二）烘焙原料（表6-22、表6-23）

表6-22　芒果乳酪面包面团配方

原料	重量	原料	重量
面包粉	950g	水	680g
砂糖	100g	盐	15g
酵母	10g	黄油	80g
法式酵种	100g	芒果丁	100g
奶粉	30g		

表6-23 芒果乳酪馅料配方

原料	重量	原料	重量
奶油奶酪	100g	糖粉	100g
芒果蓉	13g		

(三)制作流程

称量→面粉过筛→面团搅拌→第一次醒发→称量→揉圆→静置→整形→填馅料→二次醒发→表面撒粉→烘烤。

(四)制作方法

1. 将高筋面粉、全麦粉、酵母、糖、盐、奶粉慢速搅拌均匀,下入水,慢速搅拌成团,加入法式酵种,慢速搅拌均匀,快速搅拌至扩展阶段,下入黄油慢速搅拌均匀,面团快速搅拌至扩展完成阶段即可,加入果料,慢速搅拌均匀。

2. 面团整理至圆球状,基础发酵 60 min(中间翻面),将面团分割成每个240 g,整理揉圆,松弛 20 min。

3. 馅料的制作,将奶油奶酪打发,拌入糖粉,再加入芒果蓉拌匀,装入裱花袋。

4. 将面团擀成长条形,面团表面抹馅料 50 g,将面团轻轻卷起成棍形,将整理好的面团放在烤盘上,最后发酵 50 min(常温醒发),面团表面撒粉、划刀进行装饰。

5. 烘烤。上火 230℃,下火 200℃,蒸汽 2 s,烘烤 15 min。

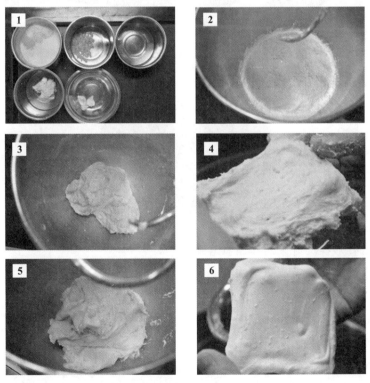

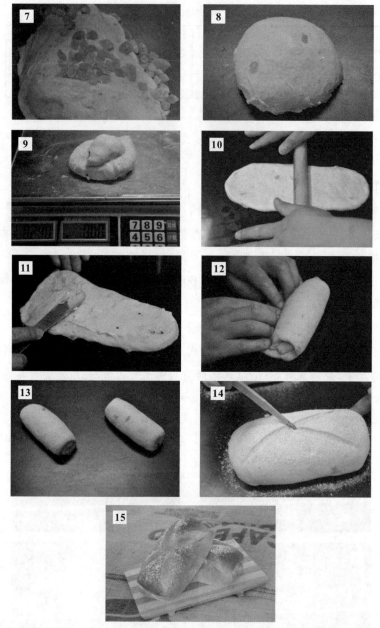

(五)注意事项

1. 面团整形揉圆时果料尽量揉在里面。

2. 注意烘烤时表面颜色的变化。

(六)成品特色

柔软Q弹,面团内部加入了大量的芒果干与馅料,果香浓郁。

(七)作业要求

练习芒果乳酪面包的制作。

实例十四　黑糖核桃面包

一、教学目标与要求

1. 掌握黑糖核桃面包面团的搅拌方法及醒发程度的判断。
2. 掌握黑糖核桃面包面团的造型方法。

二、黑糖核桃面包的制作方法

（一）制作工具

和面机、电子秤、烤箱、醒发箱、不锈钢盆、马兜、打蛋器、烤盘等。

（二）烘焙原料（表6-24）

表6-24　黑糖核桃面包配方

原料	重量	原料	重量
面包粉	425g	黑麦粉	25g
全麦粉	50g	水	350g
红糖	25g	盐	9g
酵母	5g	黄油	30g
鲁邦种	100g	核桃	100g

（三）制作流程

称量→面粉过筛→面团搅拌→第一次醒发→称量→揉圆→静置→整形→填馅料→二次醒发→表面撒粉→烘烤。

（四）制作方法

1. 将面包粉、全麦面粉、黑麦粉、酵母慢速搅拌均匀，下水搅拌均匀，快速搅拌至扩展阶段，下盐、黄油，慢速搅拌均匀，面团搅拌至扩展完成阶段。

2. 取面团500g，其余加入果料搅拌均匀，整理光滑，基础发酵60 min（中间翻面）。

3. 将面团分割成60cm×7cm和240cm×7cm，整理揉圆松弛20 min，将面皮擀开翻转成长条状，撒红糖，面团均匀卷起呈棍形，将面皮部分擀开整理成长方形，将面皮覆盖在棍形面团上，左右相对拉紧黏合，将整理好的面团放在烤盘上，最后发酵约50 min（常温醒发）。

4. 表面撒裸麦粉划斜刀进行装饰。

5. 以上火230℃，下火200℃，蒸汽2 s进行烘烤，烤约18 min。

(五)注意事项

1. 在对面团整形揉圆时,尽量将果料揉在里面。

2. 注意烘烤时表面颜色的变化。

(六)成品特色

湿软 Q 弹,香味浓郁。

(七)作业要求

练习黑糖核桃面包的制作。

实例十五　亚麻籽蔓越莓面包

一、教学目标与要求

1. 掌握亚麻籽蔓越莓面包面团搅拌及成型的方法。

2. 掌握亚麻籽蔓越莓面包面团醒发程度的判断及造型技术。

二、亚麻籽蔓越莓面包的制作方法

(一)制作工具

和面机、电子秤、烤箱、醒发箱、不锈钢盆、马兜、打蛋器、烤盘等。

(二)烘焙原料(表 6-25)

表 6-25　亚麻籽蔓越莓面包配方

原料	重量	原料	重量
面包粉	500g	牛奶	200g
砂糖	30g	水	140g
酵母	10g	盐	10g

续表

原料	重量	原料	重量
法式酵种	800g	黄油	30g
蜂蜜	30g	蔓越莓	200g
亚麻籽	100g		

(三)制作流程

称量→面粉过筛→面团搅拌→第一次醒发→称量→揉圆→静置→整形→二次醒发→表面撒粉→烘烤。

(四)制作方法

1. 将所有原料分开进行称量,将面粉、糖、盐、奶粉、酵母慢速搅拌均匀,下入法式酵种、水搅拌均匀,快速搅拌至扩展阶段,下入黄油慢速搅拌均匀,快速搅拌至扩展阶段,下入亚麻籽,蔓越莓慢速搅拌均匀,面团整理光滑。

2. 基础发酵 40 min(中间翻面),将面团分割成每个 300g,整理揉圆,松弛 20 min。

3. 整形,将面团以手掌按压的方式排气,将排气后的面团整理成三角形,将整理好的面团放在烤盘上,基础发酵 50 min(常温醒发),在面团表面撒粉划刀进行装饰。

4. 烘烤。上火 225℃,下火 200℃,蒸汽 2 s,烤约 15 min。

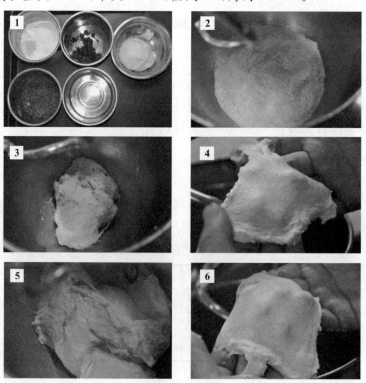

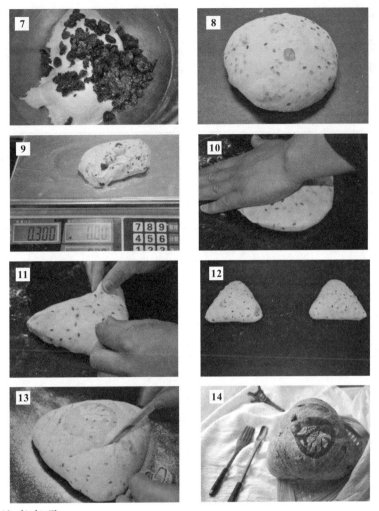

(五)注意事项

1. 在对面团整形揉圆时,尽量将果料揉在里面;

2. 注意烘烤时表面颜色的变化。

(六)成品特色

湿软 Q 弹,外脆香。

(七)作业要求

练习亚麻籽蔓越莓面包的制作。

实例十六 法 棍

一、教学目标与要求

1. 掌握无糖面包面团搅拌技术及醒发方法。

2. 掌握法棍的成型手法。

二、法棍的制作方法

（一）制作工具

和面机、电子秤、烤箱、醒发箱、不锈钢盆、马兜、打蛋器、烤盘等。

（二）烘焙原料（表6-26、表6-27）

表6-26 法棍面包配方

原料	重量	原料	重量
面包粉	700g	水	550g
盐	18g	酵母	5g
鲁邦种	600g		

表6-27 香蒜酱配方

原料	重量	原料	重量
黄油	200g	味精	2g
盐	3g	蒜泥	65g
香菜泥	20g		

（三）制作流程

称量→面粉过筛→面团搅拌→第一次醒发→称量→揉圆→静置→整形→静置→最后成型→二次醒发→最后造型→表面撒粉→烘烤。

（四）制作方法

1. 主面团面包粉和鲁邦种部分慢速搅拌2 min，水温为6℃～7℃，水量为40%，搅拌至无干粉，面温为18℃～19℃，静置20 min。

2. 将酵母置于150 g水中溶解，分次加入面团，慢速搅拌3 min。

3. 加入盐，慢速搅拌2 min，快速搅拌1 min至面筋完全扩展，面温为23℃左右。

4. 室温（24℃～26℃）下，松弛50 min叠面。第二次松弛30 min后叠面。

5. 两次叠面后，松弛20 min，分割成320 g的面团，整成250 mm长的条状。再次松弛20 min，温度为28℃。

6. 将长条状面团整形至长棍形，进行最终醒发，温度为30℃，湿度为75%，时间为25～30 min。

7. 将发酵完成的法棍划上刀口，划刀角度为15°～40°。

8. 入炉烘烤，下火230℃，上火250℃，蒸汽6 s，时间10 min。降温至下火200℃，上火230℃，时间20 min，出炉前10 min打开风门。

把黄油、味精、盐打发，加入蒜泥和香菜泥拌匀，把香蒜酱放入裱花袋，挤入划道的地方。

第 6 章 面包制作工艺

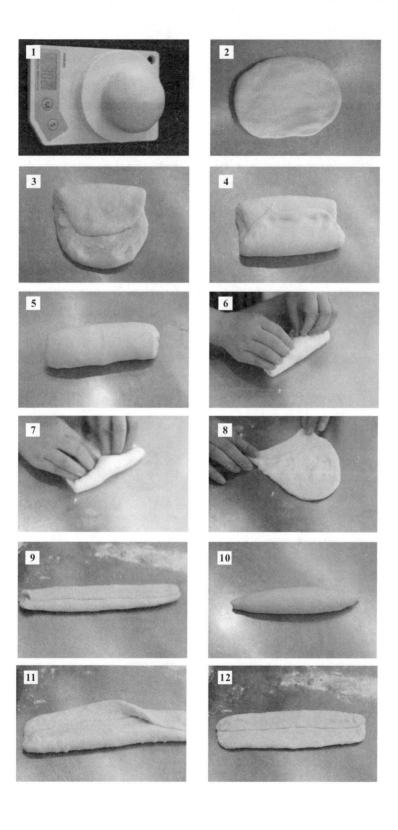

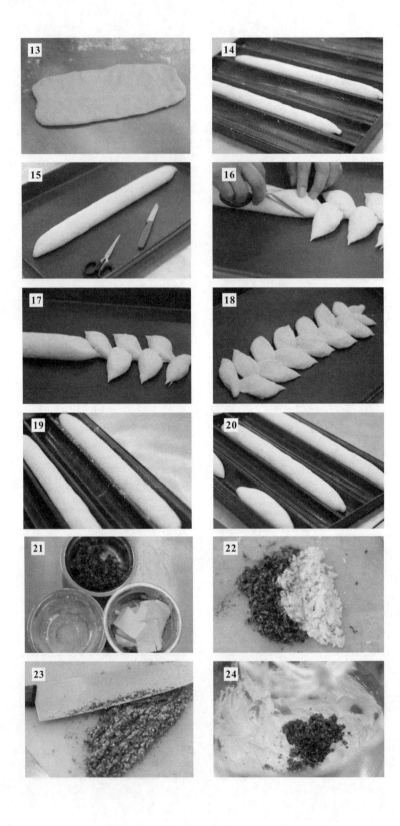

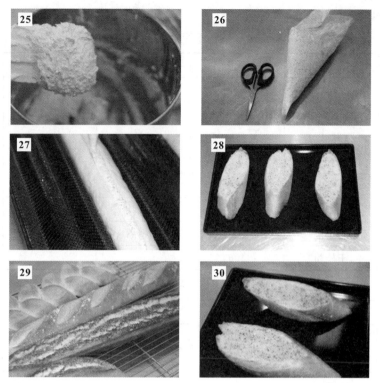

(五)注意事项

1. 划口深浅均匀一致。

2. 注意烘烤时表面颜色的变化。

(六)成品特色

外表香脆,颜色金黄。

(七)作业要求

练习法棍的制作及造型的创新。

实例十七　复活节面包

一、教学目标与要求

掌握复活节面包面团搅拌及成型的方法。

二、复活节面包的制作方法

(一)制作工具

和面机、电子秤、烤箱、醒发箱、不锈钢盆、刮板、裱花袋、马兜、打蛋器、烤盘等。

(二)烘焙原料(表6-28、表6-29)

表6-28 复活节面包配方

原料	重量	原料	重量
面包粉	1000g	水	380g
砂糖	150g	盐	15g
酵母	25g	黄油	150g
鸡蛋	100g	奶粉	30g
柠檬皮	200g	葡萄干	300g
橙子皮	200g	柠檬汁	50g
香草棍	50g	朗姆酒	50g
玉桂粉	10g		

表6-29 表面"十"字装饰("十"字酱)配方

原料	重量	原料	重量
面包粉	200g	水	120g
色拉油	40g		

(三)制作流程

称量→面粉过筛→面团搅拌→第一次醒发→称量→揉圆→静置→二次醒发→表面装饰酱→烘烤。

(四)制作方法

1. 把高筋粉、奶粉倒入不锈钢盆中,糖放在一边,酵母放在另一边,慢速搅拌均匀,然后分次加入液体配料慢速搅拌直至搅拌成团。加入盐快速搅拌3~5 min至面筋初步扩展,加入黄油,先慢后快搅拌至面筋扩展(出膜),把膜戳破,戳破的边缘光滑无锯齿。再加入柠檬皮、葡萄干、橙子皮、香草棍、玉桂粉拌匀。

2. 在案板上撒上面粉,把面团揉圆,包上保鲜膜在常温(26℃左右)下,静置20~30 min。

3. 分割,揉圆。把面团分割成长条,切割,每个40g,然后揉圆。

4. 第二次醒发,放入醒发箱,醒发30 min左右,温度为33℃~38℃,湿度为75%,醒发到3倍大即可表面光亮湿润。

5. 将"十"字酱拌匀放入裱花袋。

6. 醒发好后表面划十字,烘烤至表面金黄即可,用上火200℃,下火180℃烘烤12 min,出炉后刷蜂蜜。

第 6 章 面包制作工艺

(五)注意事项

1. 面团整形揉圆时尽量将果料揉在里面。
2. 注意烘烤时表面颜色的变化。

(六)成品特色

口感松软,复合口味的调理面包。

(七)作业要求

练习复活节面包的制作。

思考与练习

1. 面团造型划口时有哪些注意事项?
2. 影响酵种产气的因素有哪些?
3. 为什么要将面包冷却?

第7章 点心制作工艺

7.1 饼干制作工艺

饼干是以面粉、糖、油及牛奶、蛋黄、疏松剂等为原辅料,经面团调制、辊压、成型、焙烤而成。其风味有奶香、蜜香、可可香等,其形状有长条形、方形、圆形、动物形和玩具形等。饼干是一种配料讲究,营养价值较高,口感酥脆的焙烤制品,也称方便食品。饼干的生产历史虽然很短,大约只有160年,传入我国也不过才80多年,但由于其食用和携带均很方便,耐长期贮藏,因此受到世界各国人民的普遍欢迎,成为食品工业中重要的支柱产业之一。

饼干的花色品种繁多,按油糖用量和原料配比不同,可将饼干分为5大类,见表7-1。

表7-1 饼干按原料配比分类

种类	油糖比	油糖与面粉比	品种
粗饼干类	0∶10	1∶5	发酵硬饼干、硬饼干
韧性饼干类	1∶2.5	1∶2.5	低档甜饼干,如动物饼干、什锦饼干、玩具饼干等
酥性饼干类	1∶2	1∶2	一般甜饼干,如椰子饼干、橘子饼干、乳脂饼干等
甜酥性饼干类	1∶1.35	1∶1.35	高档酥饼类甜饼干,如桃酥、椰蓉酥、奶油酥等
发酵饼干类	10∶0	1∶5	中、高档苏打饼干等

我国行业标准中把饼干按产品分为甜饼干、发酵饼干、夹心饼干和花色饼干4类,见表7-2。

表7-2 饼干按产品分类

饼干类型		产品特性
甜饼干	韧性饼干	凹花印模,外观平滑,有针孔,口感松脆,断面有层次
	酥性饼干	凸花印模,断面多孔无层次,口感酥松
	甜酥性饼干	造型方式多样,断面孔隙清晰,口感酥滑
发酵饼干	咸味梳打	外观光滑,有针孔,断面层次结构清晰,口感疏松,有发酵香味
	甜味梳打	

续表

饼干类型		产品特性
夹心饼干		在饼干间有风味馅料层,口味多样
花色饼干	威化饼干	由面坯多层夹心组成,面坯极其松脆,而且入口即化
	蛋元饼干	由含蛋面浆焙烤而成,结构疏松,口感松脆
	蛋卷	由含蛋面浆制成的多孔薄片卷制而成的多层筒形产品,口感酥脆

7.1.1 甜饼干生产

甜饼干可分为韧性饼干、酥性饼干两大类。韧性饼干大部分为凹纹,外观光滑,表面平整有针眼,印文清晰,断面结构有层次,口感松脆耐嚼;酥性饼干大部分是凸纹,表面花纹明显,断面结构细,孔洞较显著,糖油量较韧性饼干高,口感酥脆。近年来国际上较受欢迎的品种,已由甜酥性转变为韧性,由冲压成型改为挤花成型。韧性饼干及酥性饼干配方分别见表7-3及表7-4。

表7-3 韧性饼干配方

原辅料用量	韧性饼干配方				
	动物	玩具	大众	玫瑰	钙质
标准粉/kg	50	50	50	50	50
白砂糖/kg	10.5	13	13	12	9.5
淀粉糖浆/kg	2.0	0.5	—	1.5	5.0
植物油/kg	3.8	7.0	2.5	7.0	3.5
猪板油/kg	0.65	—	—	—	2.0
蛋品/kg	1.0	—	2	2	2
磷脂/kg	0.25	0.5	0.5	0.5	0.75
奶粉/kg	—	—	—	1.5	1.5
精盐/kg	0.25	0.2	0.25	0.25	0.25
小苏打/kg	0.40	0.4	0.3	0.35	0.4
碳酸氢铵/kg	0.25	0.25	0.2	0.15	0.2
香精油/mL	香蕉88	橘子69	菠萝106	—	樱桃106
磷酸氢钙/kg	—	—	—	—	0.5
桂花/kg	—	—	—	0.7	—

表 7-4 酥性饼干配方

原辅料用量	酥性饼干品种					
	甜酥	橘蓉	巧克力	椰蓉	奶油	葵花
标准粉/kg	50	50	50	—	—	—
特制粉/kg	—	—	—	50	50	50
淀粉/kg	—	—	2.5	—	3.25	2.3
砂糖/kg	20	18	16.5	17	17.5	18.5
淀粉糖浆/kg	—	2	1.5	1.5	1.5	—
植物油/kg	5	5.5	8.35	椰子油 10	—	—
奶粉/kg	—	—	1.5	—	2.5	1.5
猪油/kg	—	—	—	—	11.5	11
蛋粉/kg	—	—	—	—	—	0.4
磷脂/kg	0.5	0.5	0.5	0.8	—	—
精盐/kg	0.15	0.3	0.25	0.3	0.3	0.15
小苏打/kg	0.3	0.3	0.3	0.3	0.3	0.25
碳酸氢铵/kg	0.2	0.2	0.2	0.15	0.15	0.15
香精油/mL	—	橘子 80	—	椰子 25	黄油 35	椰子油 9
香兰素/g	8	—	38	—	—	28
抗氧化剂/g	—	—	1.6	2	2.3	2.2
柠檬酸/g	—	—	0.8	1	1.15	1.1
可可粉/kg	—	—	5	—	—	—
焦糖/kg	—	—	1.5	—	—	—

1. 冲印韧性饼干工艺

冲印韧性饼干工艺流程见图 7-1。

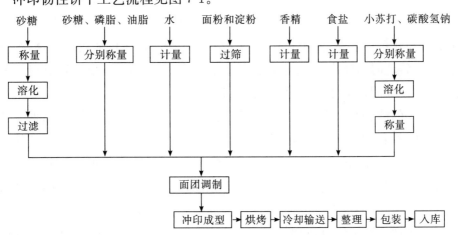

图 7-1　冲印韧性饼干工艺流程

2. 辊印甜酥性饼干工艺

辊印甜酥性饼干工艺流程见图 7-2。

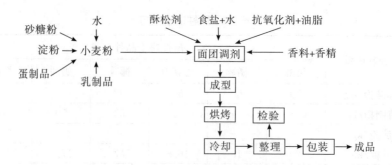

图 7-2 辊印甜酥性饼干工艺流程

3. 甜饼干生产操作

（1）面团调制基本理论。将各种原辅料在和面机中调制成既保证产品质量要求，又适合机械运转的面团。调制的面团应稍有延伸性，有良好的塑性，黏性很小，没有弹性，软硬适度。若面团延伸性很大，弹性强，制品便会收缩变形；面团延伸性过小，会在后续工序中断片，造成生产上的困难，面团过软，黏性增大，饼坯会弯曲，辊轧和成型时粘网带或模具；面团过硬，又易断片，成品坚实不疏松等，只有调制出可塑性良好的面团，才能保证产品质量。良好面团的物理性能，目前尚无十分精确的面团物理性质测定方法，经验仍是主要的。

面粉中蛋白质和淀粉的吸水性能决定面团的物理性质。在调粉中，蛋白质的吸水性很强，面筋性蛋白质吸水后的胀润度也增大并随温度升高而增加。当达到30℃时（面筋性蛋白质的最大胀润温度），吸水量可达150%～200%；当超过此温度时，胀润度会下降。淀粉的吸水性能弱，在30℃时吸水量仅为30%。

面粉中蛋白质含量、面筋质强弱以及粉粒大小影响着面团的物理性质。用高面筋或强面筋的面粉调出的面团，易使饼干收缩变形，对这样的面粉，可加入部分淀粉改善其工艺性质。对于粗粒面粉，在调粉开始时，由于蛋白质吸水缓慢，水分子主要分布在粗粒表面，面团变软，过一段时间水分子向蛋白质胶粒渗透，会使面团过硬，在辊轧时易断裂，对这样的面粉应适当多加一点水。面团调制好后，静置一段时间，使面团逐渐变硬，黏性降低，再进行辊轧成型。

配料中的糖、油脂、蛋等也影响着面团的物理性质。糖是吸水剂，当糖浆达到一定浓度时具有较高的渗透压，不仅能吸收面团中的游离水，还能夺取面筋与淀粉胶体的结合水，因此能降低面团的吸水率，湿面筋的形成率低，同理，油脂的疏水性表现为以颗粒状吸附在蛋白质胶体粒表面，使表面形成一层不透性薄膜，妨碍水分渗入，面筋得不到充分胀润，面团弹性降低，黏性减弱。

对上述理论的了解，将有助于分析生产中出现的各种现象，得到合理操作的理论依据。

（2）面团调制工艺。

①韧性面团调制。韧性面团俗称热粉，因其在调制过程中要求的温度较高，

故要求其面团有较好的延伸性、适当的弹性,柔软而光滑,有一定程度的可塑性。

调粉时加水量较多,面筋能很快胀润,加入改良剂(磷酸氢钙)以改善面团的物理性能,并借助调粉浆的揉捻拉伸作用,使面筋呈松弛状态,显示所要求的工艺性能。韧性饼干胀润率较酥性饼干大,因此它的体积质量小,口感松脆,但不如酥性饼干酥。

在调制韧性面团时,应注意的工艺要素如下。

A. 掌握加水量。这种面团糖、油用量少,蛋白质易吸水形成面筋,要求比较柔软的面团,其含水量可控制在18%～21%。柔软面团可缩短调粉时间,增大延伸性,减弱弹性,提高成品松脆度,面片光洁度好,不易断裂。若含水量过低,虽可限制面筋的形成,但使调粉困难,面团连接力小,在辊轧时断条,且使制成品僵硬不松,表面粗糙。

B. 控制面团温度及投料顺序。韧性面团温度常控制在38℃～40℃。一般先给油、糖、奶、蛋等辅料加热水或热糖浆(冬天可使用85℃以上热糖浆),在和面机中搅匀,再将面粉投入进行调制。这样在调粉过程中就会使部分面筋变性凝固,从而降低面筋形成量,改善面团的工艺性能。如使用改良剂,则应在面团初步形成时(约调制 10 min 后)加入,最后再将香精、疏松剂加入,继续调制,前后约 40 min,即可制成韧性面团。若调制不足,则面团的弹性大,成型后饼干易变形;反之若调粉过度,则面团的延伸性和表面光洁度受破坏,成品表面不平,没有光泽。

C. 静置措施。面团在长时间调粉浆的揉捻拉伸运转中,常会产生一定强度的张力,静置后,其张力降低,黏性也下降,达到工艺要求。用弱力面粉调制成熟的面团,一般调制结束后就可立即投入下一工序。但用强力面粉时,或因其他因素发生面团弹性过大时,必须静置 15～20 min,乃至 30 min,使弹性降低。

②酥性面团调制。酥性面团俗称冷粉,要求在较低温度下调制,要求面团有较大的可塑性,略有弹性和黏性,少有结合力,不粘辊。调制酥性面团的工艺要素如下。

A. 投料顺序。先将糖、油、乳、蛋、疏松剂等辅料与适量的水送入和面机,搅拌成乳浊状,再将面粉、淀粉及香精投入,继续搅拌 6～12 min,限制面筋形成。夏季气温高,可缩短搅拌时间 2～3 min。

B. 加水量与软硬度。酥性面团要求含水量为 13%～18%,因此加水量较少。软面团容易起筋,要缩短调粉时间;较硬面团要延长调粉时间,否则会形成散沙状。一般糖油少的面团可塑性通过加水量来限制面筋的胀润度,防止因弹性增大而变形。辊印成型要求硬面团,冲印成型要求软面团。

C. 面团温度。酥性面团温度以 26℃～30℃为宜,甜酥性面团温度以 19℃～

25℃为宜。面团温度低会造成黏性增大,结合力差而无法操作;温度高会增加面筋弹性,造成收缩变形,花纹不清,表面不光,甜酥面团会"走油",结合力减弱,面团松散,给压辊成型带来困难。

(3)面团辊轧。调制成熟的面团经过辊轧,可得到厚薄一致、形态平整、表面光洁、层次结构清晰、质地细腻、弹性低、结合力好、塑性大的面片,有利于成型机成型。

辊轧是在辊轧机内完成的。在辊轧过程中,经滚筒的机械作用,使面团受到剪力和压力的变形,便产生一定的纵向和横向张力。辊轧时,将面带折叠、旋转90°角再辊轧,使面带受到的纵横张力平衡分布,可避免因张力不均而引起成型后的面坯收缩变形。若始终在同一方向折叠来回辊轧,则压延后的面带纵向张力大于横向张力;若面带进入成型机时仍未改变方向,就会使冲印成型的饼干坯收缩变形。每辊轧一次可使湿面筋量增加,使零碎的面筋水化粒子组成整齐的网络结构,且不断折叠又可使面带产生层次,制品有较好的胀发度和酥脆性,表面光洁形态完整,花纹明显清晰。

在冲压成型工艺中,总会产生一部分面头,此面头必须返回加入面团一同辊轧,以保持生产的连续性。

在续面头时应注意的问题:新鲜面团与面头比例最多不得超过 3∶1,若面头加量太多,与可塑性良好的面团掺混关系不太大,与弹性大的面团掺和必将影响成品品质;面头与新鲜面团的温差不得超过 6℃,温差越小越好,否则两不相容,易粘滚筒和模型,面带易断裂;已经收缩和走油的面头子不可夹入新鲜面团混用,可将这部分面头子返入和面机与新鲜面团一起混合均匀。

续面头的方法:将面头均匀铺在面带表面,经过压片,使面头与面带粘连,然后两面翻折,使面头夹在中间,再逐步压薄,则面带的结构和色泽均好。面团辊轧操作时,常撒少量面粉以使层次黏合不明显,若撒得过多或不均匀,则会降低上下层的结合力,烘烤时有起泡现象。

目前,酥性面团都不经辊轧,直接进入成型机成型,因其是软性或半软性面团,弹性极小,塑性大,若经辊轧会增加面团的机械强度,使制品的酥松度下降。但若面团的黏性强烈,成型面片易断裂,面头分离困难时,也可辊轧弥补之。酥性面团辊轧的压延比不能超过 1∶4,一般 3~7 次单向往复辊轧即可,不宜进行 90°转向。韧性面团一般都经辊轧,以保证产品质量。其压延比也不得超过 1∶4,辊轧 9~13 次,并数次折叠,转 90°角。

(4)饼干成型。饼干成型设备随着配方和品种不同,有摆动式冲印成型机(图7-3)、辊印成型机、辊切成型机、挤条成型机、挤浆成型机、挤花成型机及钢丝切割机等多种形式,各适应不同品种及花样的饼干生产。韧性饼干用冲印成型,制成各种动物、玩具饼干;酥性饼干特别是含油量高的饼干则用辊印辊切、挤花、挤条等成型机成型。

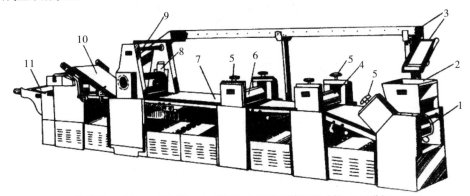

1.头道辊 2.面斗 3.回头机 4.二道辊 5.压辊间隙调整手轮 6.三道辊
7.面坯输送带 8.冲印成型机构 9.机架 10.拣分斜输送带 11.饼干生坯输送带

图 7-3 冲印成型机

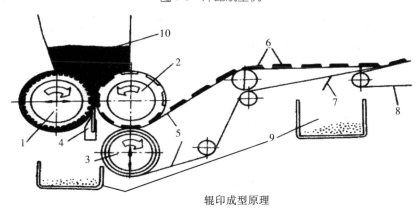

辊印成型原理

1.喂料槽辊 2.型模辊 3.模胶脱模辊 4.刮刀 5.帆布脱模带
6.饼干生坯 7.帆布带刮刀 8.生坯输送带 9.面屑斗 10.料斗

图 7-4 辊印成型原理

辊印成型机(图 7-4)的加料斗在机器上方,加料斗的底部是一对直径相同的辊筒,一个是喂料槽辊,另一个为花纹辊,也就是型模辊。喂料槽辊表面是与轴线平行的槽纹,以增加与面团的摩擦力,花纹辊上是使面团成型的型模。两辊相对转动,面团在重力和两辊相对运动的压力下不断充填到花纹辊的型模中去,型模中的饼坯向下运动,在脱离料斗的同时,被紧贴住花纹辊的刮刀刮下去多余部分,即形成饼坯的底面。花纹辊的下面有一个包帆布的橡皮脱模辊与其相对滚动,当花纹辊中的饼坯底面贴住橡胶辊上的帆布时,就会在重力和帆布黏力的作用下,使饼坯脱模。脱了模的饼坯,由帆布输送带送到烤炉网带或钢带上进入烘烤。

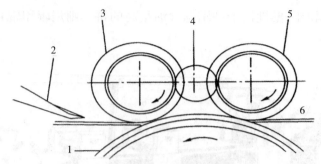

1.橡胶辊 2.头子分离 3.切口切辊 4.调节器 5.花芯辊 6.帆布

图7-5 辊切成型机

辊切成型机(图7-5)机身前半部分与冲印成型机相同,是多道压延辊,成型部分由一个扎针孔、压花纹的花纹芯子辊和一个截切饼坯的刀口辊组成。先经花纹芯子辊轧出花纹(若是韧性,苏打饼干同时扎上针扎),再在前进中经刀口辊切出饼坯,然后由斜帆布输送带分离头子。在芯子辊和刀口辊的下方有一个直径较大的与两辊对转的橡胶辊,它的作用是压花和作为切断时的垫模。

(5)饼干焙烤。饼坯在焙烤炉内经过高温短时的热处理,便产生一系列化学、物理变化。由生变熟,成为疏松、多孔、海绵状结构的成品,并具有较生坯大得多的体积、较深的颜色和令人愉快的香味,以及稳定的形态,且耐贮运。

①焙烤基本理论:焙烤炉内温度一般控制在230℃~270℃。当饼坯由传递带输入烤炉时,开始阶段由于饼坯表面温度低,仅为30℃~40℃,使炉内最前面部分水蒸气冷凝成露滴,凝聚在饼坯表面,此一瞬间,饼坯表面不是失水而是增加水分,直到表面温度达100℃时,表面层开始蒸发失水。在此瞬间饼坯表面结构中的淀粉粒在高温高湿下迅速膨胀糊化,使焙烤后的饼干表面产生光泽。据此,生产上常在炉内最前端喷蒸汽,加大炉膛的湿度,使表面层吸收更多的水分来扩大淀粉的糊化,从而获得更为光泽的表面。

当冷凝阶段过后,饼坯就很快进入膨胀、定型、脱水及上色阶段。当饼坯表面层水分开始蒸发时,饼坯中心层水分高于表面,形成梯度,中心层水分逐渐向表层移动。厚度较薄的饼坯移动迅速。酥性饼干的油、糖量多,移动也较迅速。

饼干进炉后受热,碳酸氢铵首先分解,随后小苏打也分解,产生大量二氧化碳,同时饼坯湿面筋所具有的对气体的抵抗力,在突然形成的强大的气体压力下,饼坯突然膨胀,厚度急剧增加。当甜酥性饼坯焙烤2.5 min时,其厚度可增加约250%,当韧性饼坯焙烤3 min时,其厚度可增大约215%。厚度的增加(胀发率)与面团的软硬、面团的抗胀力、疏松剂的膨胀力、焙烤温度、炉内湿热空气的对流速度等多种因素有关。随着焙烤进程的继续,疏松剂分解完毕。同时饼坯品温上升到80℃时,蛋白质便凝固,失去其胶体特性,饼坯的中心层只需1.5 min就能达到蛋白质凝固温度,即蛋白质变性定型阶段。一直到焙烤结束,厚度不再发生多大变化。

饼坯上色是由美拉德反应和焦糖化反应形成的。美拉德反应是饼坯中蛋白质的氨基与糖的羰基在焙烤的高温下发生的复杂的化学反应,生成了褐变物质。焙烤食品棕黄色反应的最适条件是 pH 为 6.3,温度为 150℃,水分为 13% 左右。以蔗糖为主生成的棕黄色较以葡萄糖为主生成的棕黄色稳定,不易脱色。

蔗糖在 200℃ 时便开始发生焦糖化作用,碱性条件下比酸性条件下反应快些(pH=8 时比 pH=5.9 时快 10 倍),反应结果产生酱色焦糖和一些挥发性醛、酮类物质,不仅形成饼干外表的烤色,而且还形成了饼干的特有烤香和风味。过量的焦糖化,不仅色泽加深,还使饼干具有苦味。

②焙烤工艺:饼坯焙烤温度及时间选择,取决于配料、饼坯厚薄、形状和抗胀力大小等因素。配料中油糖量多、块形小、饼坯薄和面团韧性小的饼坯,宜采用高温短时焙烤工艺;反之,则采用低温较长时间焙烤工艺。

甜酥性饼干油糖配料多,疏松剂用料少;调制时面筋形成量低,在入炉初期的膨胀定型阶段,需要用高的面火和底火迫使其凝固定型,以免发生"油摊"(表面呈不规则膨大,形态不好易破碎);且这种饼干不需要膨胀过大,组织紧密一些也不失其疏松的特点。焙烤后期主要是脱水和上色,宜采用较低的炉温,有利于色泽稳定。因其调制时加水量少,脱水不多。而一般酥性饼干,需要依靠焙烤膨胀体积。因此,入炉初期需要较高的底火,面火需要上升的梯度,使其能在保证体积膨胀的同时,不致在表面形成硬壳。由于辅料少,参与美拉德反应基质不多,面火高也不致上色过度。

韧性饼干宜采用较低温度较长时间烘烤,有利于将调制时吸收的大量水脱掉。并且由于其糖油配料较多,接近低档的酥性饼干,因此可以采用酥性饼干焙烤工艺。饼干焙烤炉温与时间参数见表 7-5。

表 7-5　几种饼干焙烤炉温与时间参数

品种	炉温/℃	焙烤时间/min	成品含水率/%
韧性饼干	240～260	3.5～5.0	2～4
酥性饼干	240～260	3.5～5.0	2～4
苏打饼干	200～270	4～5	2.5～5.5
粗饼干	200～210	7～10	2～5

(6)冷却包装。刚出炉饼干,温度很高,表层可达 180℃,中心层约 110℃。需冷却至 30℃～40℃ 才能进行包装。

在冷却过程中,饼干的水分发生剧烈变化。饼干刚出炉时水分分布是不均匀的,外部低,中心层高。内部向外部转移,发生再分配。同时依靠饼干本身热量,使转移到饼干表面的水分继续向空气中扩散,然后达到水分平衡,之后就进入吸湿阶段。

饼干冷却一般分两步进行。第一步在烤盘或网带载体上冷却,但时间不长,用刮刀将饼干从载体上刮落到冷却输送带后,就进入第二步冷却,时间可长些。饼干冷却的适宜条件为相对湿度70%～80%,温度30℃～40℃。在冷却期间不能用强烈的冷风吹,否则饼干会发生龟裂。在气温特别低而又干燥的地区,往往在冷却输送带上加罩,以降低水分散失的速度。

包装选用不透水气的饼干包装材料,采用各种形式包装。适宜饼干贮存的场所是干燥、空气流通、环境清洁、避免日照、无鼠害的库房,库温应在20℃左右,相对湿度为70%～75%。

7.1.2 苏打饼干生产

苏打饼干用小苏打与酵母作疏松剂,酵母繁殖发酵产生的CO_2使饼干质地酥松,故属发酵型饼干。因采用发酵工艺,淀粉和蛋白质在发酵时部分分解成易被消化吸收的低分子营养物质,适于胃病及消化不良患者食用,对儿童、老年人、体弱者亦颇适宜。口感酥松,不腻口,具咸味,可作主食。苏打饼干配方见表7-6。

表7-6 苏打饼干配方

原辅料用量	普通苏打饼干		奶油苏打饼干	
	面团	油酥	面团	油酥
标准粉/kg	50	15.7		
特制粉/kg			50	15.7
精炼混合油/kg	6	4		4.38
猪板油/kg			6.0	
奶油/kg			4.0	
奶粉/kg			2.5	
淀粉糖浆/kg	1.5			
精盐/kg	0.25	0.94	0.13	0.94
鸡蛋/kg	2.6		2.0	
小苏打/kg	0.25		0.13	
香兰素/g	7.5		12.5	
鲜酵母/kg	0.25		0.38	
抗氧化剂/g			3.0	
柠檬酸/g			1.5	

1. 工艺流程

苏打饼干生产工艺流程见图 7-6。

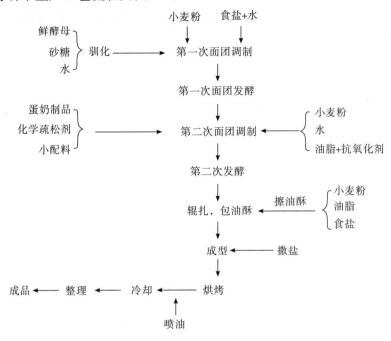

图 7-6　苏打饼干生产工艺流程

2. 操作要点

苏打饼干面团分两次调制发酵。

（1）面团调制与发酵技术。

①第一次面团调制与发酵。先将 40%～50%的小麦粉与酵母溶液混合,再按配方加入所需的水。加水量一般为:普通小麦粉 40%～42%,强筋小麦粉 42%～45%。在卧式和面机中调制 4 min 左右,面团温度夏季应为 25℃～28℃,冬季为 28℃～32℃。面团的温度用水温来调节。

第一次发酵的目的是通过较长时间的静置,使酵母菌在面团内得到充分繁殖,以增加面团的发酵潜力。发酵时间视工艺不同而异,一般为 4h 左右或再长些。待面团体积胀到最大限度,面筋网络结构处于紧张状态,面团中继续产生的二氧化碳气体使面团中的膨胀力超过其抗胀力限度而塌陷,再加上一部分面筋的水解和变性等一系列物理化学变化,面团弹性降低。这说明第一次发酵已成熟,即可进行第二次面团调制与发酵。

②第二次面团调制与发酵。将第一次发酵成熟的酵醪与剩余的 50%～60%小麦粉、油脂、食盐、磷脂、饴糖、奶粉、鸡蛋及添加剂等原辅料混合,在调面机中调制 5 min 左右,冬天面团温度应保持在 30℃～33℃,夏季为 28℃～30℃。

第二次调制面团的小麦粉,应尽量挑选筋力弱的面粉,这样可使苏打饼干的口味酥松,形态美观。这一点与第一次调制面团用的小麦粉有本质上的区别。通俗地讲,第一次调制面团用的小麦粉以面包发酵用的强筋粉为宜,第二次则应采用一般甜饼干所要求的小麦粉,如果仍用筋力过强的小麦粉反而对饼干品质不利。面团的加水量,应按具体情况而有所变动,这与第一次面团发酵有关,第一次发酵越老,第二次调制面团加水量愈少。化学疏松剂的投放,应在第二次调制面团将要结束时撒入,这样有助于面团光润。第二次发酵的面团中,因含有大量的油脂、食盐及碱性疏松剂等。所以,酵母不易发挥作用,但是,由于酵醪中大量酵母菌繁殖,使面团具有较强的发酵潜力,所以,在3~4 h即可发酵成熟。

(2)面团的辊压包油酥技术。

苏打饼干面团呈海绵状组织。在未加油酥前压延比不宜超过1:3,压延比过大,影响饼干的膨松;压延比过小,新鲜面团与头子不能轧得匀一,会使烘烤后的饼干出现不均匀的膨松度和色泽差异。苏打饼干面团一经夹入油酥后应注意其压延比,一般要求在1:2和1:2.5之间,否则表面易轧破,油酥外露,使胀发率差,饼干颜色又深又焦,变成残次品。

(3)饼干成型技术。

发酵面团经辊轧后的面带折叠成片状或划成块进入摆式冲印成型机。

首先,要注意面带的接缝不能太宽,必须保持面带的完整性,不完整的面带会产生色泽不均的残次品。苏打饼干的压延比要求甚高,压延比过大,将会破坏这种良好的结构而使制品变得不酥松,不光滑,层次不分明。同时,面带在压延和运送过程中,不仅应防止绷紧,而且,要使第二对和第三对辊筒轧出的面带保持一定的垂度,使延压后产生的张力消除,否则,就易变形。苏打饼干在成型时基本没有头子,只有二侧的边条和破碎的饼干坯拣出的作为头子,但是,如果操作不当,面带调节不好会有许多返工品作头子,因此,操作要十分小心,尽量减少返工品。

(4)苏打饼干的烘烤技术。

苏打饼干的饼坯,在烘烤时中心层温度逐渐上升,酵母的呼吸作用也逐渐旺盛起来,产生大量的二氧化碳,使饼坯在炉内迅速胀发,形成疏松的海绵状结构。同时,面粉本身的淀粉酶在烘烤初期,亦由于升温而变得活泼起来,当饼坯温度达到50℃~60℃,淀粉酶的作用加大,生成部分糊精和麦芽糖,当饼坯中层温度升到80℃时,各种酶的活动因为蛋白质变性而停止,酵母死亡。蛋白质在焙烤时,当温度升到80℃时,便凝固,失去其胶体的特性。在炉灶中,饼坯的中心只需经过一分钟左右就能达到蛋白质凝固温度,所以说,第二阶段烘烤是蛋白质变性定型的阶段。烘烤的最后阶段便是上色阶段。此时,由于饼坯已脱去了大量的水分,进入表面棕黄色反应和焦糖化反应,而成为苏打饼干成品。

苏打饼干烘烤时,按上述机理要求,一般将烤炉区分为前、中、后三个区域。

烤炉的前区：底火 250℃～300℃，面火 200℃～250℃。这样的炉火可以使饼干坯的表面尽量保持二氧化碳气体急剧增加，在短时间即将饼坯胀发起来。如果炉温过低，特别是底火不足，即使发酵良好的饼坯，也会由于胀发缓慢而变成僵片。反之，发酵不理想的饼坯，如烘烤处理得当，亦可使质量得到极大的改善。烤炉的中间区：底火逐渐减少至 200℃～250℃，面火逐渐升高至 250℃～280℃。因为，此时虽然水分仍在蒸发，但重要的是将已胀发到最大限度的体积固定下来。如果这阶段面火温度不够高，会使表面迟迟不能凝固定型，造成胀发起来的饼坯重新塌陷，然而，最终使饼干僵硬不酥松。烘烤的最后阶段是上色阶段：炉温通常低于前面各区域，底面火在 180℃～200℃为宜，以防止炉温过高而使饼干色泽过深或焦化。

烘烤时间掌握：一般苏打饼干以 4.5～5.5 min 为宜。但由于饼干品种很多，块形大小，厚薄不同，原辅料配比，发酵程度也有差异，故在具体温度与烘烤时间上要按不同情况区别对待。

值得指出，苏打饼干成品中的 pH 比饼坯略高。但并不能消除过度发酵面团所产生的酸味，这是因为烘烤时乳酸不能大量祛除，酸味仍然留在制品中。如果酸味不太强烈则有助于饼干的风味，如果酸味过度就会使饼干口味不佳了。

实例一　曲奇饼干制作

曲奇，是英语 Cookies 的香港音译，意为"细小的蛋糕"，最初由伊朗发明。20世纪 80 年代，曲奇由欧美传入中国，并于 21 世纪初在香港、澳门、台湾等地掀起热潮，随之流行开来。曲奇饼干原来是一种高糖、高油脂的食品。

一、原料

低筋面粉 200g、牛奶 28g、白糖 40g、糖粉 40g、黄油 150g。

二、工艺流程

1. 黄油提前几个小时从冰箱冷冻室里拿出，室温下软化后加入 40g 白砂糖和 40g 糖粉，糖粉就是用搅拌器把白砂糖打成的粉。

2. 用电动打发器打发黄油 5min，把黄油打发得很蓬松，颜色发白即可。

3. 分三次把 28g 牛奶加入黄油中，每放一次打发一次。

4. 放入过筛的低筋面粉，把黄油和面粉用刮刀搅拌均匀，不要过度搅拌，只要拌匀就可以（没有刮刀用手也可以）。

5. 将面糊装入裱花带，用你喜欢的花嘴在烤盘上挤出花纹，可以中间留个孔，也可以不留，随意就好。

6. 预热烤箱 180℃，烤 22 min，饼干变成金黄色即可。

实例二　韧性饼干制作

韧性饼干是一种大类产品,这种饼干表面的花纹呈平面凹纹形,表面较光洁,松脆爽口,香味淡雅,等重情况下其体积一般要比等重的粗饼干、香酥饼干大一些。产品主要作为点心食用,但亦可充当主食食用。韧性饼干的印模造型大部分为凹花,其外观光滑,表面平整,印纹清晰,断面结构有层次,咀嚼有松脆感,耐嚼,表面有针眼(生产过程中的放气孔,用来放气,目的是使表面与底面平整)。韧性饼干使用油脂和砂糖量较少,标准配比是油∶糖=1∶2.5,油+糖∶面粉=1∶2.5。其中含水量不大于7%。韧性饼干的代表性产品有动物、玩具饼干等不规则形态的产品。韧性产品因需长时间调粉,以形成韧性极强的面团而得名。

一、原料及仪器设备

(一)原料

面粉564g,淀粉36g,奶油72g,白砂糖195g,食盐3g,亚硫酸氢钠0.03g,碳酸氢钠4.8g,碳酸氢铵3g,饴糖24g。

(二)仪器设备

电子天平,煤气灶,温度计,烧杯,量筒,汤匙,药匙,调面机,压面机,印模,烤炉等。

二、工艺流程

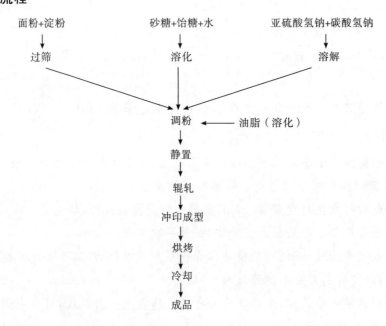

三、操作要点

（一）原料预处理

1. 白砂糖加水溶化至沸,加入饴糖,搅匀,备用;
2. 将奶油溶化(隔水),备用;
3. 将碳酸氢钠、碳酸氢铵、盐用少量水溶解,备用;
4. 面粉、淀粉分别用筛子过筛,备用。

（二）面团的调制(总用水 120 mL 左右)

1. 将盐水,碳酸氢钠,碳酸氢铵,油脂,亚硫酸氢钠,淀粉,面粉依次加入调面缸;
2. 将温度为 85℃～95℃的热糖浆倒入调面缸内,搅拌 25～30 min,制成软硬适中的面团,面团温度一般为 38℃～40℃。

（三）面团静置

将调制好的面团静置 10～20 min。

（四）辊轧成型

将调制好的面团分成小块,通过压面机将其压成面片,旋转 90°,折叠再压成面块,如此 9～13 次,用冲模冲成一定形状的饼干坯。

（五）焙烤冷却

(1)将装有饼坯的烤盘送入烤炉,上火 160℃,下火 150℃,烘烤;
(2)冷却至室温,包装。

实例三　酥性饼干制作

　　酥性饼干是以低筋小麦粉为主要原料,加上较多的油脂和砂糖制成的口感酥脆的一类饼干。这种饼干在面团调制过程中,形成较少的面筋,面团缺乏延伸性和弹性,具有良好的可塑性和黏结性,产品酥脆易碎,故称酥性饼干。酥性饼干外观花纹明显,大多是凸出的花纹,结构细软,孔洞较为显著,糖、油含量较韧性饼干高。

一、制作原料

面粉 250g,淀粉 7.5g,小苏打 0.75g,碳酸氢铵 0.5g,糖粉 90g,水 25g,色拉油 62.5g,奶油 5g,鸡蛋 3g,食盐 2.5g,香精 1 滴。

二、工艺流程

1. 将面粉和淀粉混合均匀,放在案板上开窝;
2. 将糖、水、小苏打、碳酸氢铵、色拉油、奶油、鸡蛋、食盐等混合均匀,再加入面粉；

　　3. 混合成面团，擀成面片，印制成型：将搅拌好的面团放置 3～5 min 后，辊印成型印成一定形状的饼坯；

　　4. 烘烤：炉温 220℃，烘烤 3～5 min，至饼干表面呈微红色；

　　5. 出炉冷却包装。

三、感官检验

　　1. 色泽：金黄色，无阴影，无焦边；

　　2. 形状：块形整齐，厚薄一致，花纹清晰，不缺角，不变形，不起泡；

　　3. 组织状态：组织细腻，有细腻均匀的小孔，无杂质，酥性饼干酥脆；

　　4. 气味和滋味：酥松香脆，无异味。

实例四　桃酥饼干制作

　　桃酥是一种南北皆宜的汉族传统特色小吃，以其干、酥、脆、甜的特点闻名全国，主要成分是面粉、鸡蛋、油酥等。

做法一：

一、制作原料

　　低筋面粉 600g，糖粉 220g，酥油 300g，鸡蛋 60g（约 1～2 个），泡打粉 6g，臭粉 2g，苏打粉 5g，色拉油 280g，盐 5g。

二、工艺流程

　　1. 将糖粉、色拉油鸡蛋、苏打粉、臭粉放入盆中拌匀；

　　2. 将酥油放入，继续拌匀；

　　3. 接着将低筋面粉和泡打粉放入盆中揉成团，松弛 10 min，分成约 35g 每个的小面团，继续松弛 20 min；

　　4. 将小面团揉圆后压扁，再排入烤盘中，撒上黑芝麻（或核桃仁）装饰，再刷上鸡蛋液，然后放入烤箱中层，上下火均为 170℃，烘烤 20 min，后转上火，将烤盘放入上层，烘烤 3 min，上色后出炉冷却即可。

做法二：

一、制作原料

　　低筋粉 260g、糖粉 120g、黄油 60g、玉米油 50g、无铅泡打粉半小勺、小苏打粉半小勺、盐半小勺、全蛋液 60g、核桃碎适量。

二、工艺流程

1. 先预热烤箱约 8 min,然后取一半的面粉(130g)放入烤盘中摊开入烤箱,用 180℃烤 15 min 左右,至面粉微微变黄并且有面粉的熟香味,取出晾凉;

2. 把烤好的面粉和剩下的 130g 面粉、糖粉过筛,放入厨师机的搅拌缸中,倒入植物油和室温软化的黄油;

3. 开厨师机的低档,属于超低速档位,搅拌约 30 s 停止机器,此时粉类和油类已经完全混合,而且呈松散状;

4. 倒入蛋液;

5. 继续开低档,搅拌约 20 s 停止机器,此时面团已经很松软;

6. 取出面团,用保鲜膜包好,松弛 30 min。面团松弛好后,分成若干份,用手揉圆,按扁;

7. 放入烤盘,表面刷上蛋液,再放上核桃碎,烤箱提前预热约 10 min,190℃,烘烤 25 min,烤好后在烤箱里焖 10 min 再出炉。

三、操作要点

烤制的时候要根据桃酥的大小适当增减时间。

做法三:

一、制作原料

鸡蛋 20g,植物油 80g,细砂糖 80g,面粉 200g,泡打粉 5g,小苏打 1.5g,蛋液适量。

二、工艺流程

1. 把鸡蛋、油、细砂糖倒入盆中,搅拌均匀;

2. 将粉类混合后,筛入盆中,用刮刀搅拌均匀;

3. 用手揉成面团,不要反复揉捏,成团即可,盖上保鲜膜,冷藏松弛 20 min,也可以不冷藏直接操作;

4. 取一份小面团,用手揉圆按扁成圆形,摆入烤盘中,表面刷层蛋液后撒上少量芝麻;

5. 把烤盘送入预热好的 180℃烤箱中,20 min 后表面呈金黄色就可以从烤箱中取出,冷却后装盘或密封保存。

实例五 苏打饼干制作

苏打饼干是由小麦粉、苏打粉、黄油等材料制作而成的食品。制作方法是先在一部分小麦粉中加入酵母,然后调成面团,经较长时间发酵后加入其余小麦粉,再经短时间发酵后整形,一般为甜饼干,含有碳酸氢钠。

一、制作原料

低筋面粉 150g,牛奶 60g,玉米油 30g,盐 3g,酵母粉 4g,小苏打 1g。

二、工艺流程

1. 将所有材料混合揉成光滑的面团,放入发酵柜中进行醒发(一般醒发温度为 34℃～36℃,45 min),面团醒发至两倍大的时候,擀成薄片,越薄越脆。切成自己喜欢的形状。用牙签在底部扎上小孔。

2. 放入烤箱静置 10 min,上下火 160℃烤 15 min,注意观察上色情况,晾凉后即可食用。

7.2 挞、派制作工艺

7.2.1 挞

"挞"起源于 14 世纪的法国。法国人给这种黄油面团做底,圆形低矮的食物命名时,有意选择了拉丁语的 torta,意为"圆形面包",在古法语中为"tarte"。后来被英国人借鉴,称其为"tart"。不过当时,"挞"不仅可以是现在我们熟悉的那种装饰着时令水果和奶油的小清新甜点,而且可以是夹着浓甜果酱,或者干脆是以肉类、鱼和奶酪为内馅的饼。中世纪的欧洲,烤是主要的烹饪方式,因为不能调温也不能加水,所以直接烤肉的时候肉汁难以留存,经常把肉烤得干硬难嚼。于是人们就想着在肉的下面放块面饼来吸收肉汁,于是便有了"挞"。后来,人们又发现,倘若将挞的表面也蒙上面皮,肉汁就流失得更少了,于是就产生了"派"。所以那时挞和派最主要的区别其实不是在个头上,而是在表面有没有蒙上那一层面皮。

挞属于清酥类,它的膨松原理属于物理疏松。首先,利用湿面筋的烘焙特性,像气球一样,可以保存空气并能承受烘焙中水汽所产生的胀力,并随着水汽的胀力而膨胀。其次,由于面团中的面皮与油脂有规律地相互隔绝所产生的层次,在进炉受热后,水面团产生水蒸气,水蒸气滚动形成的压力使各层次膨胀,在烘烤时,随着温度的升高、时间的加长,水面团中的水分不断蒸发并逐渐形成一层一层"炭化"变脆的面坯结构,油面层熔化渗入面皮中,使每层的面皮变成了又酥又松的酥皮,加上本身面筋质的存在,所以能保持完整的形态和酥松的层次,这是清酥独有的特点。

清酥面团的调制有水面包油面和油面包水面两种方法。

1. 水面包油面的方法

分别调制好水面团和油面团,放进冰箱松弛冷冻至结实,取出,把水面团用通心槌(有条件的放在开酥机上)擀成长方形面坯,将油面团擀压成长方形片状,并分成几等份放在水面坯中央,然后分别把水面坯四角抻开,盖在中间的油面坯上,即可进行擀叠。将包好油面坯的水面团用通心槌(或开酥机)擀薄,根据使用面粉及油脂的情况,可采用三折法或四折法,将水油面团压制成型。

(1)三折三次法。擀叠时先将松弛冷冻好的面团(即包好油面坯的水面团)放在案台(或开酥机传送带)上,将面坯压制成长宽比为3∶2,厚为3cm 的长方形,然后将面坯从长度的1/3处折叠,接着再从另1/3处折叠起来,形成三层,继续擀压成长方形,再按上述同样方法折叠后,把面坯放入冰箱松弛冷冻约20~30 min,即完成擀叠工艺。待面坯用同样方法反复擀叠三次后,用保鲜纸封好面坯,放入冰箱内备用。

(2)四折三次法。四折法的压制原理与三折法相同,只是折叠法略有不同。把面团放在案台(或开酥机传送带)上。擀压成长方形,然后把面坯两端向中央处对折,再使面坯两端折合,形成四层,再按上述方法进行压制、折叠、冷冻,完成第一次折叠。根据需要以同样方法操作三次即可。如使用开酥机,每次压制的刻度不可调制过大,以防面皮破裂。

2. 油面包水面的方法

分别调制好油面团和水面团,待面团静置冷冻后,将油面团擀成长方形,把水面团放在擀开的油面坯一端,对折,然后用通心槌(或开酥机)进行反复擀叠、冷冻,最后将面坯用半干湿布盖好,备用。

实例一 柠檬挞的制作

一、制作原料

柠檬挞壳原料:杏仁粉25g,中筋面粉140g,鸡蛋1个,盐1g,香草精1滴,糖粉40g,黄油60g。

柠檬奶油制作原料:柠檬皮1个,幼砂糖450g,布丁粉45g,柠檬汁225g,黄油300g,全蛋450g。

意式蛋白霜制作原料:幼砂糖400g,水适量,蛋白若干。

二、制作过程

1. 柠檬挞壳制作。

(1)将黄油、糖粉、杏仁粉混合,搅拌均匀。

(2)加入全蛋,搅拌均匀。

(3)将中筋面粉和盐一起过筛后,和香草精一起加入搅拌。

(4)搅拌成面团后取出,压平,冷冻一会儿后取出再次折压,放入冰箱冷冻。

(5)压面机将面团压至3~3.5 mm厚,急速冷冻2~3 min,使表面干硬,用圈模将面皮压出圆形面片,用手指轻轻将面片嵌入挞模中;放入平炉,以上火160℃,下火170℃烘烤30 min。

2. 柠檬奶油制作。

(1)将柠檬汁倒入锅中,削一个柠檬皮进去,加入幼砂糖、布丁粉一起搅拌煮沸;

(2)快要煮沸的时候加入搅拌好的全蛋,继续熬煮后再加入黄油,直至熬成面糊状;

(3)将熬好的面糊过筛,防止里面存在颗粒;再倒回锅中,稍微加热后放入冰块中隔水冷却;

(4)冷却后挤入挞模,冷冻。

3. 意式蛋白霜制作。

(1)幼砂糖300g和水一起煮成糖浆状(150℃);

(2)打发蛋白,匀速加入幼砂糖100g,打到起泡时慢慢冲入糖浆,打发至呈软性鸡尾状。

4. 组装。

取烤杏仁片适量,糖粉适量;取出冷冻好的柠檬挞,套上圈模,挤入意式蛋白霜;表面抹平后放上烤好的杏仁片;撒上糖粉;放入烤箱以240℃烘烤2~3 min。

实例二　酥化蛋挞的制作

"蛋挞"的做法是把饼皮放进小圆盆状的饼模中,倒入由砂糖与鸡蛋混合而成的蛋浆,然后放入烤炉。烤出的"蛋挞"外层为松脆的挞皮,内层则为香甜的黄色凝固蛋浆。

一、制作原料

水面团:中筋面粉325g,精盐5g,细砂糖25g,去壳鸡蛋75g,黄奶油50g,清水约150g;

油面:中筋面粉175g,黄奶油(或酥油)500g;

蛋挞馅:去壳鸡蛋500g,细砂糖400g,吉士粉20~25g,淡鲜奶500g,清水250g。

二、工艺流程

制作蛋挞皮→制作蛋挞馅→入模具→烘烤→脱模→成品。

1. 面粉过筛,在案上拨出环形面窝,加入鸡蛋、精盐、细砂糖、黄奶油、水拌和,并擦至匀滑,放入和面机搅拌亦可,即水面团。

2. 将面粉过筛,与黄奶油或酥油混合,搅拌均匀成油面团。

3. 将水面团、油面团放在一个平底盘中,分开两边放,加盖放进冰箱静置冷藏;

4. 待油面团凝固,取出,用水面团包着油面团用通心槌擀成长方形,然后将头、尾两端折向正中部位,再对称折叠,形成四层折叠式酥坯,再放回冰箱里冷藏,按此方法做第二、三次擀皮、折皮,最好每折叠一次,冷藏一次(四折三次擀皮法),即成酥皮。

5. 调制蛋挞馅。鲜奶煮至微沸即可,细砂糖与吉士粉拌匀成混合糖;加水煮沸,将混合糖徐徐倒入沸水中,边倒边搅拌,以防粘底,糖溶后稍煮滚即离火,取沸糖水,待凉,与鲜奶混合,成为奶糖水,搅拌去壳鸡蛋蛋液,与奶糖水混合,再用密孔笋过滤,成蛋奶糖水。

6. 制作蛋挞。将酥皮面团从冰箱里取出,用通心槌擀薄,约0.4cm厚,再用环形切(圆形牙模)切成40块挞皮,每块重约25g,将每块挞皮放在挞模内(菊花盏),捏成起边圆形挞坯盏,将挞坯盏排放在烤盘内,用小茶壶盛入蛋奶糖水,分别倒入蛋挞坯中,送进烤炉,用上火200℃、下火210℃烘烤约20 min至熟,脱盏即成。

三、操作要点

1. 油面团使用的是高熔点的黄奶油,且油面团一定要冷藏至凝固结实才可取出擀皮;

2. 擀皮时手力要均匀,折叠时要四角均匀;

3. 捏挞坯时要粘住盏底,不能有空隙;蛋奶糖水的分量应为坯内壁八成满;

4. 注意掌握火候,下火要高些,上火要低些。

四、成品特点

形状完整,层次分明,松中夹化,润滑香甜。

实例三 酥皮椰蓉挞的制作

"椰挞"是香港的一种馅饼,与"蛋挞"非常相似,均为小圆盆状的饼皮,但馅料为砂糖及椰丝。"椰挞"内层充满椰子的香味,而挞面往往会有一颗扁的樱桃。与"蛋挞"的另一个区别是椰挞只会用牛油挞皮而不会用酥皮挞皮。

一、制作原料

水面团:中筋面粉325g,精盐5g,细砂糖25g,去壳鸡蛋75g,黄奶油50g,清水

150g；

油面团：中筋面粉175g,黄奶油(或酥油)500g；

椰蓉馅：优质椰蓉250g,细砂糖500g,低筋面粉100g,吉士粉10g,鸡蛋50g,黄奶油100g,泡打粉2.5g,麦芽糖25g,清水500g。

二、工艺流程

制作椰挞皮→制作椰挞馅→入模具→烘烤→脱模→成品。

1. 水面团、油面团酥皮制法与"酥化蛋挞"相同。

2. 制椰蓉馅：清水煮沸加入细砂糖、麦芽糖稍拌匀,至糖溶时加入椰蓉略煮沸取起,盛入不锈钢盆里,存放一晚,成为糖椰蓉,备用。

3. 烤制蛋挞：将酥皮面团从冰箱取出,用通心槌擀薄至0.35cm厚,用环形切刀切出40块挞皮(每块重约25g),分别放在平底盏上,捏成起边圆形挞坯。将椰挞馅分别放入每个挞坯盏内,排放在烤盘上,送进烤炉用上火200℃、下火210℃烘烤约25 min至熟,脱盏即成。

三、操作要点

1. 椰蓉馅的分量以坯内壁九成满为好；

2. 烘烤时以下火比上火稍高为宜。

四、成品特点

色泽金黄,酥质松化,表面呈弧形,馅心软滑,造型圆正,味道香甜。

实例四　蝴蝶酥的制作

"蝴蝶酥"（法文palmier,英文butterfly cracker)是一款流行于德国、西班牙、法国、意大利和葡萄牙的经典西式甜点。人们普遍认为是法国在20世纪早期发明了这款甜点,也有观点认为其首次烘焙是在奥地利的维也纳,所以这款甜点没有一个确切的起源地。一般认为,"蝴蝶酥"是对果仁蜜饼等类似的中东甜点烘烤方法的一次改变。其外形在西方又有"棕榈树叶""象耳朵""眼镜"等形象的说法。在德国,这一甜点又被称作"schweineohren",意为猪耳朵。因其外形似蝴蝶,在汉语中又被称为"蝴蝶酥"。

一、制作原料

水面团：中筋面粉300g,精盐5g,细砂糖25g,去壳鸡蛋75g,黄奶油50g,清水150g,粗砂糖500g(夹酥皮时用);

油面团：中筋面粉175g,黄奶油(或酥油)500g。

二、工艺流程

制作酥皮→造型→烘烤→成品。

1. 水面团、油面团酥皮的制法见"酥化蛋挞"。

2. 将酥皮面团从冰箱取出,用通心槌稍擀薄。将粗砂糖500g分为两份,一份撒在酥面上,一份撒在酥底部,使粗砂糖夹着酥皮擀成长28cm,宽32cm,厚0.6cm的酥块,将酥块前、后两端同时向上卷折,卷折至中心位置时相对合拢,形成似"眼镜"状的酥卷,并将酥卷捏至略为平整,有角度,放入冰箱冷藏至酥卷结实,然后取出,切成20件蝴蝶酥坯。

3. 将蝴蝶酥坯排放在烤盘上,入烤炉,用上火170℃~180℃、下火140℃烘烤20 min,至浅金黄色,取出即成。

三、操作要点

1. 擀酥皮时,粗砂糖要撒均匀,才能使成品较松化。
2. 要掌握好火候,以中火烘烤熟透即好。

四、成品特点

色泽浅黄,层次细密,形似蝴蝶,粗砂糖分布均匀,松脆香口。

实例五 葡挞的制作

"葡挞"又称"葡式奶油塔""焦糖玛奇朵蛋挞",港澳及广东称之为"葡挞",是一种小型的奶油酥皮馅饼,属于蛋挞的一种,以焦黑的表面(是糖过度受热后的焦糖)为其特征。1989年,英国人安德鲁·史斗(Andrew Stow)将"葡挞"带到澳门,改用英式奶黄馅并减少糖的用量后,随即慕名而至者众,也因此使"葡挞"成为澳门的著名小吃。

一、制作原料

水面团:中筋面粉250g,细砂糖50g,去壳鸡蛋50g,黄奶油50g,清水125g。

油面团:中筋面粉250g,黄奶油(或酥油)350g。

葡挞馅:鲜奶油1000g,鲜牛奶1000g,细砂糖350g,蛋黄475g,鸡蛋150g。

二、工艺流程

制作葡挞皮→制作葡挞馅→入模具→烘烤→脱模→成品。

1. 水面团、油面团制法与"酥化蛋挞"相同。

2. 待油面团冷藏至凝固取出,用水面团包着油面团用通心槌擀成长方形,将面皮分为三等份,把1/3的面皮向中间处折叠,将剩余的1/3面皮向中间处折叠,形成三层折叠式酥坯,放回冰箱里冷藏,按此方法做第二、三次擀皮,最好每折叠一折,冷藏一次,即成酥皮面团,备用(三折三次擀皮法)。

3. 制葡挞馅。

(1)先将鲜牛奶用慢火煮沸,加入细砂糖搅匀,煮至糖溶成熟奶糊,倒起待凉。

(2)将去壳鸡蛋及蛋黄搅拌成蛋液,加入已凉的熟奶糊中;将鲜奶油打发,加入熟蛋糊中,搅匀再用密孔笟斗过滤,即成葡挞馅。

4. 将酥皮面团从冰箱取出,用通心槌擀薄成厚约1cm的方形,扫水或扫蛋液,由内向外卷成直径为4cm的实心圆柱体,再放入冰箱里冷藏至硬身。

5. 用利59切成重约20g的酥皮,稍压扁放至葡挞盏中捏成盏坯(约高出盏1cm),排放在烤盘内,斟上葡挞馅,随即送进烤炉用上火250℃、下火230℃烘烤约51 min,再关炉继续烘烤约8 min至熟,拿出待凉,脱盏即成。

三、操作要点

1. 开酥皮时粉焙不宜过多,卷酥时扫水或扫蛋是以防皮不黏合、露馅;
2. 掌握捏盏手法,同蛋挞盏一样;
3. 馅加入糖后不宜煮制过长时间,否则馅不滑;
4. 控制好烘烤的温度和时间。

四、成品特点

酥皮层次分明、松化,表面有不规则焦点,馅心凝结,嫩滑香甜。

实例六 鲜奶挞的制作

奶挞浆是在传统品种的基础上加入姜汁,使其原有的味道更具风味。

一、制作原料

水面团:中筋面粉325g,细砂糖25g,去壳鸡蛋75g,黄奶油50g,清水约125g。

油面团:中筋面粉175g,黄奶油(或酥油)500g。

奶挞浆:鲜牛奶500g,细白糖150g,粟粉75g,鸡蛋白50g,姜汁50g,白醋5g。

二、工艺流程

制作蛋挞皮→制作鲜奶挞馅→入模具→烘烤→脱模→成品。

1. 水面团、油面团酥皮的制法见"酥化蛋挞"。

2. 制奶浆:将细白糖与粟粉拌匀,盛在奶锅内,加入鲜牛奶调成浆,用中下火把奶浆煮至沸状(煮时不停搅拌防止糖粘底变焦),端离火位,成甜奶浆,冷却待用。将鸡蛋白盛在小碗内,搅拌成液体,加入冷却的甜奶浆拌匀,再用密孔笟斗过滤,备用。将酥皮面团从冰箱取出,用通心槌擀薄成0.4cm厚的酥块,用环形切刀(圆形牙模)切出40块,将每块酥皮放在挞模内,捏成起边圆形奶挞坯,排放在烤盘内。给甜奶浆加入白醋、姜汁拌匀,分别灌进每个挞坯内,送进烤炉以上火180℃～190℃、下火210℃～220℃烘烤约25 min,至熟取出即成。

三、操作要点

1. 奶浆不要煮得过沸,以免因老化而影响奶挞凝结。

2. 甜奶浆加入白醋及姜汁后,应立即使用,以免影响质量。

四、成品特点

形状完整、馅心凝结、光亮、皮酥馅嫩、色泽鲜艳,别有风味。

实例七　柠檬挞的制作

柠檬的味道过于酸涩,但将这种极度酸口的东西用于制作"柠檬挞",反而清新香甜不腻口,味道让人惊喜。

一、制作原料

水面团:中筋面粉325g,细砂糖25g,去壳鸡蛋75g,黄奶油50g,清水约125g;

油面团:中筋面粉175g,黄奶油(或酥油)500g;

柠檬馅1000g,红樱桃、车厘子各20个。

二、工艺流程

制作蛋挞皮→制作柠檬挞馅→入模具→烘烤→脱模→成品。

1. 水面团、油面团酥皮的制法见"酥化蛋挞";

2. 将酥皮面团静置20min(或放进冰箱冷藏),然后分为40份,分别放在圆形菊花盏(或锡盏)内捏成挞坯,放在烤盘内,送进烤炉用上火170℃,下火180℃烘烤约 10 min,至熟取出,成为挞坯;

3. 用裱花袋装入柠檬馅分别挤在挞坯内,九成满即可,馅面上均匀地放两粒切成两份的红樱桃装饰即成。

三、操作要点

1. 搓挞皮时注意手法,防止产生韧性、起筋;

2. 点缀红樱桃时一定要戴上白色食品手套。

四、成品特点

色泽鲜艳,质地松化,柠檬味清新,款型工整。

实例八　杏仁挞的制作

杏仁挞是营养十分丰富的一款甜点,发挥的余地大,可以做成任何馅料的甜挞,如巧克力、果粒、碎饼干等。

一、制作原料

挞皮:低筋面粉500g,黄奶油200g,糖粉100g,精盐2g,去壳鸡蛋80g,鲜牛奶75g,泡打粉5g。

馅料:黄奶油300g,糖粉200g,杏仁粉300g,精盐3g,低筋面粉100g,去壳鸡蛋200g,蛋黄100g,白兰地酒25g,杏仁片100g。

二、工艺流程

制作挞皮→制作馅料→入模具→烘烤→脱模→成品。

1. 低筋面粉与泡打粉混合过筛,在案台上拨出面窝,加入黄奶油、糖粉、精盐混合拌匀后加入鸡蛋、鲜牛奶完全混合,再与泡打粉拌和,轻手折叠成面团,松弛30 min,然后分为50份,分别放在挞盏内捏成窝边盏形,并排放在烤盘内备用;

2. 将黄奶油、糖粉、精盐、杏仁粉、低筋面粉混合拌打起发,分次加入鸡蛋和蛋黄,搅拌均匀,然后加入白兰地酒充分搅拌成馅料;

3. 用裱花袋装入馅料,分别挤入挞模里,九成满即可,馅面上撒杏仁片后,送进烤炉用上火170℃、下火150℃,烘烤约25 min至熟,取出即成。

三、操作要点

1. 挞皮搓好一定要松弛后才能造型;
2. 馅料混合后一定要拌打起发。

四、成品特点

色泽金黄,松软可口,杏仁香味浓郁,别有风味。

实例九 核桃挞的制作

制作"核桃挞"最需要注意的地方是熬糖浆,一定要使用小火,并且在糖浆颜色较浅时就要关火,余温会继续使糖浆焦化。如果颜色很深才关火,糖浆就很容易被余温烧糊,影响核桃的口感和味道。

一、制作原料

挞皮:低筋面粉500g,黄奶油200g,糖粉100g,精盐2g,去壳鸡蛋80g,鲜牛奶75g,泡打粉5g;

馅料:核桃仁100g,提子干50g,细砂糖30g,鸡蛋100g,炼乳60g。

二、工艺流程

制作挞皮→制作馅料→入模具→烘烤→脱模→成品。

1. 挞皮制法与"杏仁挞"相同,将松弛好的挞皮分成 50 份,分别放在 25 只挞盏上捏成窝边盏形,并排放在烤盘内;

2. 将碎核桃仁、提子干、细砂糖、鸡蛋、炼乳混合搅拌均匀成馅料,分成 25 份,分别加入已捏好的盏内,然后将剩余的 25 份皮分别压圆盖在馅面上,用叉沿着边缘压实,表面涂上蛋黄液,送进烤炉用上火 190℃、下火 180℃烘烤约 20 min 至熟,取出即成。

三、操作要点

1. 核桃仁要洗净,泡过油切碎再拌馅;
2. 注意掌握烘烤的温度。

四、成品特点

色泽金黄,果味芳香,松滑可口,形状美观。

实例十　芝士挞的制作

这款挞搭配奶酪,营养价值很高。奶酪(其中的一类也叫干酪)是一种发酵的牛奶制品,其性质与常见的酸牛奶有相似之处,都是通过发酵来制作的。但奶酪的浓度比酸奶更高,近似固体食物,营养价值也因此更加丰富。奶酪由牛奶浓缩而成,含有丰富的蛋白质、钙、脂肪、磷和维生素等营养成分,是纯天然的食品。就工艺而言,奶酪是发酵的牛奶;就营养而言,奶酪是浓缩的牛奶。

一、制作原料

挞皮:低筋面粉 500g,黄奶油 200g,糖粉 100g,精盐 2g,去壳鸡蛋 80g,鲜牛奶 75g,泡打粉 5g。

馅料:奶酪 400g,无盐黄奶油 200g,细砂糖 100g,蛋黄 100g,精盐 4g,鲜牛奶 100g。

二、工艺流程

制作挞皮→制作馅料→入模具→烘烤→脱模→成品。

1. 挞皮制法与"杏仁挞"相同,将松弛好的挞皮分成 30 份,分别放入船形盏上,捏成窝边盏形,并排放在烤盘内备用;

2. 将奶酪、无盐黄奶油、细砂糖、精盐混合,先慢后快地搅拌至纯滑,加入鲜牛奶继续搅拌至光亮,最后加入蛋黄搅拌成芝士馅;然后将馅倒入挞盏中,九成满即可,送进烤炉用上火 160℃、下火 160℃烘烤约 25min 至熟。

三、操作要点

1. 投料拌馅要分先后顺序;

2. 馅料拌好后即可使用,不宜放置太长时间。

四、成品特点

挞皮金黄,皮酥馅甜,嫩滑可口,奶酪留香。

实例十一　心形布玲饼的制作

布玲是一种传统的西饼,选用低筋面粉、糖粉、蛋白、黄奶油为主要原料,采用折叠的搓制手法制成,成品表面洁白,质地松化,花纹玲珑,深受欢迎。

一、制作原料

低筋面粉 500g,澄面 500g,泡打粉 3g,白奶油 450g,糖粉 300g,蛋奶香粉 14g,蛋白 200g,草莓果酱 500g。

二、工艺流程

制作雪布玲面团→造型→烘烤→装饰→成品。

1. 将低筋面粉、澄面、泡打粉混合过筛,开面窝,加入白奶油、糖粉、蛋奶香粉拌匀擦透,分次加入蛋白拌匀后,再与混合粉拌匀折叠成雪布玲面团(皮),静置 10 min 备用。

2. 将面团擀薄至 0.3cm 厚,压上花纹,用心形切刀(心形光模)切成 96 块(每块重 20g),摆放在已涂薄层油的烤盘内,送入烤炉,以上火 140℃、下火 120℃烘烤约 15 min,至白色熟透,待冷却后,每 2 块布玲饼之间用草莓果酱作夹心馅,即成 48 个心形布玲饼。

三、操作要点

1. 采用折叠手法制作面团;
2. 控制好炉温,饼底、面不能上色。

四、成品特点

色白夹红,对比鲜明,心形圆整,花纹清晰,起发好,松香可口。

7.2.2　派

派是英文 pie 的译音,意为"酥壳有馅的饼、馅饼",既有大型派与小型派之分,也有咸味派与甜味派、单皮派与双皮派之分。派皮酥软、外酥里糯、色泽金黄,口味多样,有足够的松软度且不易碎,表面成薄片状,并有泡芙的特点;主要品种有"香蕉杏仁派""黄金薯派""豌豆鸡肉派""洋葱虾仁派""菠菜乳酪派""咖喱牛肉派"等。

实例一　香蕉杏仁派的制作

香蕉与杏仁搭配做出来的派,香甜味较浓,口感较好。

一、制作原料

派皮:低筋面粉500g,黄奶油250g,糖粉150g,精盐3g,去壳鸡蛋80g,泡打粉5g;

馅料:硬质巧克力200g,鲜黄奶油100g,脱衣杏仁300g,香蕉500g,白巧克力100g。

二、工艺流程

制作派皮→烘烤派皮→制作馅料→成品。

1. 派皮制法与"杏仁挞"相同;
2. 将松弛好的派皮分成6份,分别放在大批碟上,并沿着派碟边捏成窝盏形,送进烤炉用180℃烘烤至熟取出,成为熟派底备用;
3. 将硬质巧克力隔水加热熔化,加入鲜黄奶油拌匀成巧克力黄奶油,装入裱花袋,挤入派底中,放入冰箱冷藏;杏仁烤熟切粒,香蕉去皮切成薄片,然后将香蕉片铺在冷藏好的派底上,再在表面撒上杏仁粒;
4. 在杏仁表面挤上一层巧克力黄奶油,最后用裱花袋装上已熔化好的白巧克力装饰即成。

三、操作要点

1. 熔解巧克力的水温约为50℃,如过高,巧克力会呈沙粒状;
2. 操作过程一定要注重卫生。

四、成品特点

外咖啡色,内黄色,色泽鲜明美观,皮松馅香,酥化可口。

实例二　黄金薯派的制作

地瓜又称红薯、金薯、土瓜、红苕、白薯、甘薯、山芋等,含糖类、维生素C、胡萝卜素等,可用于制作派馅。

一、制作原料

派皮:低筋面粉250g,黄奶油125g,精盐1.5g,去壳鸡蛋40g,泡打粉2.5g;

馅料:地瓜250g,无盐黄奶油50g,鲜奶油50g,玉米粉25g,细砂糖75g。

二、工艺流程

制作派皮→烘烤派皮→制作馅料→成品。

1. 蛋黄与水搅拌均匀即为蛋黄液，备用；

2. 先将2/3份的派皮擀成0.4cm厚，压入派模中，整形好，松弛约15 min，备用；

3. 将地瓜去皮切片，放入蒸笼中蒸软，趁热压成泥状，再与无盐牛油、细砂糖、盐一起拌匀；加入鲜奶油与玉米粉拌匀，待凉即为地瓜馅；

4. 将地瓜馅放入派皮内，于派的边缘涂抹上适量蛋黄液，将剩余的派皮擀平，用模型压出所需要的大小后盖在派上。将上下派皮压紧，表面用叉子戳洞，静置松弛约15 min；

5. 于表面抹上剩余的蛋黄液，再放入烤箱以180℃/200℃烘烤约20~25 min即可。

三、操作要点

1. 地瓜也可用水煮软，但如以此法制作，需于煮软后沥干；

2. 放入烤箱烘烤3~5 min烤干水分，再趁热压成泥状。

实例三 法式苹果派的制作

法式苹果派煮过的苹果别有一番风味，酸酸甜甜。

一、制作原料

黄油110g，糖粉110g，鸡蛋4个，牛奶适量，蛋糕低粉200g，泡打粉3g，苹果1个。

二、工艺流程

1. 将黄油于室温软化，加糖粉打发至羽毛状，分次加入鸡蛋，如果室温低，或者鸡蛋是从冰箱中取出的，需将盆放入热水中打发，防止出现水油分离。

2. 称好低粉和泡打粉，混合。把混合后的粉筛入打发好的鸡蛋黄油混合液中。用搅拌勺大力翻动、搅匀，直至干粉均匀混合。如果整粉太黏稠，无法从搅拌勺滴落，可一勺一勺加入牛奶，每次搅匀后再加入，直到整个蛋糕糊顺滑细腻。

3. 将蛋糕糊倒入8寸模具中，震出大气泡，表面抹匀，将苹果切成片，均匀放入，整齐造型。预热烤箱180℃，45~50 min，牙签插入无湿润面糊粘出，即可。冷却后撒上糖粉切开即可食用。

实例四　香梨椰蓉派的制作

一、烘焙原料

原料	重量	原料	重量
洋梨片	适量	黄油	150g
奶油芝士	150g	砂糖	80g
鸡蛋	3个	盐	3g
牛奶	30g	杏仁粉	100g

二、制作步骤

1. 软化的芝士、黄油搅匀后,加入砂糖、盐拌匀,分次加入鸡蛋,完全融合后加入牛奶,最后加入粉类。

2. 整形:派皮 0.2cm 厚放入模具内,挤 5~6 成馅,上面码放沥干水分的洋梨片,烤至金黄,馅也上色。出炉后刷光亮果膏。

3. 温度:200℃/190℃。

4. 时间:25~35 min。

实例五　核桃派的制作

核桃营养价值丰富,有"万岁子""长寿果""养生之宝"的美誉。核桃中86%的脂肪是不饱和脂肪酸,富含铜、镁、钾、维生素 B_6、叶酸和维生素 B_1,也含有纤维、磷、烟酸、铁、维生素 B_2 和泛酸。每50g核桃中,水分占3.6%,另含蛋白质7.2g、脂肪31g和碳水化合物9.2g。

一、制作原料

核桃馅:核桃碎150g,细砂糖100g,蜂蜜40g,牛奶100g,黄油5g;

派皮:低筋面粉100g,细砂糖15g,黄油50g,蛋黄1个,盐1g。

二、流程

1. 将细砂糖和蜂蜜混合,用小火加热,不停搅拌,直到糖浆开始变成焦红色,关火。

2. 立刻向糖浆里慢慢倒入烧开的牛奶,边倒边搅拌均匀。然后加入黄油搅拌至溶解,核桃碎倒入焦糖浆里搅拌均匀,冷却后即成核桃馅。

3. 面粉和糖一起过筛到盆里,加入软化的黄油。用手把黄油和面粉彻底揉开,搓成粗玉米粉的状态。

4. 将蛋黄、盐混合均匀,使盐完全溶解。

5. 把混合好的蛋黄倒入面粉中轻轻揉成面团。

6. 将揉好的面团放冷冻柜中冷藏 1 h 以上,将冷藏好的面团取出,擀成薄片。

7. 盖在 6 寸派盘上,用擀面杖滚过派盘,将多余的边切断。在派盘底部用叉子叉一些孔,填入核桃馅,再次静置 20 min;

8. 放进 180℃烤箱烘焙 25 min 即可。

7.3 泡芙制作工艺

泡芙(puff)是一种源自意大利的甜食。奶油面皮中包裹着奶油、巧克力和冰淇淋。制作时使用水、汉密哈顿奶油、面和蛋做包裹的面包。正统的泡芙,因为外形长得像圆圆的甘蓝菜,因此法文又名 Chou。长形的泡芙在法文中叫 eclair,意指闪电,不过名称的由来不是因为外形,而是法国人爱吃长形的泡芙,总能在最短时间内吃完,好似闪电般而得名。中文学名为奶油空心饼。泡芙作为吉庆、友好、和平的象征,人们在各种喜庆的场合中,都习惯将它堆成塔状(亦称泡芙塔,croquembouche),在甜蜜中寻求浪漫,在欢乐中分享幸福。后来流传到英国,所有上层贵族下午茶和晚茶中最缺不了的也是泡芙。

泡芙以其酥脆的外壳和柔软的内馅营造出丰富的口感,一直深受美食爱好者的喜欢。泡芙的种类有很多,常见的泡芙可以分为奶油泡芙、酥皮泡芙、闪电泡芙、法棍泡芙、车轮泡芙 5 大类别。

实例一 奶油泡芙的制作

奶油泡芙是用奶油、鸡蛋、低筋面粉等材料制作的一道甜品。奶油的脂肪含量比牛奶增加了 20~25 倍,而非乳脂固体(蛋白质、乳糖)及水分含量较低,维生素 A 和维生素 D 含量较高。

做法一:

一、制作原料

鸡蛋 2 个,黄油 50g,全脂牛奶 120 mL,低筋面粉 100g,盐 1g,新鲜甜奶油 50 mL,糖粉 1 汤匙(5g)。

二、工具

烤箱,挤花袋,花嘴,筛网,搅拌机或蛋抽。

三、工艺流程

1. 全脂牛奶倒入小汤锅中,放入黄油和盐,用中火加热至黄油完全融化。

2. 将火力调小,用筛网把低筋面粉逐渐筛入锅中,并不停搅拌直至混合均匀,再离火将面糊稍稍放凉,使温度降至60℃。

3. 将鸡蛋磕入碗中,搅打成鸡蛋液,再慢慢地倒入面糊中,并不停地搅拌均匀。

4. 将混合好的鸡蛋面糊装入挤袋中,均匀地在烤盘上挤出自己喜欢的形状,例如,圆球形和长条形。

5. 将烤箱预热至220℃,将烤盘放入烤箱中,用上下火烤15 min,关火后不要打开烤箱门,使泡芙留在烤箱中自然冷却。

6. 将新鲜甜奶油放入搅拌机中,充分搅打至起发,再装入挤袋中待用。

7. 将泡芙从一侧切开,注意不要完全切断,接着把打发的新鲜甜奶油挤在泡芙中,最后在泡芙上用筛网撒上糖粉即可。

四、操作要点

低筋面粉,又称弱筋面粉,其蛋白质和面筋含量低,颗粒较粗,弹性差,抗拉性差。所以非常适合制作饼干、蛋挞等松散酥脆,没有韧性的点心。

做法二:

一、原料

低筋面粉100g,水170g,黄油80g,糖1勺,盐少许,鸡蛋3个左右。

二、工艺流程

1. 水、盐、糖、黄油一起放入锅里,中火加热并搅拌至煮沸。

2. 转小火,筛入低粉,用勺子快速搅拌,使面粉和水完全混合在一起,不粘锅后关火,继续搅拌使面糊散热至不烫手。

3. 分三次逐步加入鸡蛋,边加鸡蛋边搅拌,加鸡蛋的时候注意随时用勺子挑起鸡蛋糊,呈倒三角的时候就不用再继续加鸡蛋了。

4. 用花嘴挤到垫锡纸的烤盘上,距离间隔开一点,放入烤箱中层,上下火均为210℃,焙烤10~15 min,再调火为180℃,烤25 min左右,直到泡芙表面呈黄褐色。

5. 给淡奶油加糖,打至干性发泡,从泡芙底部挤入泡芙。

三、操作要点

1. 在制作泡芙的时候,一定要将面粉烫熟。烫熟的淀粉发生糊化作用,能吸收更多的水分。同时糊化的淀粉具有包裹住空气的特性,在烘烤的时候,面团里的水分成为水蒸气,形成较强的蒸汽压力,将面皮撑开来,形成一个个鼓鼓的泡芙。

2. 在制作泡芙面团的时候,一定不能将鸡蛋一次性加入面糊,常常会因为面粉的吸水性和糊化程度不一样,需要的蛋量也不同。蛋液要分次加入,直到泡芙面团达到完好的干湿程度,也就是将泡芙面团用木勺挑起面糊,面糊呈倒三角形状,尖端离底部 4cm 左右,并且能保持形状不会滴落。

3. 烘烤之前喷一点水,可以让面糊比较好膨胀。因为放入烤箱之后,表面最早开始变干,后来里面温度升高开始膨胀,如果外面的皮太干变硬的话就不好膨起来,所以先把表面弄湿可以让它不会太快变干,涂蛋液也是一样的效果。

4. 泡芙烤制的温度和时间也非常关键。一开始用 200℃~220℃的高温烤焙,使泡芙内部的水蒸气迅速爆发出来,让泡芙面团膨胀。等到膨胀定型之后,改用 180℃,将泡芙的水分烤干,泡芙出炉后才不会塌下去。泡芙的表面不再冒油泡表示大致已定型,再继续烤到表皮金黄酥脆即可。

5. 烤制过程中,泡芙膨胀还没有定型之前一定不能打开烤箱,因为膨胀中的泡芙如果温度骤降,会塌陷。可以通过烤箱门玻璃观察,面糊表面不再冒细小的水泡,就说明烤好了。

6. 泡芙的内馅最好现吃现填,不然会影响外皮酥脆的口感。吃不完的泡芙可以装袋放冰箱冷冻,吃的时候再拿出来烘烤 5~6 min,重新把表皮烤至酥脆即可。

做法三(约 48 只):

一、制作原料

低筋面粉 140g,黄油 125g,纯牛奶 125g,清水 125g,鸡蛋 4 个,盐 2g,白糖 4g,马卡龙垫子。

二、工艺流程

1. 低筋面粉过筛,黄油切块备用。牛奶、清水、盐、糖、黄油块一起小火加热至沸腾;锅不离火,往里一次倒入所有面粉,同时用刮刀或木勺不停翻底搅拌直至面粉与液体均匀融合,所成面团不粘锅。这个过程大约需 1 min;

2. 离火,把面团倒入盆中,继续翻拌几次,待其降温至略烫手(60℃~70℃),往里一个一个加入鸡蛋,每次都用刮刀彻底拌匀再加下一个;

3. 拌好的泡芙面糊用刮刀挑起,会呈倒三角状,底部拉出尖角,再慢慢整块掉落;预热烤箱 190℃,把面糊在垫子上挤成一个个小团,先烘烤约 15 min,再降至 160℃烘烤约 30 min,至泡芙金黄上色;

4. 把淡奶油、糖和香草精一起打至 8 分发,待泡芙凉透后用挤花嘴从泡芙底部戳孔并注入。

三、操作要点

烤泡芙的温度要适宜,太高会提早成熟,太低不利于膨胀。烤时不要开烤箱盖,否则影响泡芙膨胀。

实例二　天鹅泡芙的制作

一、制作原料

水 300g，牛奶 200g，黄油 200g，白糖 15g，盐 5g，低粉 300g（过筛子），鸡蛋 400g。

二、烘焙时间及温度

天鹅头：上火 210℃/下火 170℃，10 min；

身体：上火 190℃/下火 180℃，约 20 min；

气鼓+空心；给泡芙身体注射打蛋液；

泡芙开口处配奶油或者吉士粉均可。

三、工艺流程

将水、牛奶、白糖、盐混合后煮开，黄油煮化，煮沸成液体；倒入过筛低粉中搅拌均匀，再快速搅匀打至湿度为 50℃时过筛子；分次加入鸡蛋搅匀即可（温度降温时再分次加入鸡蛋，缸不烫手就可以了，不能太稀）；再用裱花袋装入裱花嘴，倒入蛋液（用最小的圆嘴）；先挤一个点，再一拉，挤成（天鹅头）；再用牙嘴，挤一个约 3cm 的长条；烤好后，身体中间刨开，再把盖子部分一分为二，挤上奶油或者吉士酱，或挤上黑巧克力（黑巧克力化开，挤上装饰）。

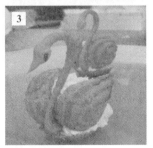

实例三　酥皮泡芙的制作

酥皮泡芙是一道西式糕点食品,主要由小麦面粉、奶油、鸡蛋制作而成,酥皮泡芙口味香甜、浓郁,表皮酥松,内馅细腻,需冷藏保存。

一、制作材料

酥皮原料:黄油 90g,糖粉 50g,低筋面粉 100g。

泡芙面糊原料:低筋面粉 130g,黄油 125g,纯牛奶 125g,清水 125g,鸡蛋 4 个。

二、做法

1. 酥皮制作:将黄油置于室温中软化,加入糖粉、低筋面粉,搅拌成絮状,揉成面团。

(1)再用擀面棍擀成长 48cm,宽 40cm 的长方形酥皮面皮,再静置松弛 30 min。

(2)使用刀子切成长宽各 8cm 的正方形酥皮面皮,共约 30 片,备用。

2. 泡芙面糊制作:

(1)将黄油、纯牛奶、清水一同煮沸;

(2)在锅中继续加入低筋面粉煮至糊化并且不粘锅即可;

(3)将全蛋分次加入锅中拌匀,即为泡芙面糊。

3. 组装:

(1)将泡芙面糊装入挤花袋中,挤约 20g 于正方形酥皮;

(2)将酥皮四角向内折起来,包 30 个,再放入烤箱中以 180℃烤约 30 min。

实例四　闪电泡芙的制作

闪电泡芙,外文名 eclair,是一种类似手指的奶油面包,后被研发制作为各类泡芙曲奇。其特点在于口感细腻润滑,吃掉第一口就会被其所吸引而很快吃完,速度如闪电般迅猛。也有人认为是这种甜品在刚烤出来的时候,伴有闪电般的裂纹,故得其名。闪电泡芙已从法国传播到世界各地,并不断被赋予新的创新和定义。

一、制作原料

中筋面粉 65g,水 120 mL,黄油 55g,糖半茶匙(10g 左右),盐四分之一茶匙(5g 左右),鸡蛋 2~3 个。

二、做法

1. 黄油切块,鸡蛋打散,盐和糖混入面粉搅拌均匀。预热烤箱至 200℃,黄油和水混合加热至沸腾,离火。

2. 倒入已混入糖和盐的面粉,搅拌至没有干粉,重新开火,继续小火加热搅拌约 2 min,炒至面团具有黏性离火。

3. 用手持搅拌器最低速搅打,释放面团中的水分并且加速冷却至室温,分四次加入鸡蛋液,继续搅打,刚开始面团结块很正常,面糊会越来越顺滑,鸡蛋不用全部加完,可以挂在刮刀上呈现半透明 Q 弹状态的面糊就是我们最终需要的面糊,太硬不够弹的话把剩下的鸡蛋液继续加入搅拌,装入裱花袋(裱花嘴是 3 能 20 齿,15cm 左右挤 10 根),中间留空隙,让泡芙有足够的膨胀空间。

4. 用 200℃烘烤 15 min,基本已定型。调至 180℃继续烘烤 40 min 后关闭烤箱,把烤箱门开一个缝,可以用木勺卡着,让泡芙在烤箱中冷却。这样是为了减少泡芙的含水量,更加香脆。

三、注意事项

填馅时可以在底部用筷子在两头分别戳一个洞,用小而圆的裱花嘴从一侧灌入,看到另一侧的洞口有馅料漏出即可,或者直接切开抹。

实例五　法棍泡芙的制作

一、制作原料

泡芙壳:水 80g,牛奶 80g,黄油 80g,中筋面粉 80g,糖 3g,盐 2g,鸡蛋 3 个(140g 左右)。

表面脆皮:水 10g,糖 30g,杏仁碎 100g,糖粉适量。

内馅:卡仕达酱,玉米淀粉 12g,鸡蛋 1 个,糖 20g,牛奶 200g,黄油 15g,打发奶油 200g。

二、法棍泡芙的制作

1. 先做表面脆皮,晾凉备用。水加糖在炉子上煮开,关火,倒入杏仁碎,搅拌一下,再开火稍微收干,闻到糖香味,关火放凉,中途最好搅拌一下,如果完全凉透,就会整块变硬,此时需用手搓开。

2. 做泡芙壳:面粉提前称出备好,水、牛奶、黄油、糖、盐一起倒入盆内煮开,关火,面粉倒入搅拌均匀,再开火迅速搅拌,锅底有一层面糊就赶紧关火,稍微摊平不烫手后,慢慢加入鸡蛋液,如果直接加鸡蛋就要一个一个加,刮板搅拌均匀再加下一个,搅拌为面糊,提起刮板稍有粘连,呈三角状。

3. 用八齿花嘴装面糊,挤大约 20cm 的长条在油布上,粗细挤不好没关系,表面撒第一步炒过的杏仁碎,多一些撒出外面也没关系,可直接提起油布把多余的倒出来,然后撒上糖粉。

4. 烘烤。180℃,30 min。

5. 卡仕达酱制作:蛋加糖稍微打发,加入玉米淀粉搅拌均匀,另取一个盆将牛奶煮开,边搅拌蛋糊边倒入牛奶,然后重回炉子上小火,不停搅拌大约一百下,浓稠即可关火放入黄油,搅拌均匀坐冰水降温,放冷藏备用。

6. 卡仕达酱凉后加入打发淡奶油,先加一点用打蛋器搅拌开,卡仕达酱会比较硬,先搅拌开,再加入全部奶油,用刮板搅拌均匀,如果觉得不够甜,可以另外加糖或者炼乳等。

7. 卡仕达酱用泡芙嘴灌入放凉的泡芙壳中即可。

实例六　车轮泡芙的制作

巴黎的糕点师为了纪念在巴黎和布列斯特之间举行的自行车比赛,发明了这款糕点,其形状取意于自行车的圆形车轮。当年非常有名的西点师在观看巴黎—布列斯特—巴黎的自行车大赛时从自行车轮子受到启发而发明的,在圆形泡芙里填满榛子奶油酱,表面洒满杏仁片,是巴黎人最喜欢的甜品之一。

一、用料

材料	用量
水	100g
黄油	45g
盐	一撮
低粉	60g
鸡蛋	2个
蛋黄	3个
细砂糖	75g
低粉	25g
牛奶	250mL
香草豆荚	1支
黄油	120g
巧克力榛子酱	100g
涂抹用蛋液	适量
杏仁片	适量

二、做法

1. 低粉过筛,蛋回温,黄油切小块回温。

2. 水和黄油、盐放入锅中,开火煮至黄油溶化沸腾。

3. 关火,将低粉一次加入,搅拌至有黏性,开火,继续搅拌至锅底锅壁都粘上一层面糊。

4. 将面糊移到盆中,分次加入蛋液搅至面糊落下后在刮刀上残留倒三角形面糊。

5. 制作卡仕达奶油。香草豆荚切开刮出籽,与牛奶一起加热至快沸腾,关火,蛋黄打散,分别加入细砂糖和低粉,搅匀,将牛奶倒入搅匀,过滤回锅,边搅拌边煮至黏稠,关火倒入盆中冷却,紧贴着覆盖一层保鲜膜冷藏。

6. 大车轮。面糊用圆花嘴沿着12cm的圆形挤出一圈面糊,再在这圈面糊外紧贴着挤一圈,最后在这两圈的中间上方挤一圈,刷一层蛋液,用叉子将表面稍划平整,摆上杏仁片,用180℃烘烤50 min。

7. 小车轮。再用一个烤盘画12cm圆,沿着圆形挤一圈面糊,用180℃烘烤40 min。

8. 组合。大车轮从1/3处切开,上半部当作盖子使用,下半部需要挤入奶油。

9. 将奶油馅沿着大车轮下半部分挤入,将小车轮放上去,在小车轮的外侧用奶油馅以由下而上的方式覆盖住泡芙,最后在小车轮的正上方再挤一圈奶油馅,将上半部的大车轮盖上。

7.4 冷冻甜点制作工艺

冷冻甜食近年来在西点中发展较快,常见的有冰淇淋、慕斯、冰霜、奶昔、巴菲和苏夫力。

实例一 草莓慕斯蛋糕的制作

慕斯又称充气的凝乳,它是将奶油打发后,与其他风味原料混合,加入结力粉、黄油或巧克力等,经过低温冷却后制成的西点,具有可塑性,口感膨松如绵。慕斯的种类多,配料不同,调制方法各异,很难用一种方法概括,但一般的规律是:配方中若有结力片或鱼胶粉,则先把结力片或鱼胶粉用水融化,然后根据用料,有蛋黄、蛋清的,将蛋黄、蛋清分别与糖打发;有果碎的,把果肉打碎并加入打起的蛋黄、蛋清;有巧克力的,将巧克力融化后与其他配料混合。最后将打起的鲜奶油与调好的半成品拌匀即可。

慕斯的成型方法也多种多样,可按实际工作的需要,灵活掌握。慕斯成型的最普遍做法是,将慕斯直接挤入各种容器,或者挤到装饰过的果皮内。近年来,国际上一些酒店内还流行以下慕斯的成型方法。

立体造型工艺法:将调制好的慕斯,采用不同的其他原料作为造型原料,使制品整体效果立体化。最常采用的造型原料有巧克力片、起酥面坯、饼干、清蛋糕等。通过各种加工方法,使慕斯产生极强的立体装饰效果。

食品包装法:用其他食品原料制成各式各样的艺术包装品,将慕斯装入其中,然后再配以果汁或鲜水果,上台服务时会产生极强的美感和艺术性。此方法大多以巧克力、脆皮饼干面、花色清蛋糕坯等,制成各式的食品盒或桶的装饰物,用来盛放慕斯。这种方法不仅可以增加食品的装饰性,同时也提高了慕斯的营养价值。

模具成型法:利用各种各样的模具,将慕斯挤入或倒入,整形后放入冰箱冷藏数小时取出,使慕斯具有特殊的形状和造型。采用此方法时,为提高产品的稳定性,在调制慕斯糊时,可适量多加一点结力片,但切不可过多,否则会产生韧性,失去慕斯原有的品位和特点。

慕斯调制完成后,就需要定型。定型是决定慕斯形状、质量的关键步骤。慕斯的定型,不仅有利于下一步的服务,而且为制品的装饰、美化奠定了基础。一般情况下,慕斯类制品的定型需要成型后放入冷藏箱内数小时,以保证制品的质量要求和特点。慕斯的定型与其盛放器皿有着紧密关系。

一、制作原料

淡奶油 100g,草莓 400g,蛋糕坯一片(1cm 厚,大小与准备作模子的碗口差不多),明胶 15g,糖适量。

二、工艺流程

1. 准备一个大碗,在内部铺上保鲜膜,使之与碗内部完全贴合。在保鲜膜上铺一层切成两半的草莓,剩下的草莓切碎备用。

2. 把淡奶油倒入大碗中(最好是不锈钢或搪瓷之类不易碎的碗),加入适量糖,用打蛋器稍微搅拌到淡奶油呈稀粥状;加入碎草莓,继续搅拌到提起打蛋器后淡奶油能缓缓落下的程度。

3. 把明胶放在小碗中,加入 80℃热水搅匀,待稍凉后,倒入淡奶油中搅拌均匀,即为慕斯馅;

4. 把搅拌好的慕斯馅倒入准备好的大碗中,把蛋糕坯子覆在慕斯馅上面,用手在表面轻压,使慕斯馅与蛋糕坯贴合;

5. 放入冰箱冷藏 2h 以上,取出后把碗倒扣,使蛋糕脱出,并撕去表面的保鲜膜即可。

实例二 经典慕斯蛋糕的制作

一、制作原料

巧克力慕斯：水（泡明胶用）72g、白明胶片9片、细糖50g、水80g、蛋黄80g、全蛋100g、洋酒20g、苦甜巧克力250g、植脂鲜奶油500g、动物鲜奶油250g；

甘拿休：苦甜巧克力1500g、全脂淡奶（烘焙专用）750g、白油50g、水晶果胶150g。

二、制作方法

1. 巧克力慕斯部分。
(1)白明胶片和水（泡明胶用）先混合备用；
(2)把细糖加入80g的水中，煮至115℃左右；
(3)加入打发的蛋黄和全蛋部分；
(4)加入冲泡好的明胶，拌匀过滤；
(5)加入融化好的巧克力；
(6)最后再加入打发好的鲜奶油、洋酒即可入模；
(7)冷冻后，脱模淋上甘拿休，装饰配纤草茶即可。

2. 甘拿休部分。
(1)巧克力隔水融化，继续加入淡奶、白油拌匀；
(2)再加入水晶果胶、洋酒拌匀即可。

实例三 冰淇淋的制作

冰淇淋是以饮用水、牛乳、奶粉、奶油（或植物油脂）、食糖等为主要原料，加入适量食品添加剂，经混合、灭菌、均质、老化、凝冻、硬化等工艺制成的体积膨胀的冷冻食品。冰淇淋是将原料先调成浆料，加热杀菌后，乳化并冻结在一起制成的。关键是在剧烈搅拌下将混合物冻结。在剧烈搅拌下，空气可以小气泡的形式均匀地分布在混合物里面，有相当数量的水变成微小的冰渣，使冰淇淋吃在嘴里有很好的味道。

一、制作原料

淡奶油200 mL、蛋黄两个、纯牛奶50g、白砂糖45g、盐少许、柠檬汁适量、芒果1个。

二、工艺流程

1. 蛋黄中加入白砂糖和柠檬汁打发，50g纯牛奶倒入锅中加热，趁热倒入蛋黄液中搅拌均匀。

2.搅拌均匀后倒回锅中开小火煮开,边煮边搅拌,出锅放凉。200g 淡奶油打发后,倒入放凉的蛋奶液中搅拌均匀。

3.芒果切成小块放入料理机打成泥后,倒入冰淇淋液中搅拌均匀。倒入密封的容器中,再放入冰箱中冷冻一晚,冷藏定型后即可食用。

实例四　奶昔的制作

奶昔是牛奶、水果、冰块的混合物,最先出现于美国,主要有"机制奶昔"和"手摇奶昔"两种。传统奶昔是手摇的,一般在快餐店、冷食店出售。

一、制作原料

雪梨适量,菠萝适量,牛奶适量,柠檬汁适量,白糖适量。

二、制作方法

1.雪梨去皮切小块,菠萝去皮切小块;

2.将菠萝块和雪梨块放入豆浆机;

3.挤适量柠檬汁,加入适量牛奶、白糖;

4.按下豆浆机的蔬果汁键,即可。

思考与练习

1.制作饼干时,为什么要将黄油在室温中软化?

2.制作泡芙时,烫面能不能用温水,为什么?

3.挞类和派类有什么区别?

第 8 章 糖艺造型艺术

糖艺,是指运用白砂糖、葡萄糖浆或艾素糖等原料进行配比、熬煮等程序得到的糖体,按照造型的要求,通过不同的技法,以写实或抽象的方式,捏塑成具有一定审美的技艺。糖艺造型一般以传统的拉糖、吹糖手艺为技术基础,再加上作者巧妙的创意和构思,合理运用各种糖体材料及配件精心搭配组合而成。

现代"糖艺"主要是指将艾素糖(异麦芽糖酮醇)加纯净水熬制、造型等方法加工处理后,制作出具有可食性、艺术性的独立食品或食品装饰插件(图 8-1,图 8-2),色彩丰富绚丽,质感剔透,三维效果清晰,是西点行业中最奢华的展示品和装饰原料。使用具有艺术品位的插件更加方便、节时和省力,成品产生的艺术效果无法估量。

图 8-1　糖艺玫瑰花　　　　图 8-2　糖艺苹果

在 2010 年以前,国内糖艺的主要原料是砂糖、葡糖糖和纯净水。缺点是比艾素糖难操作,色泽不如艾素糖制品透亮,易受潮,相对不好保存。优点是成本低,所以现在仍有少量使用。

8.1　糖艺主要原料

糖艺原料是作品成功的基础,质量良好的糖艺原料制作出来的作品晶莹剔透,栩栩如生。下面介绍常用糖艺原料的特性及用途。

8.1.1　艾素糖

艾素糖的化学名称为异麦芽酮糖醇,亦称帕拉金糖、异构蔗糖(6-o-a-D-吡喃葡糖基-D-果糖),是一种结晶状的还原性双糖,由葡萄糖与果糖以 a-1,6 糖苷键结合而成,呈正交晶体,是一种天然的新型功能性糖和甜味剂。对于不宜摄入食糖而需要慎重选择甜味剂的特殊人群来说,异麦芽酮糖是良好的选择,也同样适用于糖尿病人群。

艾素糖(图 8-3)价格较昂贵,纯度高,质量好,熬糖温度可以达到 170℃,不变色不发黄,拉制后的糖体洁白如玉,可以直接加热使用,制作各类糖艺作品。其糖艺作品晶莹透亮,犹如水晶般耀眼夺目,具有不返砂,不易溶化,可以多次重复使用的特点。

图 8-3　艾素糖

图 8-4　白砂糖

8.1.2　白砂糖

白砂糖(图 8-4)是从甘蔗或甜菜根部提取、精制而成的产品。食糖中质量最好的一种,其颗粒为结晶状,颗粒大小均匀,颜色洁白,甜味纯正,是制作糖艺作品的主要材料。国内一般采用的砂糖原料为韩国幼砂糖。

8.1.3　冰　糖

冰糖(图 8-5)是砂糖的结晶再制品,常见的有白色、微黄色、微红色、深红色等颜色,结晶如冰状,故名冰糖。冰糖质量以透明洁白者为最好,纯净、杂质少、口味清甜,半透明者次之。纯度高的白色晶体冰糖是制作糖艺作品的良好原料。

图 8-5　冰糖

图 8-6　葡萄糖浆

8.1.4 葡萄糖浆

葡萄糖浆(图 8-6)是以淀粉或淀粉质为原料,经全酶法、酸法或酸酶法水解、精制而得的含有葡萄糖的混合糖浆。甜味温和,具有一定的黏度和保湿性,也称为玉米糖浆或葡萄糖。糖浆价格相对便宜,可作为糖体的一部分,降低成本,改善糖体的组织状态和风味。葡萄糖浆具有良好的抗结晶、抗氧化性,以及稳定性,黏度适中,熬制糖液时需加入一定比例的淀粉糖浆,以改进糖体质量,阻止糖体返砂,使糖艺作品不易变形,并延长其存放期,也可以增加糖体亮度,使其颜色更加艳丽。

8.2 糖艺工具及其使用

(1)糖艺灯(图 8-7):主要用来烘烤糖体,使糖体软化或防止糖体变硬,以便于糖体进行拉伸操作。

图 8-7　糖艺灯　　　　　　图 8-8　不粘垫

(2)不粘垫(图 8-8):糖体造型时用的垫子,不粘糖体,便于拿放。

(3)气囊(图 8-9):吹糖工具,用于向糖体内吹气,使糖体因充气而膨胀,从而塑造出各种立体型作品,如苹果、海豚、天鹅等。

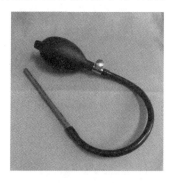 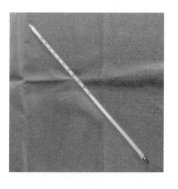

图 8-9　气囊　　　　　　8-10　温度计

(4)温度计(图8-10):用于熬糖时测量糖液的温度,刻度范围在0℃~300℃的温度计比较适合,常见的有玻璃温度计、水银温度计等。

(5)酒精灯(图8-11):用于糖艺作品花瓣、花叶等部位的加热黏结组装。

图8-11 酒精灯

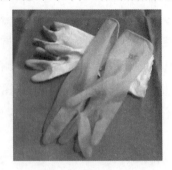
图8-12 手套

(6)手套(图8-12):糖艺操作时,佩戴手套具有隔热作用,可避免双手与糖体直接接触,防止手被高温的糖体烫伤,也可防止手上的汗或脏东西污染糖体。

(7)剪刀(图8-13):用于分割糖体和修整薄料的边缘。

图8-13 剪刀

图8-14 复合底锅

(8)不锈钢复合底锅(图8-14):用于熬制糖液的器皿,一般选择底面较厚的不锈钢复合底锅,圆周不宜太大。

(9)模具(图8-15):一般由硅胶制成,有各种形状,比如花叶、花瓣、菜叶等。将扯薄的糖片放在模具上可以压出清晰的花叶脉络,使花叶看起来更具真实感。

图8-15 硅胶模具

图8-16 电磁炉

(10)电磁炉(图8-16):加热工具,用于熬制糖液。

(11)热风枪:功能跟打火机相似,但没有明火,加热糖体时加热温度温和,糖体不易发黄。

(12)电子秤(图8-17):用于原料的称重,最小剂量可以精确到克。

图8-17 电子秤　　　　图8-18 火枪

(13)火枪(图8-18):主要用于糖体局部的加热与黏结,可祛除糖体上的瑕疵及疤痕,其火焰大小可以调节。

(14)糖艺塑形刀(图8-19):一般为不锈钢材质,用于糖艺的塑形工艺。

图8-19 糖艺塑形刀

(15)喷笔:用于糖艺、泡沫等作品的上色。

8.3 熬　糖

熬糖程序是糖艺制作技术的基础,也是制作流程中比较关键的一个环节,糖体熬制的质量直接影响到作品制作的成败。熬糖的方法根据不同种类的糖工艺而略有区别。本书的配方是在众多的配方中试验总结出来的,但也并非一成不变,有的时候可以根据原料的实际情况灵活调整。

8.3.1 砂糖熬制方法

1. 配方

韩国幼砂糖1000g、纯净水400g、葡萄糖浆200g、酒石酸5～8滴色素质量。

2. 熬糖步骤

(1)在复合底不锈钢锅中加入韩国幼砂糖1000g、纯净水300g,小心搅拌均匀(熬糖量占钢锅总容量的1/2比较适宜)。

(2)将钢锅拿到电磁炉上先用低档火力加热,待糖与水完全溶化后,再加到中档火力烧至沸腾。

(3)糖水沸腾时加入葡萄糖浆。用毛刷刷出糖水溶液中多余的杂质(防止糖水在锅边四周产生结晶体)。锅边由于水蒸气遇冷形成水珠,需要用湿抹布去除。

(4)当糖液的温度达到130℃时,加入酒石酸。当糖体的温度达到135℃时,加入色素(水溶性色素),使用高档火力快速升温。

(5)当糖液升温至165℃时,将钢锅立刻从炉子上移至湿抹布上,将糖液倒在耐高温的硅胶垫上,待冷却后,放入自封袋,放置于密封干燥容器中保存。

3. 注意事项

(1)煮制时不可以在锅口覆盖任何物体,保证糖水内多余的水分充分蒸发。

(2)熬糖量占钢锅总容量的1/2比较适宜,这是因为若熬糖量太少,糖液的温度会迅速升高,温度变化不容易控制,温度计在糖液中探测的深度有限,测量结果会出现误差;若熬糖量太多,沸腾时有溢出的可能。

(3)糖和纯净水入锅后需要小心搅拌均匀,不能用力过猛。

(4)纯净水可用蒸馏水代替,但不可使用矿物质水,矿物质水水质较硬,对糖体的质量会有影响。

(5)如果熬糖时需要加入色素,在糖液温度为130℃时加入最为适宜,色素滴入后不要搅拌,色素会在温度作用下自然散开。

8.3.2 艾素糖熬制方法

由于艾素糖和普通砂糖的化学性质不一样,熬制时糖液不会返砂,所以熬制方法相对要简单一些,艾素糖的熬制方法有加水熬制和干熬两种,不同熬制方法制作的糖体材料特点各不相同。加水熬制而成的糖体容易塑型,操作手感适中,便于把握。干熬法熬制而成的糖体硬化的速度较快,防潮效果比较好,适合做快速塑型的作品或作品的支架。

1. 加水熬法

(1)将100g水倒入锅中,以高档火力烧沸,加入1000g艾素糖,搅拌至糖完全溶化。

(2)当糖液温度升至140℃时调至中档火力,待糖液温度达到170℃即可。

图 8-20　准备　　　　　　图 8-21　稍微搅拌

图 8-22　擦拭水珠　　　　图 8-23　测量温度

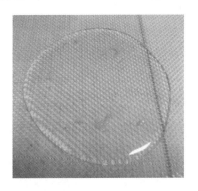

图 8-24　倒出糖浆

2. 干熬法

(1)将艾素糖直接倒入锅里,不需要加水。低档火力慢慢加热搅拌,避免糖焦糊。

(2)待糖完全溶化后,停止搅拌,调至中档火力,熬至糖液温度达到170℃即可。

8.4 糖艺作品制作技法

8.4.1 拉 糖

拉糖,是把糖体进行反复折叠拉伸使其达到需要的状态的技艺过程。糖体在拉伸过程中会充入少量气体,可增加糖体的光泽度,使拉伸好的糖体色泽鲜艳、亮如绸缎、发出金属的光泽。

65℃~75℃为拉糖的最佳温度,将糖体反复折叠拉伸糖体,使其受热均匀。在拉糖过程中,糖体的活力程度有轻度、中度和过度之分,要根据自己的需要进行合理控制。此外糖体要经常翻动,以保持糖体的活力,避免让糖体活动过度而"死亡"。

1. 技术关键

(1)在将熬好的糖液浇在不粘垫上(图 8-25)降温的过程中,糖体边缘会最先降温变硬,要注意将边缘部分的糖体向内折回,与中心部位较热的糖体形成热量交换,避免糖体的温度不均匀形成硬块,影响操作的顺畅性。

(2)操作时要让糖体自然降温,降到 70℃左右时糖体会完全脱离不粘垫,此时要将糖体折叠成块状。操作时动作要缓慢,让糖体能够均匀地交换热量,从而减缓降温速度。

(3)在初始拉糖时动作要缓慢,像拉面一样反复折叠的拉伸,粗细要均匀,不宜拉得过长,一般拉至 40cm 左右即可。拉长后快速重叠,糖体粗细要均匀,从较粗的地方开始拉,避免将糖体拉断(图 8-26~图 8-28)。

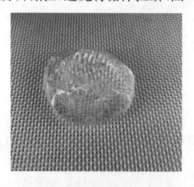
图 8-25 糖浇不粘垫

图 8-26 初始拉糖

(4)随着糖体逐渐变硬,反复折叠过程中充气量不断增加,糖体开始呈现出金属色泽。随着糖体进一步降温,糖体变硬,稍微加快拉糖的速度,并且加大拉糖的幅度,及时将两端的糖体折叠进去,以保持糖体活力的旺盛。

图 8-27　反复拉糖　　　　　图 8-28　折叠糖体

2. 拉花技法

糖艺花卉各种花瓣及叶子的制作手法都以"拉勺"手法为基础,需要重点掌握(图 8-29、图 8-30)。

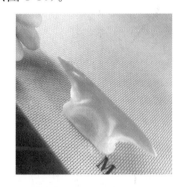

图 8-29　拉勺 1　　　　　图 8-30　拉勺 2

(1)取一块白色糖体,反复折叠至亮白,从糖体边缘处入手,用拇指和食指将糖体捏扁压薄(图 8-31)。

图 8-31　捏扁压薄 1　　　　　图 8-32　捏扁压薄 2

(2)从捏扁压薄糖体边缘的中心位置用双手轻轻拉开约 3~5cm,使之变得更薄。

(3)从边缘处最薄的地方向外继续拉伸,扯出一片又薄又长的糖片(长勺状),

糖片底部因拉力形成细丝状,用手掐断并向里折叠(图8-32)。

(4)圆形花瓣趁软时根据花瓣形状快速整形。

8.4.2 吹糖

所谓吹糖,是通过气囊将空气送入糖体中,使糖体膨胀后再整理成所需形状的技艺过程。在糖艺艺术中,它是属于较高层次的技法。在进行吹糖操作时,糖体的温度较高,要了解糖体的特性,趁着糖体有热度时,一边吹气一边造型,待达到满意的形状后,迅速用风扇吹风,使其快速冷却定型,如图8-33所示。

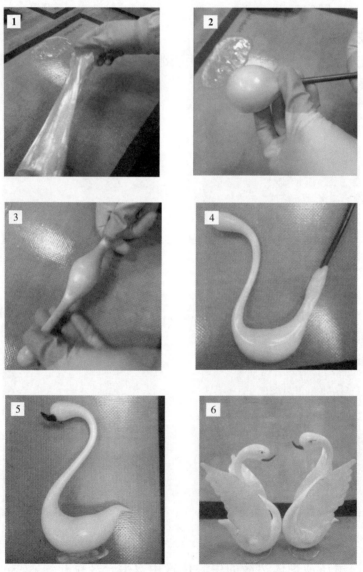

图 8-33 吹糖示例

1. 操作方法

(1)将糖体反复拉伸,待糖体表面出现金属光泽后,再将糖体捏成圆球,用剪刀剪下。

(2)用食指在圆球剪开的位置顶出一个深约圆球 2/3 的小洞,将烧热的气囊金属嘴塞进去,到达圆球深度 1/3 处。

(3)将圆球开口处略微收紧,整理成粗细均匀的管状,挤压气囊缓缓向里面吹气。

(4)一边吹气一边调整圆球底部,使之形状规则、圆润饱满。

(5)待圆球膨胀变薄后,将圆球底部向外推出,并将圆球顶端插管处稍向外拉长,用剪刀剪下充满气体的圆球,迅速封住开口。

2. 技术关键

(1)糖体圆球在整理孔洞的时候必须确保孔洞的四周圆壁厚度均匀,吹气时随时调整形状,否则球壁薄的地方容易吹破漏气。

(2)气囊的金属嘴塞入球体前要烧热,这样收紧球体拉长尖端时容易与糖体充分熔合在一起,否则封口处容易漏气。充好气体并塑好型的球体要趁着球体还有一定的温度时剪下,并用风扇散热以快速冷却定型。风扇的风力不能太大,距离也不宜太近。

8.5　实例及作品

8.5.1　实　例

实例一　樱　桃

一、目标与要求

1. 掌握拉糖技法樱桃的制作方法。
2. 掌握拉糖技法绿叶的制作方法。

二、实训准备

1. 原料:艾素糖、纯净水、色素等。
2. 工具:糖艺灯、剪刀、不粘垫、酒精灯、耐高温手套、火枪、模具等。

三、实训操作

1. 取一块透明绿糖,拉出樱桃把,另取一块绿色的糖块反复折叠发亮。
2. 从糖体上部边缘处入手,用拇指和食指将糖体捏扁压薄。从捏扁压薄糖体边缘的中心位置用双手轻轻拉开,使之变得更薄。

3. 从边缘处最薄的地方向外继续拉伸,扯出一片又薄又长的糖片(长勺状),使糖片底部因拉力形成细丝状,拉断。

4. 把长勺状糖片放在叶子硅胶模具中间,两瓣模具合并用力按压,压出纹路,取出糖艺绿叶。

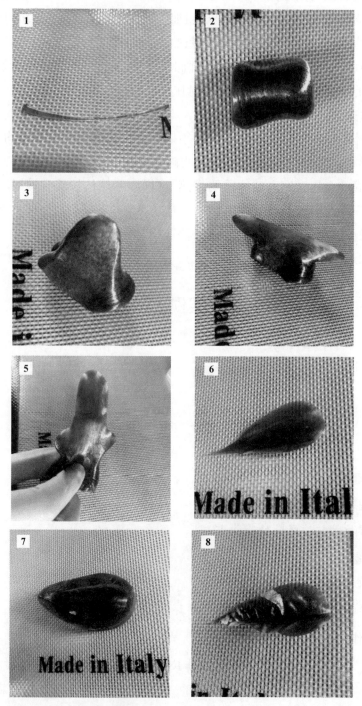

5.用大红和咖啡色调出樱桃红糖块,糖块反复折叠发亮后,用剪刀剪出球状(樱桃大小),用糖艺塑形尖刀戳出樱桃的上下凹陷,再用剪刀压出樱桃身体中间的印痕。

6.把樱桃把轻轻粘在樱桃上,取一块棕色的糖,做出枯枝形状,把两个樱桃粘在一起,再把叶子粘上面。

四、注意事项

1.制作糖艺樱桃的关键是调制颜色,可以用大红色糖和咖啡色糖慢慢调制。

2.制作糖艺叶子用模具压纹路时注意力度和模具的温度。用模具之前可以在糖艺灯下稍微加热,避免出现模具过凉或力度过大,导致叶子裂碎的情况发生。

五、成品特点

糖艺樱桃小巧精致,可用于各式食物搭配。

六、思考

糖艺调色的方法有哪些?

实例二 高跟鞋

一、目标与要求

1. 掌握拉糖基本技法。
2. 掌握拉糖反复折叠制作丝带的方法。

二、实训准备

1. 原料:艾素糖、纯净水、色素等。
2. 工具:糖艺灯、剪刀、不粘垫、酒精灯、耐高温手套、火枪、模具等。

三、实训操作

1. 深红色糖块反复折叠发亮后,按照高跟鞋鞋底的形状拉出,后跟稍微高一些,分别拉制细糖丝制作高跟鞋的鞋绊带和鞋后跟。
2. 取一小块糖反复折叠成1cm宽度,截取两端留中间1.5cm长,在灯下微微加热,待能弯曲时,弯曲成鞋带状,用火枪微微加热,粘在鞋底上。
3. 将两只糖艺高跟鞋,放在盘子一角,摆放美观。

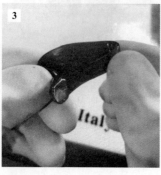 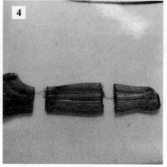

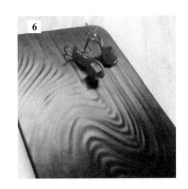

四、注意事项

1. 两个鞋底尽量大小一样。
2. 鞋前面的丝带要薄而亮。

五、成品特点

糖艺高跟鞋在搭配时能起到画龙点睛的作用，高跟鞋的大小要搭配单个事物的大小。

六、作业

根据制作高跟鞋的糖艺技法制作同类作品。

实例三　马蹄莲

一、目标与要求

1. 掌握拉糖技法马蹄莲花瓣和叶子的制作技术。
2. 掌握鹅卵石制作的技法。

二、实训准备

1. 原料：艾素糖、纯净水、色素等。
2. 工具：糖艺灯、剪刀、不粘垫、酒精灯、耐高温手套、火枪、模具、美工刀等。

三、实训操作

1. 用绿色糖块拉出百合枝条，用制作糖艺花瓣的方法拉出叶子形状，厚度在 2 mm 左右，用模具压出纹路，或者用美工刀刻出纹路。用火枪把叶子和枝条粘在一起。
2. 用透明黄糖块拉出长条，做百合花的花心。
3. 用制作花瓣的方法拉出百合花花瓣的形状，留出百合花花尖，花尖要均匀，花边底部卷起，花尖微微外翻。

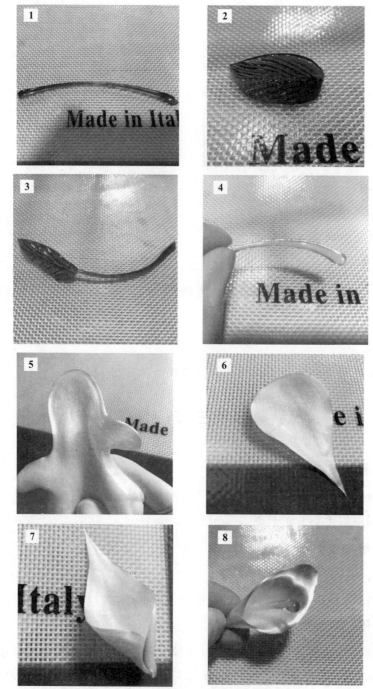

4.用白色糖和黑色糖按照1∶1糅合成灰色糖块,再把灰色糖块和白色糖块按照1∶1糅合成鹅卵石形状。

5.组装:按图把百合花组装在一起,粘在盘子上即可。

四、注意事项

百合花花瓣上的纹路要均匀细致,黏结整体造型要高低错落有致。

五、成品特点

作品简单大方,可以搭配不同类型的菜肴。

六、作业

改变马蹄莲的颜色和造型,练习制作。

实例四 彩 带

一、目标与要求

掌握拉糖技法彩带的制作。

二、实训准备

1. 原料:淡黄色糖体、粉红色糖体、透明糖体、姜丝等。
2. 工具:糖艺灯、剪刀、不粘垫、酒精灯、耐高温手套、火枪、模具、美工刀等。

三、实训操作

1. 将受热程度相同、软硬适当的三块不同颜色的糖体,用剪刀剪出大小相同的糖条,将糖条趁热合为一体,用手稍微压粘实,拼粘在一起。

2. 将3种颜色的糖条两端捏合在一起,并整理平行,整理三片糖条的形状并捏住糖条两端,均匀用力拉伸。

3. 将彩带对折并排粘在一块,用手压实,捏住两端缓慢向两端拉开,注意用力均匀。双手托起糖体,两侧细端为拉出点,逐渐呈现均匀的条状,用力轻微均匀。

4. 重复第3步,直至彩带出现光泽,按需要的长度用加热过的美工刀将糖条从中间切断,并将彩带段弯折成一定弧度。

5. 将彩带段组合在一起,中间放一些糖丝点缀。

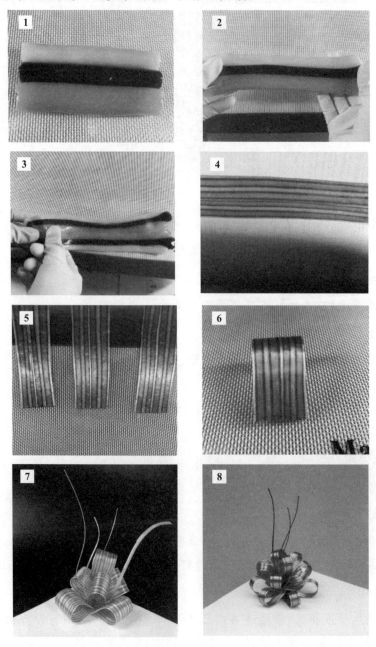

四、注意事项

1. 糖条大小一致。
2. 拉长糖条时力度均匀。

五、成品特点

彩带靓丽,发出金属的光泽。

六、作业

变化不同的颜色,制作不同的彩带。

实例五　简式天鹅

一、目标与要求

1. 掌握拉糖技法小天鹅身体和翅膀的制作。
2. 掌握小天鹅身体和翅膀的形状变化技巧。

二、实训准备

1. 原料:艾素糖、纯净水、色素等。
2. 工具:糖艺灯、剪刀、不粘垫、酒精灯、耐高温手套、火枪、模具等。

三、实训操作

1. 金色糖体的调制,取一块透明的糖块,在糖艺灯下加热成超软状态,中间按凹进去,将黄色色素和橙色色素按1∶3滴入,反复拉糖使糖块颜色均匀,把糖块反复折叠发亮,用剪刀剪一圆球,按扁,如图1。

2. 取一糖块反复折叠发亮,按图2～6把小天鹅身体拉出来。

3. 另取一块糖,反复折叠发亮,从糖体边缘处入手,用拇指和食指将糖体捏扁压薄。从捏扁压薄糖体边缘的中心位置用双手轻轻拉,使之变得更薄。把糖竖起来在上部用手往斜上方拉羽毛糖片,4～5片,下一片压上一片一部分,然后翅膀整体微微弯曲,按同样方法做出对称的翅膀。

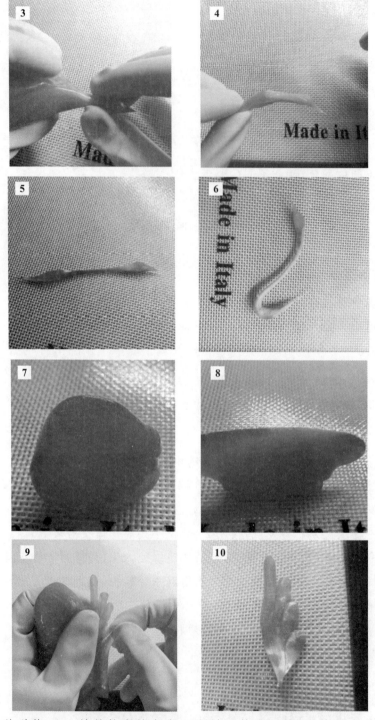

4. 糖艺弹簧：取一块糖拉出糖条和一塑料圆筒或圆棒，把糖细条的一头放在圆棒的中部用左手大拇指按住，右手拉住糖细条迅速往上旋转至圆棒上部，并越拉越细至分开。

5. 用白色糖和黑色糖按照一比一糅合成灰色糖块，再把灰色糖块、白色糖块、按照一比一糅合成鹅卵石形状。

6. 用绿色的糖块拉出糖艺小草。

7. 组合：按图上的形状把糖艺天鹅盘饰组装在一起。

四、注意事项

1. 像形小天鹅,身体形状可变化,中间细长像形即可。
2. 难点在于翅膀的制作。

五、成品特点

成品盘饰小巧精致,形状可以有多种变化。

六、作业与思考题

制作不同形状的糖艺小天鹅。

实例六 荷 花

一、目标与要求

掌握荷花花瓣和荷叶拉糖技法的制作技术。

二、实训准备

1. 原料：艾素糖、纯净水、色素等。
2. 工具：糖艺灯、剪刀、不粘垫、酒精灯、耐高温手套、火枪、模具等。

三、实训操作

1. 取一块透明糖块反复拉糖折叠至亮白,从糖体边缘处入手,用拇指和食指将糖体捏扁压薄。

2. 从捏扁压薄糖体边缘的中心位置用双手轻轻拉开,使之变得更薄。

3. 从边缘处最薄的地方向外继续拉伸,扯出一片又薄又长的糖片荷花花瓣,花尖微尖,糖片底部因拉力形成细丝状,用手指断。

4. 用气泵、喷笔给荷花花尖上粉色。

5. 用绿色透明糖块做出荷花花心，用糖艺球形塑性刀压出莲蓬凹痕。

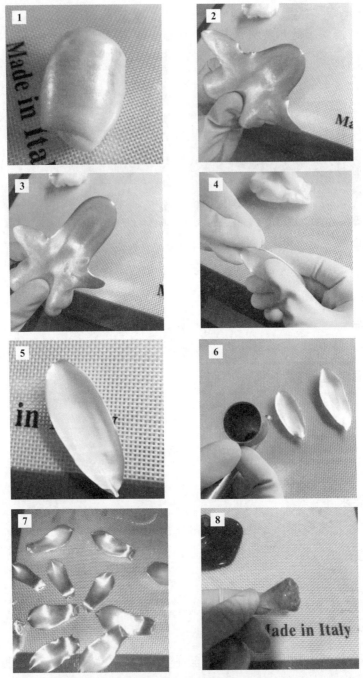

6. 取一块绿色透明糖块，压扁成近似圆形，用火枪稍微加热，用荷叶模具压出纹路。

7. 组装，最后根据图片形状组装在盘子一角，形状精致美观。

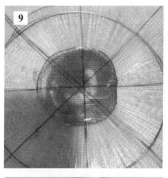

四、注意事项

给荷花花瓣上色时,颜色一定要调配好,上色时注意色彩的过渡。

五、成品特点

糖艺荷花形象逼真,色彩对比鲜明。

六、作业与思考题

练习糖艺荷花的制作。

实例七　百合花

一、目标与要求

掌握拉糖技法百合花花瓣的制作技术。

二、实训准备

1. 原料:艾素糖、纯净水、色素等。
2. 工具:糖艺灯、剪刀、不粘垫、酒精灯、耐高温手套、火枪、模具等。

三、实训操作

1. 百合花花瓣:取一块白色糖块反复拉糖折叠发亮,从糖体边缘处入手,用拇指和食指将糖体捏扁压薄。

2.从捏扁压薄糖体上边缘的中心位置用双手轻轻拉开,使之变得更薄。

3.从边缘处最薄的中心地方向外继续拉伸,扯出一片又薄又长的糖片百合花花瓣,糖片底部因拉力形成细丝状,慢慢拉断(如图3、图4)。

4.用剪刀在花瓣中间竖着压一下,压出印痕,花瓣前段左右各用手指甲压一些印痕代表花瓣边缘的皱褶(如图5、图6)。

5.用橙色糖块做一个百合花花心的花柱,用糖丝做花蕊(如图7、图8)。

6.组装:三个交叉,分两层组装在一起(如图9、图10)。

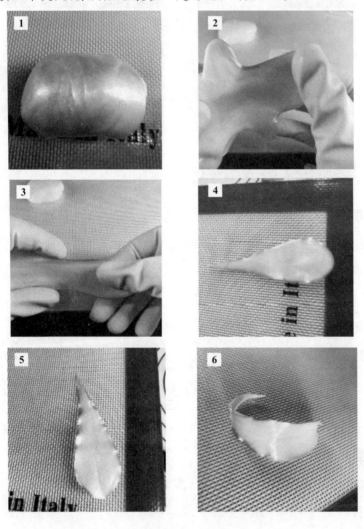

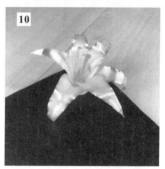

四、注意事项

百合花花瓣细长且亮度高,制作时要注意细节,制作百合花花瓣皱褶时不要把花瓣弄碎。

五、成品特点

银白的百合花适合搭配各种菜肴。

六、作业与思考题

练习制作其他颜色的糖艺百合花。

实例八 青 玫 瑰

一、目标与要求

1. 掌握拉糖技法玫瑰花瓣和叶子的制作技术。
2. 掌握花瓣的黏结技法。

二、实训准备

1. 原料:艾素糖、纯净水、色素等。
2. 工具:糖艺灯、剪刀、不粘垫、酒精灯、耐高温手套、火枪、模具等。

三、实训操作

1. 取一块绿色糖块,拉捏出玫瑰花的花心(如图1)。

2. 花瓣制作：取一块绿色糖块反复拉糖折叠发亮，从糖体边缘处入手，用拇指和食指将糖体捏扁压薄（如图2）。

3. 从捏扁压薄糖体上边缘的中心位置用双手轻轻拉开，使之变得更薄（如图3）。

4. 从边缘处最薄的中心地方向外继续拉伸，扯出一片又薄又长的糖片玫瑰花花瓣，花瓣前面呈半圆形，糖片底部因拉力形成细丝状，用手掐断。注意第一瓣花瓣要细长且花边内敛，将其迅速贴到花心上，以完全包住整个花心（如图4）。

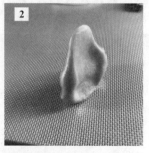
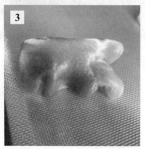

5. 按照第一片花瓣的制作方法依次制作第一层的第二片、第三片花瓣，三片花瓣呈三角形粘贴在花心上，为第一层花瓣（如图5）。

6. 第二层花瓣按照第一层花瓣的方法制作，但花瓣比第一层花瓣略大一些，花尖可以微微外翻（如图7）。

7. 第三层花瓣外翻程度逐渐加大，每层都为三片花瓣，一共做6～7层（如图6、图9）。

8. 制作五瓣水滴花和叶子（如图10、图11）。

9. 组装：按照图片上的造型把青玫瑰组合在一起（如图12）。

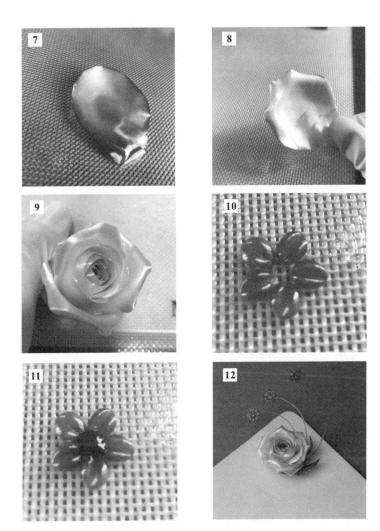

四、注意事项

1. 玫瑰花是糖艺花卉中技术性很强的作品,要多加练习,掌握糖艺玫瑰花的制作要点。

2. 图中玫瑰花为渐变花,制作下一层时,都要往旧糖里加白色的糖以使糖块的颜色逐渐变浅。

3. 随着花瓣层次增多,花瓣逐渐变大并外翻。

五、成品特点

糖艺玫瑰花形象逼真,颜色渐变。

六、作业与思考题

制作不同颜色的玫瑰花。

实例九　长颈天鹅

一、目标与要求

掌握拉糖技法长颈天鹅身体及翅膀的制作。

二、实训准备

1. 原料：艾素糖、纯净水、色素等。
2. 工具：糖艺灯、剪刀、不粘垫、酒精灯、耐高温手套、火枪、模具等。

三、实训操作

1. 取一块白色糖块，反复折叠至发亮，用拇指和食指将糖体捏扁压薄，从捏扁压薄糖体边缘的中心位置用双手轻轻拉开约 3～5cm，使之变得更薄。从中间边缘处最薄的地方向外继续拉伸，扯出一片又薄又长的翅膀糖片，最后慢慢拉出翅膀的尾尖，尾尖的弧度靠一边。按同样方法做出对称的翅膀。

2. 按上述做翅膀的方法再做一堆比白色翅膀大一圈的黑色翅膀。

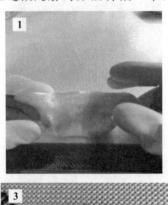

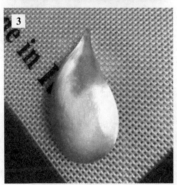

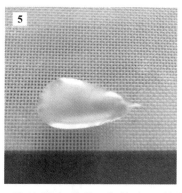 

3.取一块纯黑色糖块,先拉出天鹅的头部,再拉出均匀细长的颈部,后用剪刀剪出天鹅的身体,然后在不粘垫上整理出 S 形状,使天鹅身体美观。

4.取一块红色糖做天鹅的嘴巴。

5.组装:先把糖底座粘在盘子上,使糖艺天鹅呈站立状态,再将白色和黑色翅膀一起粘在上面,使翅膀尖部微微分开,调整使整体效果美观即可。

四、注意事项

天鹅的颈细而长,制作时要美观大方。

五、成品特点

作品简单大方,艺术感极强。

六、作业与思考题

制作不同形状的糖艺天鹅。

实例十　糖艺小花

一、目标与要求

掌握拉糖技法变色花边花瓣的制作。

二、实训准备

1. 原料：艾素糖、纯净水、色素等。

2. 工具：糖艺灯、剪刀、不粘垫、酒精灯、耐高温手套、火枪、模具等。

三、实训操作

1. 取一块绿色透明糖块，拉出绿叶和叶茎。

2. 取一块白色糖块反复折叠至发亮，从糖体边缘处入手，用拇指和食指将糖体捏扁压薄。再取一块大红色糖块，拉出一条糖丝放在压扁的糖片顶部。

3. 从捏扁压薄糖体上边缘的中心位置用双手轻轻拉开，使之变得更薄。

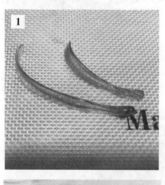
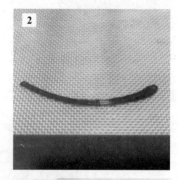

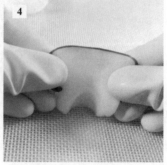

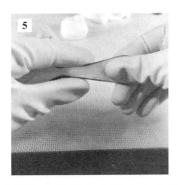 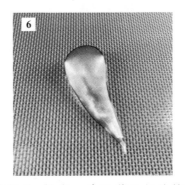

4. 从边缘处最薄的中心地方向外继续拉伸,扯出一片又薄又长的糖艺花瓣。

5. 糖艺花瓣向内弯曲,并把边缘微微弄皱褶,把花瓣做好组装在一起,拉几个花心粘在中间。最后把作品按图组装在一起即可。

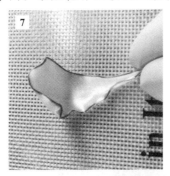 

四、注意事项

变色花边花瓣需要注意两种颜色的糖重叠在一起需要硬度一致。

五、成品特点

变色花边花瓣的小花技法新颖,色彩别具一格。

六、作业与思考题

练习制作不同花边的糖艺小花。

实例十一 苹 果

一、目标与要求

1. 掌握糖艺基本技法吹糖的操作方法。
2. 掌握糖艺苹果的基本制作方法。

二、实训准备

1. 原料：艾素糖、纯净水、色素等。
2. 工具：糖艺灯、剪刀、不粘垫、酒精灯、耐高温手套、火枪、气囊、模具等。

三、实训操作

1. 取一块红色糖块，反复折叠发亮，中间用手指捅一洞，使四周薄厚一致，底部略厚一点，稍微收口后将用火枪加热过的气囊铜管放进深洞2/3处，收口捏紧。

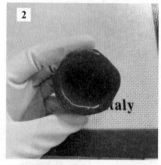

2. 用糖艺气囊一边吹气一边整理形状，先吹制成灯泡状，然后在顶部按凹陷作为苹果的上部凹陷，下部慢慢收小，作为苹果的底部，吹制完成后把气囊用加热过的剪刀剪短，并把切口整理好。
3. 苹果杯制作，用棕色的糖块反复拉糖，得到上粗下细的苹果杯并微微弯曲。
4. 青色水滴瓣点缀，青色水滴糖块用剪刀剪下水滴形状，趁软时用剪刀在中间按中心凹线，把青色水滴瓣按序粘在糖艺枝条上。
5. 组装：把糖艺苹果粘在盘子上，把苹果把粘在苹果上晾凉，再把青色水滴瓣点缀粘在苹果把上。

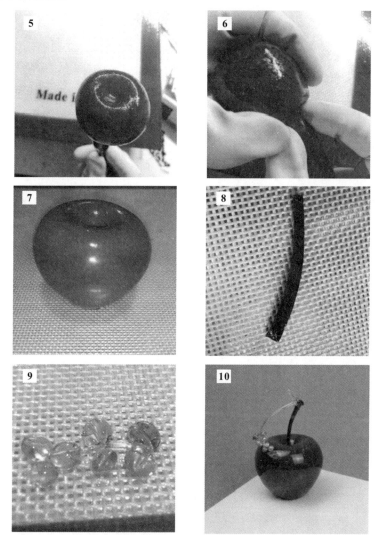

四、注意事项

苹果的形状在吹制时要比例协调,使效果更佳。

五、成品特点

比例协调、色泽均匀、形态匀称。

六、作业与思考题

练习制作糖艺青苹果。

实例十二　寿　桃

一、目标与要求

1. 掌握糖艺基本技法吹糖的操作方法。
2. 掌握糖艺寿桃的基本制作方法。

二、实训准备

1. 原料：艾素糖、纯净水、色素等。
2. 工具：糖艺灯、剪刀、不粘垫、酒精灯、耐高温手套、火枪、模具等。

三、实训操作

1. 取一块白色糖块，反复折叠至发亮，用剪刀剪一个乒乓球大小的糖球，再整理一下，光面朝下，上面中间用手指按个凹洞，并整理四周糖壁使其薄厚均匀，底部稍微厚一点，把糖艺气囊铜管放在凹洞深2/3处，收口收紧。

2. 吹制糖艺寿桃，一边吹制，一边整形，先把糖体吹制成橄榄球状，中间逐渐变粗，随后铜管部位逐渐上提，制作寿桃上部凹陷形状，用剪刀从寿桃的尾部到凹陷上部按压凹陷，一边吹气，一边用剪刀按压凹痕，整理寿桃形状，整理好后，用风扇吹凉定型，最后用喷枪微微上色即可。

3. 取绿色糖块，运用拉糖手法和叶子纹路硅胶模具制作寿桃叶子。

4. 组装，先把寿桃粘在盘子上，再粘寿桃叶子，整体美观精致。

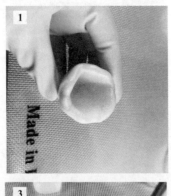
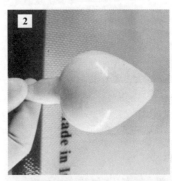
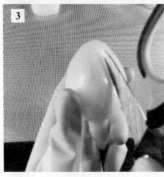

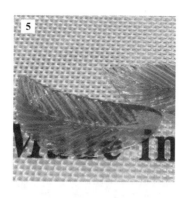 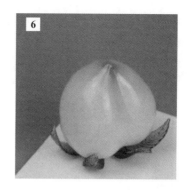

四、注意事项

寿桃的形状在吹制时要比例协调,上色时上淡淡的粉色以达到画龙点睛的作用。

五、成品特点

造型美观,适合搭配各种祝寿菜肴。

六、作业与思考题

练习寿桃的制作。

实例十三 彩 椒

一、目标与要求

掌握吹糖技法彩椒的制作方法。

二、实训准备

1. 原料:艾素糖、纯净水、色素等。

2. 工具:糖艺灯、剪刀、不粘垫、酒精灯、耐高温手套、火枪、模具等。

三、实训操作

1. 将黄色糖体压出一个深坑,糖壁薄厚均匀,烤热铜管并插入糖体内2/3深处,收紧黏结口。

2. 吹制,一边吹制,一边整形,在球体顶部轻压后缓缓拉出,按照彩椒上粗下细的特点制作,吹入少量气体后,再次调整和吹气,慢慢整理成四面体。

3. 用剪刀在每个面中间压出一道折痕,反复整形和压痕以达到形状完美。

4. 在上部四个棱中间再压四个小一点的折痕,再次吹气,整理形状,反复几次之后糖体开始定型,用火枪或酒精灯加热铜管接触部位,将糖体与铜管脱离。

5. 取一块深绿色的糖块,制作成1~1.5cm长的圆片,加热圆片和彩椒黏结处，用镊子按压结实并整理出褶皱和接缝使之形状逼真。

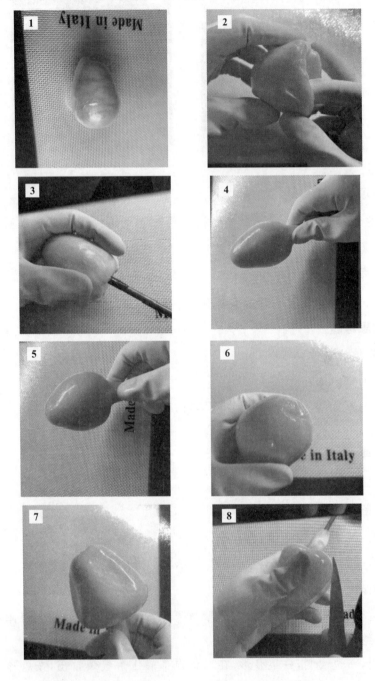

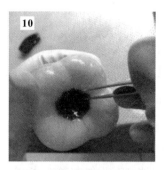

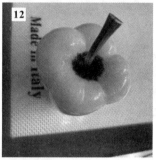

四、注意事项

为了使彩椒逼真,应使用一般糖艺水果三倍的糖块,以使在造型时有充分的时间。彩椒蒂的接缝要用镊子制作出皱褶。

五、成品特点

糖艺彩椒效果逼真,适合搭配各种时蔬菜肴。

六、作业与思考题

练习制作各种颜色的彩椒。

实例十四 金 鱼

一、目标与要求

掌握吹糖技法金鱼的制作方法。

二、实训准备

1. 原料:艾素糖、纯净水、色素等。
2. 工具:糖艺灯、剪刀、不粘垫、酒精灯、耐高温手套、火枪、模具等。

三、实训操作

1. 取一块白色糖体反复折叠发亮,剪一球状,用手指捅一深洞,糖壁四周薄厚均匀,底部比四周厚一点,把加热的气囊铜管插进2/3处,捏紧,一边鼓气,一边按照金鱼的身体整形,并把铜管往后拉,制作金鱼的身体,身体制作好后晾凉定型,加热糖附近的铜管,把铜管拔出(图1~4)。

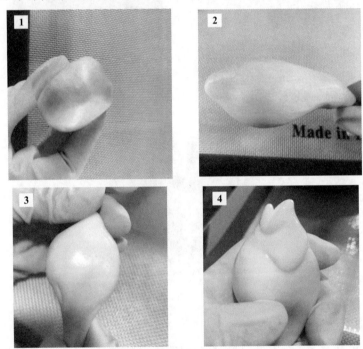

2. 制作金鱼的嘴巴和鳃,插入仿真眼。把一小块透明红色糖球放在金鱼头部,在软的情况下,用铜管圆孔按压出红头帽(图5)。

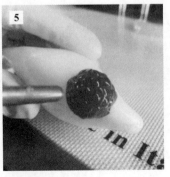

3. 制作金鱼的鱼鳍和尾鳍(图6~8)。

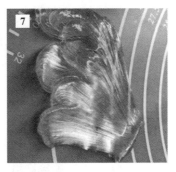

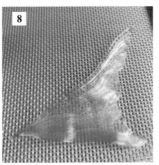

4.搭配荷花装饰,将金鱼粘在荷花上面,最后把整个盘饰粘在盘子上。

四、注意事项

为体现金鱼的透明感,金鱼并没有上色,所以在拉糖时时间不要过长。否则糖体会发白而效果不佳。整体造型比例协调,造型美观,尾巴飘洒自然。

五、成品特点

透明的金鱼更能体现技术的高超;适合搭配各种海鲜类菜肴。

六、作业与思考题

练习制作各种造型和颜色的金鱼。

实例十五 海　豚

一、目标与要求

1. 掌握双色吹糖技法。
2. 掌握拉糖技法海豚鱼鳍的制作方法。
3. 掌握浪花的制作方法及整体组合方法。

二、实训准备

1. 原料：艾素糖、纯净水、色素等。
2. 工具：糖艺灯、剪刀、不粘垫、酒精灯、耐高温手套、火枪、模具、美工刀等。

三、实训操作

1. 海豚身体的制作。取蓝色和白色糖块各一块，做成四方形，白色糖块是蓝色糖块的一半大；将白色糖块和蓝色糖块沿一边结合在一起组成四方形片，然后方片四周兜起做成中空圆球状待吹制；把气囊铜管放入圆球深2/3处，吹制海豚形状，白色为海豚腹部，占1/3；一边吹制一边挤出海豚嘴部，再用球形塑性刀轧出海豚眼窝，待海豚身体定型晾凉后装上仿真眼。

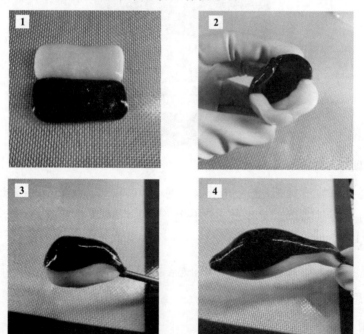

2. 海豚豚鳍及尾巴的制作。用拉糖的方法制作出海豚的豚鳍和尾巴。

3. 浪花的制作与整体组合。用拉糖技法拉出淡蓝色糖条,细的一头卷曲,3～5个为一组,一共4～5组,组合在一起制作浪花,浪花顶部加热粘上艾素糖糖粒即可,最后做整体的造型。

四、注意事项

海豚腹部是白色,背部是蓝色,在双色糖结合时注意比例,一般白色糖占1/3左右,另外注意深色的海豚搭配浅蓝色的海浪。

五、成品特点

卡通造型的糖艺海豚适合搭配中高档菜肴。

六、作业与思考题

反复练习复合颜色糖块吹制技巧。

8.5.2 作品欣赏

本小节展示8个糖艺作品供读者欣赏(图8-39～图8-46)。

图 8-39 水晶天鹅　　　　图 8-40 中国红

图 8-41　指挥　　　　　　图 8-42　鸟语花香

图 8-43　鹦鹉　　　　　　图 8-44　怒放的生命

图 8-45　青蛙　　　　　　图 8-46　蜜蜂

思考与练习

1. 用砂糖和艾素糖制作的作品,在制作、成品和保存上有什么区别?
2. 糖艺作品的保存及运输方法有哪些?
3. 糖艺作品的上色方法及糖块的合成效果有哪些?

附 录　常用焙烤术语

附录一　产品名词

1. **慕斯(mousse)**：是将鸡蛋、奶油分别打发充气后，与其他调味品调和而成的，或将打发的奶油拌入馅料和明胶水制成的松软型甜食。

2. **泡芙(puff)**：是把水或牛奶加黄油煮沸后烫制面粉，再搅入鸡蛋，通过挤糊、烘烤、填馅料等工艺制成的一类点心。

3. **曲奇(cookie)**：是以黄油、面粉和糖为料，经搅拌、挤制、烘烤而成的一种酥松的饼干。

4. **布丁(pudding)**：是以黄油、鸡蛋、白糖、牛奶等为主要原料，配以各种辅料，经过蒸或烤而成的一类柔软的点心。

5. **派(pie)**：是一种油酥面饼，内含水果或馅料，常用圆形模具作坯模。按口味分为甜派和咸派，按外形分为单层皮派和双层皮派。

6. **塔(tart)**：又译成挞，是以油酥面团为坯料，借助模具，通过制坯、烘烤、装饰等工艺而制成的内盛水果或馅料的一类较小型的点心，其形状可因模具的变化而变化。

7. **干点心(dry light refreshment)**：是将面粉、奶油、糖、蛋等调成不同性质的面糊或面团，经成型、烘烤而成的口感松、脆的制品。

8. **小干点(small cookies)**：是用面粉、奶油、糖、蛋等为原料，经挤糊、烘烤而成的小巧别致、香酥、松脆的制品。

9. **裱花蛋糕(decorative cake)**：是由蛋糕坯和装饰料组成的装饰精巧、图案美观的制品。

10. **清蛋糕(non-fat cake)**：是以蛋、糖、面粉为主要原料，采用蛋糖搅打工艺，经调制面糊、注模、烘烤而成的组织松软的制品。

11. **油蛋糕(butter cake)**：是以面粉、蛋、糖和油脂为主要原料，采用糖油搅打工艺，经调制面糊、注模、烘烤而成的组织细腻的制品。

12. **海绵蛋糕(sponge Type)**：是以蛋、面粉、糖为主要原料，添加适量油脂，经打蛋、注模、烘烤而成的组织松软的制品。

13. **戚风蛋糕(chiffon cake)**：分别搅打面糊和蛋白，再将面糊和蛋白混合在一起，经注模成型、烘烤而成的制品。

14. **慕斯蛋糕(mousse cake)**：起源于法国，以牛乳、糖、蛋黄、食用胶为主要原料，以搅打奶油为主要填充材料而成的装饰蛋糕或夹心蛋糕。

15. **乳酪蛋糕(cheese cake)**：是以海绵蛋糕、派皮等为底坯，将加工后的乳酪混合物倒入上面，经过(或不经过)烘烤、装饰而成的制品。

附录二 主要原辅料

1. **高筋面粉(high gluten flour)**：又称蛋糕粉(cake flour)，小麦面粉蛋白质含量在12.5%以上，是制作面包的主要原料之一，在西饼中多用在松饼(千层酥)和奶油空心饼(泡芙)中，在蛋糕方面仅限于高成分的水果蛋糕使用。

2. **中筋面粉(middle gluten flour)**：小麦面粉蛋白质含量在9%～12%，多数用于中式点心的馒头、包子、水饺以及部分西饼中，如蛋挞皮和派皮。

3. **低筋面粉(low gluten flour)**：又称面包粉(bread flour)，小麦面粉蛋白质含量在7%～9%，是制作蛋糕的主要原料之一，在混酥类西饼中也是主要原料之一。

4. **全麦面粉(whole wheat flour)**：小麦粉中包含其外层的麸皮，使其内胚乳和麸皮的比例与原料小麦成分相同，用来制作全麦面包和小西饼等。

5. **玉米淀粉(corn starch)**：又称粟粉，为玉蜀黍淀粉，融水加热至65℃时即开始膨化产生胶凝特性，多用在派馅的胶冻原料或奶油布丁馅中，还可在蛋糕的配方中加入，可适当降低面粉的筋度等。

6. **植脂奶油(nondairy whipping cream)**：以植物脂肪为原料，糖、玉米糖浆、水和盐为辅料，添加乳化剂、增稠剂、品质改良剂、酪蛋白酸钠、香精等经搅打而成的乳白色膏状物，主要用于裱花蛋糕表面装饰或制作慕斯。

7. **黄油(butter)**：以经发酵或不发酵的稀奶油为原料，加工制成的固态产品。

8. **无水奶油(anhydrous butter)**：以熔融了的奶油或稀奶油(经发酵或不发酵)为原料，经加工制成的水分含量较低的固态产品。

9. **酸奶油(sour cream)**：加入乳酸菌来培养或使其发酵制成，有比较浓厚或轻微刺鼻的味道，这种奶油含有18%的脂肪，广泛用于制作芝士蛋糕(乳酪蛋糕)。

10. **炼乳(sweetened condensed milk)**：含糖量高达41%，属于水分含量少的奶类产品，由于糖分偏高，故保存期较长，如用于饼食中，必须把食谱中的糖分用量减少。

11. **食用氢化油(hydrogenated fat)**：用食用植物油，经氢化和精炼处理后制得的食品工业用原料。

12. **人造奶油(margarine)**：以氢化后的精炼食用植物油为主要原料，添加水和其他辅料,经乳化、急冷而制成的具有天然奶油特色的可塑性制品。

13. 起酥油(shortening):指动、植物油脂的食用氢化油、高级精制油或上述油脂的混合物,经过速冷捏和制造的固状油脂,或不经过速冷捏和制作的固状、半固体状或流动状的具有良好起酥性能的油脂制品。

14. 乳化油(emulsified shortening):乳化剂添加量较多的人造奶油或起酥油,具有良好的加工性、乳化性和起酥性。

15. 粗砂糖(sanding sugar):白砂糖,颗粒较粗,可用在面包和西饼类的制作中,也可撒在饼干表面。

16. 细砂糖(fine sugar):是烘焙食品制作中常用的一种糖,除了少数品种外,其他都适用,如戚风蛋糕等。

17. 糖粉(powdered sugar):一般用于糖霜或奶油霜饰和产品含水量较少的品种中。

18. 蜂蜜(honey):主要用于蛋糕或小西饼中增加产品的风味和色泽。

19. 饴糖(maltose syrup):以 α-淀粉酶、麦芽(或 β-淀粉酶)分解淀粉质原料所制得的以麦芽糖和糊精为主要成分的糖浆。

20. 葡萄糖浆(confectioner's glucose):淀粉经过酸法、酶法或酸酶法水解、净化而制成的糖浆。

21. 转化糖浆(inverting syrup):砂糖经加水加酸,煮至一定的时间,在合适温度冷却后即成。此糖浆可长时间保存而不结晶。

22. 果葡糖浆(high fructose corn syrup):淀粉质原料,用酶法或酸酶法水解制得高 DE 值的糖液,再经葡萄糖异构酶转化而得的糖浆。

23. 焦糖(caramelized sugar):加热砂糖溶化使之成棕黑色即成,用于调香或代替色素使用。

24. 蛋糕乳化剂(cake emulsifier):以分子蒸馏单甘酯、蔗糖酯、司盘 60 等多种乳化剂为主要原料制成的膏状产品。

25. 全脂奶粉(whole milk powder):用鲜奶,经消毒、脱水、喷雾干燥制成的产物,含脂肪 26%~28%。

26. 脱脂奶粉(skim milk powder):为脱脂的乳粉,在烘焙产品制作中最常用,可取代奶水,使用时通常以 1/10 的脱脂乳粉加 9/10 的清水混合。

27. 奶酪粉(cheese powder):牛乳在凝乳酶的作用下,使酪蛋白凝固,经过自然发酵过程加工而成的制品。

28. 蛋粉(egg powder):为脱水粉状固体,有蛋白粉、蛋黄粉和全蛋粉三种。

29. 可可粉(cocoa powder):有高脂、中脂、低脂、经碱处理、未经碱处理等数种,是制作巧克力蛋糕等品种的常用原料。

30. 吉士粉(custard powder)：由鸡蛋、乳品、变性淀粉、乳糖、植物油、食用色素和香料等组成的显浅柠檬黄色粉状物质。

31. 琼脂(agar)：从海藻中提制，为胶冻原料，胶性较强，在室温下不易溶解。

32. 鱼胶(isinglass)：一种昂贵的优质鱼胶，以鲟鱼的膀胱或气泡制成的明胶片，是最好和最纯洁的鱼胶，凝固力极强。

33. 慕斯粉(mousse powder)：用水果或酸奶、咖啡、坚果的浓缩粉和颗粒、增稠剂、乳化剂、香料等制成的粉状或带有颗粒的制品。

34. 果冻粉(jelly powder)：用粉状动物胶或植物胶、水果汁、糖等，以一定比例调和浓缩成的干燥的即溶粉末。

35. 果膏(autpiping jelly)：用增稠剂、蔗糖、葡萄糖、柠檬酸、食用色素、食用水果香精和水加工而成的制品。

36. 布丁粉(pudding powder)：以增稠剂(玉米淀粉、明胶等)、糖粉、蛋黄、乳粉为主要原料，视不同的口味添加巧克力、咖啡、奶油、香草等而制成的粉状混合物。

37. 鲜酵母(fresh yeast)：大型工厂普遍采用的一种用作面包面团发酵的膨大剂。

38. 泡打粉(baking powder)：又名发酵粉，化学膨大剂的一种，能广泛使用在各式蛋糕、西饼的配方中。

39. 臭粉(smelly powder)：学名碳酸氢铵，化学膨大剂的一种，用在需膨松较大的西饼之中，面包、蛋糕中几乎不用。

40. 塔塔粉(cream of tartar)：以酒石酸氢钾为主要成分，淀粉作为填充剂而制成的粉状物质。

41. 复合膨松剂(baking powder)：由碳酸氢钠、酸性物质和填充剂构成的膨松剂。

附录三　半成品

1. 面团(dough)：面粉和其他原辅料经调制而成的团块状物质。

2. 酥类面团(short pastry dough)：油脂和面粉等原辅料调制而成的面团。

3. 发酵面团(fermented dough)：面团或米粉、酵母、糖等原辅料经调制、发酵而成的面团。

4. 面糊(batter)：面粉和其他原辅料经调制而成的流体或半流体。

5. 蛋糕糊(cake batter)：蛋糖经搅打后，加入其他辅料和面粉调制而成的糊状物。

6. 蛋白膏(egg white icing)：蛋白、糖和其他辅料经搅打而成的膏状物。

7. **奶油膏（cream icing）**：奶油、糖和其他辅料经搅打而成的膏状物。

8. **杏仁膏（almond pastry）**：用杏仁、砂糖加少许朗姆酒或白兰地酒制成，形状同面团，质地柔软细腻，气味香醇，有浓郁的杏仁香气，可塑性强，可用于制作西式干点、馅料，并可用来捏制各种装饰物装饰蛋糕。

附录四 生产工艺

1. **烘焙比（baker's percent）**：以一种主要原料的添加量为基准，各种原辅料的添加量与该基准的配比，用百分率表示。

2. **实际百分比（true percent）**：以所有原辅料的添加量之和为基准，各种原辅料的添加量与该基准的配比，用百分率表示。

3. **蛋糖搅打法（egg-sugar whipping method）**：在打蛋机内首先搅打蛋和糖，使蛋液充分充气起泡，然后加入面粉等其他原辅料的蛋糕面糊制作方法。

4. **糖油搅打法（creaming method）**：在打蛋机内首先搅打糖和油使之充分乳化，然后加入面粉等其他原辅料的蛋糕面糊制作方法。

5. **粉油搅打法（blending method）**：在打蛋机内首先搅打面粉和油使之充分混合，然后加入其他原辅料的蛋糕面糊制作方法。

6. **乳化（emulsification）**：用搅拌的方法将蛋、油、糖等原辅料充分混合均匀的过程。

7. **面团筋力（dough strength）**：面团中面筋的弹性、韧性、延伸性和可塑性等物理属性的统称。

8. **面团弹性（dough elasticity）**：面团被拉长或压缩后，能够恢复到原来状况的特性。

9. **面团延伸性（dough extensibility）**：面团被拉长到一定程度而不致断裂的特性。

10. **面团韧性（dough resistance）**：面团被拉长时所表现的抵抗力。

11. **面团可塑性（dough plasticity）**：面团被拉长或压缩后不能恢复至原来状态的特征。

12. **发面（fermentation）**：面团在一定温度、湿度条件下，让酵母充分繁殖产气，促使面团膨胀的过程。

13. **包酥（making dough of short crust pastry）**：用水油面团包油酥面团制成酥皮的过程。

14. **混酥（leaked oil mixed dough out）**：在包酥过程中，由于皮酥硬度不同或操作不当等原因，造成皮酥混合，层次不清的现象。

15. **包油嵌面(rolling and folding)**：用面皮包入油脂，反复压片、折叠、冷藏而形成酥层的方法。

16. **增筋(strengthening)**：加入面团改良剂或采取其他工艺措施，以促进面筋的形成。

17. **降筋(softening)**：加入面团改良剂或采取其他工艺措施，以限制面筋的形成。

18. **坯子(pieces of shaped dough)**：经成型后具有一定形状，而未经熟制工序的坯子。

19. **裱花(mounting patterns)** 用膏状装饰料，在蛋糕坯或其他制品上挤注不同花纹和图案的过程。

20. **装饰(decorating)**：在生坯或制品表面上点缀不同的辅料或打上各种标记的过程。

21. **挂糖粉(coating or icing)**：将糖粉撒在制品表面上的过程。

22. **烘烤(baking)**：糕点生坯在烤炉(箱)内加热，使其由生变熟的过程。

23. **上色(colouring)**：在熟制过程中，生坯表面受热生成有色物质的现象。

参考文献

[1] Chantal Coady. 巧克力鉴赏手册[M]. 上海:上海科学技术出版社,2001.

[2] 车京云. 西点工艺[M]. 北京:知识产权出版社,2015.

[3] 陈洪华,李祥睿. 西点制作教程[M]. 2版. 北京:中国轻工业出版社,2020.

[4] 陈霞. 西点工艺[M]. 北京:中国纺织出版社,2019.

[5] 陈忠明. 面点工艺学[M]. 北京:中国纺织出版社,2008.

[6] 川上文代. 西式糕点制作大全[M]. 修订本. 北京:中国民族摄影艺术出版社,2016.

[7] 法国蓝带厨艺学院. 法国蓝带烘焙宝典:上册[M]. 北京:中国轻工业出版社,2017.

[8] 何肖琼. 完美西点[M]. 沈阳:辽宁科学技术出版社,2009.

[9] 李里特,江正强. 焙烤食品工艺学[M]. 3版. 北京:中国轻工业出版社,2019.

[10] 李威娜. 焙烤食品加工技术[M]. 北京:中国轻工业出版社,2013.

[11] 应小青. 西点工艺[M]. 杭州:浙江工商大学出版社,2018.

[12] 赵洁. 面点工艺[M]. 北京:机械工业出版社,2011.

[13] 张守文. 烘焙工:中级[M]. 北京:中国轻工业出版社,2005.

[14] 钟志惠. 西点生产技术大全[M]. 北京:化学工业出版社,2012.

[15] 钟志惠. 西点工艺学[M]. 成都:四川科学技术出版社,2005.

[16] 周发茂. 西餐烘焙技术[M]. 北京:高等教育出版社,2017.

[17] 周晓燕. 西点工艺学[M]. 北京:中国纺织出版社,2017.

[18] 朱珠,梁传伟. 焙烤食品加工技术[M]. 3版. 北京:中国轻工业出版社,2017.